建筑节能技术与应用丛书

建筑节能检测技术

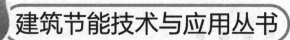

● 主　编　李胜英
● 副主编　郭春梅
● 参　编　马　彪　韩广成　陈翠红　宋连杰
　　　　　杜大勇　尚静媛　郑少波　郭　磊
　　　　　李　莹　姜　婵

中国电力出版社
CHINA ELECTRIC POWER PRESS

内 容 提 要

本书共分六章，包括建筑节能检测概述、外保温系统及组成材料测试技术、建筑幕墙、建筑门窗、采暖通风空调系统、节能建筑现场检测。书中详细地介绍了外保温系统及组成材料检测技术、建筑幕墙及门窗检测技术、采暖通风空调系统检测技术、节能建筑现场检测技术、门窗节能性能标识等，同时在附录中给出了一些常用检测项目的检测记录表，内容通俗易懂，具有较强的适用性。

本书可供从事建筑节能工作的检测、生产、施工和管理的工程技术人员和管理人员学习参考，也可供大专院校相关专业的教师、学生作学习使用。

图书在版编目（CIP）数据

建筑节能检测技术/李胜英主编．—北京：中国电力出版社，2017.1（2024.2重印）
（建筑节能技术与应用丛书）
ISBN 978-7-5123-9721-7

Ⅰ.①建… Ⅱ.①李… Ⅲ.①建筑—节能—检测 Ⅳ.①TU111.4

中国版本图书馆 CIP 数据核字（2016）第 206410 号

中国电力出版社出版发行
北京市东城区北京站西街 19 号 100005 http：//www.cepp.sgcc.com.cn
责任编辑：未翠霞 联系电话：010-63412611
责任印制：杨晓东 责任校对：常燕昆
北京盛通印刷股份有限公司印刷·各地新华书店经售
2017 年 1 月第 1 版·2024 年 2 月第 5 次印刷
787mm×1092mm 1/16·13.5 印张·325 千字
定价：48.00 元

前　言

当前，我国经济的快速发展与能源利用的矛盾日益突出，在全社会总能耗中建筑领域能耗占有较大的比重，是实施节能减排的重点领域。我国从 20 世纪 80 年代开始实施建筑节能，时至今日我国建筑节能事业取得了长足的发展。

建筑节能检测作为建筑节能重要组成部分，在我国建筑节能事业的发展中起到非常重要的作用，并且随着建筑节能技术的不断发展而逐渐完善，特别是在相关标准体系建设、检测技术、检测设备以及检测范围扩大等方面。同时，随着建筑技术的发展和国家对建筑节能特性要求的不断提高，一些新兴领域，如建筑能效测评、绿色建筑测评、门窗节能标识测评等，为建筑节能检测注入了新的活力。建筑节能检测正朝着系统化、深入化、高科技化的方向蓬勃发展。

建筑节能检测是一个十分广阔的技术领域，检测对象涵盖整个建筑的方方面面，检测标准繁多复杂，检测手段多种多样，检测所需要的知识面广泛，作为一名合格的建筑节能检测人员，必须掌握基本的检测技术和丰富的检测知识，并且在工作中不断总结和学习，以适应建筑节能检测行业的发展。

本书由天津城建大学郭春梅，天津建科建筑节能环境检测公司李胜英、马彪、陈翠红、郭磊、杜大勇、李莹、姜婵、宋连杰、韩广成，中新天津生态城环境与绿色建筑实验中心有限公司郑少波和天津津贝尔建筑工程试验检测技术有限公司尚静媛共同编写。全书由建筑节能检测概述、外保温系统及组成材料检测技术、建筑幕墙、建筑门窗、采暖通风空调系统和节能建筑现场检测共六章及附录构成，其中建筑节能检测概述由马彪、尚静媛、陈翠红、郭春梅编写；外保温系统及组成材料测试技术部分由宋连杰、郑少波、陈翠红、郭磊编写；建筑幕墙与建筑门窗两章由杜大勇、李莹编写；采暖通风空调系统检测由李胜英、韩广成、姜婵、郭春梅编写；节能建筑现场检测由张凯、马彪、郭磊编写。

编写组成员多年来从事建筑节能工作，本书在目前建筑节能相关检测标准体系基础上，结合作者多年的工作经验编著而成。书中详细地介绍了外保温系统及组成材料检测技术、建筑幕墙及门窗检测技术、采暖通风空调系统检测技术、节能建筑现场检测技术、门窗节能性能标识等，同时在附录中给出了一些常用检测项目的检测记录表，具有较强的实用性，内容通俗易懂，希望能为从事建筑节能行业的技术人员提供一定的帮助。

由于能力有限，本书中存在着诸多不足，欢迎广大读者多提宝贵意见。

编　者

2016 年 11 月

目　录

第一章

建筑节能检测概述

第一节　建筑节能简介

随着我国经济的快速发展，经济发展与能源消耗大、能耗利用率低的矛盾凸显，国家为有效解决这一矛盾，实施了节能减排这一重大举措。据统计，建筑领域能耗占全社会总能耗比例较大，是实施节能减排的重点领域之一，我国从20世纪80年代开始实施建筑节能，2006年开始强制实施建筑节能，在30年左右的时间里，我国建筑节能事业取得了长足的发展。

建筑节能是指在满足建筑环境舒适性的前提下，通过合理的规划、设计、施工和维护，来达到降低建筑综合能耗、合理有效利用能源的目的。采取的主要措施包括：采用节能性能优良的建筑材料、部品以降低围护结构能耗；采用低能耗系统与设备提高采暖、通风、空调、配电照明系统的运行效率；采用可再生和清洁能源减少二氧化碳等温室气体排放；通过建筑用能设备的运行管理等措施减少建筑运行能耗。

为推动和规范建筑节能事业的发展，国家颁布了一系列的政策法规和标准，见表1-1，基本形成了较为健全的建筑节能规范体系，使得我国在实行建筑节能的过程中，有了法律的支撑和规范的技术支持。与此同时，各省市相继依据国家的法律和标准，制定符合自身的地方标准和规定，进一步发展了建筑节能规范体系。

表1-1　国家有关建筑节能的法律法规及标准

序号	类别	名　　称	实施时间
1	法律法规	《中华人民共和国节约能源法》	2008年4月1日
2		《中华人民共和国可再生能源法》	2006年1月1日
3		《民用建筑节能条例》	2008年10月1日
4		《公共机构节能条例》	2008年10月1日
5	管理规定	《民用建筑节能工程质量监督工作导则》	2008年1月29日
6		《民用建筑节能管理规定》	2006年1月1日
7		《民用建筑工程节能质量监督管理办法》	2006年7月31日
8	设计标准	《公共建筑节能设计标准》(GB 50189—2015)	2015年10月1日
9		《夏热冬冷地区居住建筑节能设计标准》(JGJ 134—2010)	2010年8月1日
10		《严寒和寒冷地区居住建筑节能设计标准》(JGJ 26—2010)	2010年8月1日

在建筑节能事业不断发展的同时，建筑节能产品和节能工程的质量以及节能建筑的实际运行效果越来越受到重视，因此需要对节能材料、部品、设备、施工质量以及建筑物实际运行能效进行检验和核查，来确保建筑节能的有效性。由此，建筑节能检测应运而生，并逐渐发展为建筑节能领域十分重要的组成部分。

第二节 建筑节能检测

建筑节能检测贯穿于建筑节能的每一个环节。依据相关法律法规，为保证产品质量，从材料、部品、设备的生产开始，就需要进行检测，需要对材料和部品性能进行出厂检测和型式检测，确保其性能指标符合产品标准和建材行业标准；建筑节能工程施工过程中，材料、部品、设备在进入施工现场后，要对其相关技术指标进行复验，确保性能指标符合国家和本地建筑行业标准及设计要求。建筑竣工后，还要对建筑物整体的耗热量、气密性等进行检测，确保其指标符合国家和本地建筑行业标准及设计要求。对于要求较高的建筑物，如绿色建筑，还要进行相关检测和评定，以达到绿色建筑的要求。对于建筑节能每一个环节的检测，除出厂检测外，其余的检测均需要通过第三方检测机构进行相应的检测。

第三方检测机构是建筑节能的实施主体，这些机构通常是独立的，而且需要通过计量认证、实验室认证等相关认证获得检测资质，保证检测的合法性和可信性。检测机构依据相关标准对节能产品进行检测，出具检测报告，确保了建筑节能检测结果的公正性和科学性。据统计，我国建筑节能检测机构达1200家之多，这些检测机构对保证我国建筑节能工程质量起到非常重要的作用，极大地推动了我国建筑节能检测事业的发展。

我国自实施建筑节能工作以来，提高围护结构的保温隔热性能和设备的运行效率成为建筑节能的必选项目。依据这一模式，并根据我国法律和有关规定，相关节能检测的标准规范相继完善，使得建筑节能检测更加规范化和系统化。如《建筑节能工程施工质量验收规范》(GB 50411—2007）对建筑节能分项工程划分及验收内容作出了系统的规定，见表1-2。使得建筑节能检测在内容和范围上更加明确。

表1-2 建筑节能分项工程划分（GB 50411—2007）

序号	分项工程	主要验收内容
1	墙体节能工程	主体结构基层；保温材料；饰面层等
2	幕墙节能工程	主体结构基层；隔热材料；保温材料；隔汽层；幕墙玻璃；单元式幕墙板块；通风换气系统；遮阳设施；冷凝水收集排放系统等
3	门窗节能工程	门；窗；玻璃；遮阳设施等
4	屋面节能工程	基层；保温隔热层；保护层；防水层；面层等
5	地面节能工程	基层；保温层；保护层；面层等
6	采暖节能工程	系统制式；散热器；阀门与仪表；热力入口装置；保温材料；调试等
7	通风与空气调节节能工程	系统制式；通风与空调设备；阀门与仪表；绝热材料；调试等
8	空调与采暖系统的冷热源及管网节能工程	系统制式；冷热源设备；辅助设备；管网；阀门与仪表；绝热、保温材料；调试等

续表

序号	分项工程	主要验收内容
9	配电与照明节能工程	低压配电电源；照明光源、灯具；附属装置；控制工程；调试等
10	监测与控制节能工程	冷、热源系统的监测控制系统；空调水系统的监测控制系统；通风与空调系统的监测控制系统；监测与计量装置；供配电的监测控制系统；照明自动控制系统；综合控制系统等

建筑节能检测对推动建筑节能事业的发展具有非常重要的现实意义，从管理的角度讲，建筑节能检测是控制建筑节能产品的有力工具，确保了应用于建筑的材料、部品的节能性能，保证了节能建筑的施工和节能质量，促进了建筑节能事业的良性发展。

建筑节能检测在保证节能有效性的同时，在建筑节能技术开发、相关科研等领域起到非常重要的作用。建筑节能检测领域通过长时间的发展，积累了大量的科学数据和经验，为建筑节能技术及新型节能产品开发奠定了基础；在相关的科研领域中，建筑节能检测不仅为科研提供科学的数据支持，同时建筑节能检测也是科学研究的一个重要的科研手段；同时，建筑节能检测为相关标准制定、节能设计提供科学技术支持。

第三节　建筑节能检测的主要内容及特点

一、建筑节能检测的内容

建筑节能领域的检测内容多，范围广，专业跨度大，检测周期长，部分检测技术具有一定的复杂性和难度。从检测场所分，既有实验室检测又有现场检测；从检测对象分，既有材料、部品检测又有整体建筑物检测；从组成系统分，既有墙体、屋面保温材料又有采光、通风、配电、照明等材料，不同品种、不同类别和不同专业的检测项目近百项，主要检测内容见表 1-3。

表 1-3　建筑节能检测的主要业务内容

分类依据	类　别	检测内容举例
检测场所	实验室检测	外墙外保温系统性能检测，如耐候性、抗风压、热阻等
	现场检测	保温板与基层拉伸黏结强度、系统抗冲击、外窗现场淋水等
	实验室与现场结合检测	保温砂浆同条件养护试块、现场取样检测胶黏剂胶含量等
检测对象	材料、部品检测	保温材料、门窗、散热器等
	整体建筑物检测	耗热量、整体气密性等
组成系统	外墙、屋面	EPS板、XPS板、复合聚氨酯板、酚醛板等
	配电照明	电线、开关、灯具等
	采光、通风	铝合金平开窗、阳台门、钢质入户门等
综合度	单一检测	门窗的传热系数等
	综合检测	门窗节能性能标识的测评、节能验收、建筑能效测评、绿色建筑测评等

建筑节能检测的范围近几年来在不断地扩大，尤其是随着绿色建筑评价、民用建筑能效测评推行的不断深入，建筑节能检测的范围无论在深度和广度上都大大增加，如表征门窗整体性能的门窗节能性能标识的测评，表征建筑物整体的节能性能评价等，这些项目均是综合性的评估，需要全面系统的检测和现场勘验。这些测评项目技术水平要求较高，测评的工作量大，综合性强，是目前建筑节能检测领域较为重要的检测项目。

二、建筑节能检测的特点

1. 检测成本高

建筑节能检测的试验场地较大、设备昂贵，由于建筑节能检测涉及保温系统性能测试，为了使检测结果更具有代表性，通常需要系统构件试件的尺寸足够大，检测设备的尺寸相应较大，如系统耐候性、构件的热阻检测，为了便于试件的制作与安装，要求实验室场地足够大。为了更好地采集、监测试验过程中的各项数据，需要检测仪器元件具有足够的精密度，导致设备的整体造价较高。

2. 专业跨度大

建筑节能相关检测涉及物理学（力学、热学、声学、光学、电学、放射学等）、化学、材料学、土木工程学（结构学等）、采暖通风（空调学、制冷等）、机械制造（门窗结构学等）等多个专业，专业跨度较大，是综合性较强的技术领域。因此，检测实验室都会根据检测项目的不同配备不同专业的检测人员，同时检测人员还应掌握相关的专业知识，以保证检测工作质量。

3. 检测周期长

检测周期的长短主要由检测方法所决定，大部分是由于样品的制作、养护时间较长造成的。例如，按照《模塑聚苯板薄抹灰外墙外保温系统材料》（GB/T 29906—2013）的要求，模塑聚苯板（EPS）板薄抹灰外墙外保温系统耐候性试验周期至少在2个月以上，耐候性试验的试验步骤也很复杂，只样品养护就需要28天。类似还有胶黏剂、耐碱玻纤网布的性能检测，从制样开始算起也需要一个多月的时间，抹面胶浆则需要两个多月的时间。所以需要检测人员合理规划检测工作，使得检测工作充分而有效。

4. 检测对象范围广

节能建筑通常有多个节能系统组成，如外墙外保温系统、通风与空气调节系统、采暖系统、配电与照明系统、监测与控制系统等，每个系统又由多种材料和部品组成，检测对象非常广泛，而每个检测对象需检测多项技术参数，更复杂的是，对于同一检测对象，由于使用部位的不同或不同的标准等因素，检测项目也不同。以外墙外保温系统为例，外墙外保温系统需要对保温材料、黏结材料、增强材料、抹面材料、饰面材料等进行检测，若保温材料为挤塑聚苯板（XPS），就需要检测其表观密度、压缩强度、导热系数、尺寸稳定性、吸水率、燃烧性能、抗拉强度等性能指标，这就导致建筑节能的检测项目错综复杂，参数非常多，检测人员需要充分掌握相关标准。而且从制样、养护到检测、数据处理都属于细致、复杂的工作，导致检测工作量很大，实验室需要配备与业务量相适应的专业技术人员。

5. 执行标准多

检测所涉及的对象范围广、检测项目复杂，涉及专业跨度大，与之相对应的标准也就随之增多，涉及国标、行标、地标、企标等，而这些标准中，有的是等效采用国际标准，如《建筑材料或制品的单体燃烧试验》（GB/T 20284—2006）、《绝热材料稳态热阻及有关特性的测定防护热板法》（GB/T 10294—2008），这些标准往往是从仪器制造原理、要求开始，一直到具体的操作试验，存在理解困难的问题，需要设备制造人员和检测人员具有扎实的专业基础知识，才能确保设备的合理性和检测的准确性；还有的是在国标的基础上，结合本地区特点，增加一些检测项目或提高一些参数的指标要求，以使得该材料能够满足本地区的使用要求，如《天津市民用建筑围护结构节能检测技术规程》（DB/T 29—88—2014）、《天津市岩棉外墙外保温系统应用技术规程》（DB/T 29—217—2013）等。本书以天津市建筑节能检测为例，列举了一些常用检测标准，见表 1-4，这只是其中的一小部分，在后续的章节中，会涉及比较全面的标准体系，在此不做赘述。

表 1-4 建筑节能检测工作常用标准

类别	标准名称	标准编号
系统标准	《挤塑聚苯板（XPS）薄抹灰外墙外保温系统材料》	GB/T 30595—2014
	《模塑聚苯板薄抹灰外墙外保温系统材料》	GB/T 29906—2013
	《胶粉聚苯颗粒外墙外保温系统材料》	JG/T 158—2013
	《硬泡聚氨酯板薄抹灰外墙外保温系统材料》	JG/T 420—2013
产品标准	《绝热用模塑聚苯乙烯泡沫塑料》	GB/T 10801.1—2002
	《绝热用挤塑聚苯乙烯泡沫塑料（XPS）》	GB/T 10801.2—2002
	《建筑外墙外保温用岩棉制品》	GB/T 25975—2010
	《膨胀玻化微珠保温隔热砂浆》	GB/T 26000—2010
	《耐碱玻璃纤维网布》	JC/T 841—2007
	《外墙保温用锚栓》	JG/T 366—2012
	《建筑外墙用腻子》	JG/T 157—2009
	《外墙外保温用环保型硅丙乳液复层涂料》	JG/T 206—2007
方法标准	《泡沫塑料及橡胶 表观密度的测定》	GB/T 6343—2009
	《绝热材料稳态热阻及有关特性的测定 防护热板法》	GB/T 10294—2008
	《硬质泡沫塑料压缩性能的测定》	GB/T 8813—2008
	《硬质泡沫塑料 尺寸稳定性试验方法》	GB/T 8811—2008
	《硬质泡沫塑料吸水率的测定》	GB/T 8810—2005
	《建筑外门窗气密、水密、抗风压性能分级及检测方法》	GB/T 7106—2008
	《建筑外门窗保温性能分级及检测方法》	GB/T 8484—2008
	《建筑玻璃 可见光透射比、太阳光直接透射比、太阳能总透射比、紫外线透射比及有关窗玻璃参数的测定》	GB/T 2680—1994
规范规程	《硬泡聚氨酯保温防水工程技术规范》	GB 50404—2007
	《建筑外墙外保温防火隔离带技术规程》	JGJ 289—2012

续表

类别	标 准 名 称	标准编号
规范规程	《无机轻集料砂浆保温系统技术规程》	JGJ 253—2011
	《外墙外保温工程技术规程》	JGJ 144—2004
	《天津市岩棉外墙外保温系统应用技术规程》	DB/T 29—217—2013
	《天津市民用建筑围护结构节能检测技术规程》	DB/T 29—88—2014

第四节 建筑节能检测的工作重点

由上一节可知，建筑节能检测具有检测周期长、工作量大等特点，检测工作不仅仅是对样品进行检测的单一操作，还包括抽样、制样、样品的养护等前期工作，检测环境的控制工作，检测设备的使用、维护与保养、检定工作，试验数据的处理工作，检测人员的学习与培训工作，每个工作环环相扣，相互联系，相互影响。为了使检测工作科学、有序地进行，需要注意以下几个方面。

1. 科学计划检测工作

对于建筑节能检测，会遇到检测周期长、检测项目繁多复杂、检测工作量大与自身资源不足之间的矛盾，解决这一矛盾，需要实验室对检测工作进行科学、周密的安排。检测工作是一个系统的工程，需要将人员、检测设备、检测样品、检测方法、检测环境等因素综合考虑并统筹规划，充分利用人力、设备、空间和时间，在保证检测质量的前提下，提高实验室的检测效率。因此，从接收样品开始就要制订详细、周密的工作流程和检测计划，制样、养护、检测的每一个环节都要做好标识区分工作，避免造成同类试件之间发生混淆，同时检测人员也可根据计划合理地使用检测方法和设备，避免了资源的浪费。进行长时间测试时（如耐候性检测），还要安排好试验过程中的值班计划，以便及时处理停水、停电及设备故障等问题。

2. 检测人员的能力提升

检测人员是检测工作的实施主体，是检测工作中最重要的组成部分，检测人员的素质与能力直接决定着检测数据的准确性与可信性。而随着建筑节能检测技术的不断进步，对检测人员的能力和技术水平要求越来越高，检测人员在掌握所学专业知识的同时，还要掌握与检测项目相关的专业知识，才能胜任检测工作。检测人员的能力提升需要在平时的检测工作中不断积累和自我学习，同时还应积极进行外部学习，参加相关技术培训。

3. 检测人员责任心和职业操守提升

在建筑节能检测过程中，有一些标准中并未提及但受人为因素影响较大的环节，需要检测人员特别注意。例如，膨胀玻化微珠保温砂浆在制样搅拌过程当中，易受机械搅拌力的作用产生破碎，导致干密度、抗压强度和导热系数检测数值偏大，不能反映出砂浆的实际性能。这就要求制样人员在样品搅拌、插捣过程中仔细操作，尽量减少微珠的破损。再如保温板材的抗拉强度试验，在黏结上下卡具的时候，一定要注意胶黏剂均匀涂抹在试样的全部表面，确保卡具与试样的两个表面完全黏结，在检测过程中也要确保所施加的力垂直于试样表面，避免出现“撕裂”现象，导致检测数据偏小。此外，还应对检测过程中出现的各种问题做到实时记录，以便随时追溯。

4. 关注检测过程中的异常现象

在检测过程中，时常会出现异于常理的检测数据和检测现象，这时就需要试验人员做好充分原因分析，不能设备出什么数就记什么数，研究这些异常现象可以发现检测设备或检测手段的不足，同时可对新技术、新产品的研发积累研究经验。例如，保温材料检测导热系数时，与标准值比较过大或过小，就要对其原因进行分析，保温砂浆类是否烘干至恒重，检测时的电压是否稳定，检测环境是否满足试验要求等。再例如铝合金平开窗进行传热系数检测时，如果委托方提供的信息为普通中空玻璃，而实测数据较小时，就要检测其是否使用了Low-E玻璃，而不能以“仅对来样负责”为借口就出具检测报告。

第五节　建筑节能检测发展趋势

近些年来，建筑节能检测技术取得了突飞猛进的发展，这一点可以从检测设备技术水平的不断提高和检测技术标准的不断提升中显现出来。而新材料、新技术研发领域的不断进步，以及绿色建筑等新概念的提出，不断地丰富和提升建筑节能检测技术，使得建筑节能检测不断向前发展。

1. 建筑节能检测体系将不断完善与创新

我国的节能检测技术标准规范从无到有，从翻译国外标准到编制符合我国要求的标准，技术水平不断提升，并还在不断地发展和丰富。检测项目也从注重宏观的检测项目到逐渐增加对微观性能的控制，建材产品的性能进一步丰富，产品的使用性能得到有效保证，节能检测体系逐渐完善。

在检测技术发展的过程中，建筑节能质量问题起到了一定的促进作用，通过分析研究建筑节能工程所出现的问题，创新性地研究制定解决问题的检测项目，使得检测技术的发展充满了创新性。而绿色建筑技术的发展，进一步完善和创新了建筑节能检测体系。

建筑节能检测实验室数量在不断增加，整体质量也在不断提升，随着我国建筑节能的快速发展，建筑节能检测需求量增加，建筑节能检测机构相应增多，而随着社会对建筑节能工程的重视程度逐渐增加，实验室作为保证建筑节能质量的主要机构，对其能力及技术水平要求不断提高。在国家有关机构的监督和控制下，实验室在数量上增加的同时，实验室的质量也得到有效控制。检测实验室数量和质量的提升，进一步完善了建筑节能检测体系。

建筑节能检测标准规范体系将进一步丰富，创新性的检测方法将会不断涌现，检测机构的数量不断增加，其质量水平会不断提升。建筑节能体系在今后的发展中将充分完善，为建筑节能事业的发展提供动力。

2. 检测方法科技含量将逐步提升

建筑节能检测技术的不断发展，使得检测手段的科学技术含量逐渐升高。检测从初期应用尺、力学试验机等检测设备进行检测相关技术参数，到目前，已经发展到要应用红外光谱仪、紫外可见近红外分光光度计、积分球、红外热成像仪等高精尖的研究型检测设备进行检测，而有的检测项目还需要系统地检测不同的参数并在软件中计算模拟实现，如绿色建筑的测评，检测科技含量的提高，使得检测效率提高，检测结果更加准确。检测手段科技含量的提升与我国科技水平的不断提高以及建筑节能蓬勃发展关系密切，而建筑节能检测今后必将在提升检测方法科技水平方向有所发展，检测方法将更加科学化、精密化、系统化。

3. 检测人员能力水平提高

随着建筑节能体系的不断完善，检测方法科技含量不断提升，需要检测人员具备较强的能力和技术水平，一个合格的检测人员除了需要熟练掌握大量复杂的标准规范的同时，还需要掌握与节能检测有关的专业知识，熟练掌握先进设备的操作与相关知识，掌握实验室质量控制的有关知识，密切关注建筑节能行业新材料、新技术、新概念的发展动向。这就迫切需要检测人员不断的进行自我学习，提升自己的能力水平。在建筑节能检测充分发展的趋势下，建筑检测人员的能力和技术水平将会不断地提高。

第二章

外保温系统及组成材料检测技术

建筑外墙外保温是目前我国新建建筑及既有建筑节能改造采用最多的一种建筑围护结构节能技术。使用同样尺寸、同样规格和性能的保温材料，外保温比内保温的效果好，且外保温技术适用范围广。外保温结构包裹在主体结构的外面，可以保护建筑主体结构，延长建筑寿命，有效减少了热桥现象的发生，同时消除了冷凝结露，提高了室内环境的舒适性。

目前常见的外墙外保温系统根据保温材料的不同可分为：模塑聚苯板（EPS）外墙外保温系统、挤塑聚苯板（XPS）外墙外保温系统、石墨模塑聚苯板（GEPS）外墙外保温系统、聚氨酯复合板外墙外保温系统、岩棉外墙外保温系统、胶粉聚苯颗粒保温浆料外墙外保温系统、保温装饰板外墙外保温系统等。每个系统除保温材料不同，具体构造大致相同，图 2-1 以石墨模塑聚苯板（GEPS）外墙外保温系统为例，简要描述了外墙外保温系统的主要构造。

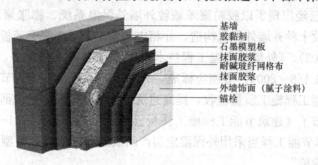

图 2-1　GEPS 板外墙外保温系统构造

通过图 2-1 可知，构成外墙外保温系统的主要构造为基层、黏结层、保温层、抗裂防护层、饰面层，基层多为混凝土墙体，但也包括实心砌块、多孔砌块、空心砌块、砂加气等砌块组成的砌体，为了便于进一步施工以及保证外保温工程质量，基层墙体需要找平。在找平后的基层墙体上粘贴保温板、黏结材料构成黏结层，通常的黏结材料为黏结砂浆（也称胶黏剂）。保温板的外侧需要先布设相应数量的锚栓，而后涂刷一层抹面胶浆，压入耐碱网格布。网布与锚栓主要起到防止保温板脱落的作用，而后再涂抹一遍抹面胶浆，两层抹面胶浆中间加一层耐碱网布的构造，防止整个墙面的开裂。抹面胶浆与耐碱网布所构成的抗裂防护层，在一些资料中被称为抹面层，两种表述都有一定的道理。最外层是饰面层，通常在抹面层外涂刷柔性耐水腻子，腻子起到找平和防止开裂的作用，最外层为涂料层，也有采用饰面瓷砖，但由于涉及安全问题，一些地区已经禁止在高层的外墙外保温工程中应用饰面瓷砖。抗裂防护层（抹面层）和饰面层共同组成了防护层，对整个保温系统起到保护和装饰作用。

对于组成外墙外保温系统的组成材料，如胶黏剂、保温板、抹面胶浆、耐碱网布、镀锌电焊网、锚栓、腻子、涂料等，每一种材料的性能都关系到整个外墙外保温系统的整体使用性能及耐久性能。对每种材料的哪些性能进行检测，以及如何检测在本章会有具体介绍。与此同时，在不同种材料组成的整个外保温系统中，材料之间的相容性，以及组成的整个系统在实际应用过程的耐久性和安全性、适用性都需要保证，所以对于外墙外保温系统这个整体，也有一些性能指标需要检测，这些检测项目也是本章的重点之一。

第一节 外墙外保温系统

外墙外保温系统虽为目前应用较为广泛的建筑保温形式，但外保温工程在实际使用中会受到多种破坏作用，严重影响整个系统的耐久性和使用性能。由于大多数保温材料的隔热性能特别好，其保护层温度在夏季可高达70℃，夏季持续晴天后突降暴雨所引起的表面温度变化可达50℃之多，夏季的高温还会加速保护层的老化。保护层中的某些有机材料会由于紫外线辐射，以及空气中的氧气和水分的作用而遭到破坏。在寒冷地区冬季，昼夜温差最高可达到40℃，温度变化剧烈，而每种材料对温度变化所产生的膨胀收缩能力不一致，这就造成了系统内部产生了较大内应力。就外墙外保温系统而言，在冬季，室内空气进入墙体的水分以及材料因施工或降雨遗留的水分，会因为温度降低而结冰，造成冻融破坏，加之外部风压载荷和外力破坏，整个系统受到的破坏作用可想而知。

2004年时我国已经出现了以胶粉聚苯颗粒外墙外保温系统、膨胀聚苯板薄抹灰外墙外保温系统为代表的数十种外墙外保温构造，并相应地发布了《膨胀聚苯板薄抹灰外墙外保温系统》(JG 149—2003)、《外墙外保温工程技术规程》(JGJ 144—2004)、《胶粉聚苯颗粒外墙外保温系统》(JG 158—2004) 等相应标准。2007年，为了加强建筑节能工程的施工质量管理，统一建筑节能工程施工质量验收，提高建筑工程节能效果，建设部和国家质量监督检验检疫总局联合发布了《建筑节能工程施工质量验收规范》(GB 50411—2007)，该标准第4.1.3条规定“墙体节能工程当采用外保温定型产品或成套技术时，其型式检验报告中应包括安全性和耐候性检验”。

外墙外保温行业飞速发展的同时，由其所造成的火灾也给人们带来了血的教训，如图2-2所示。

为有效遏制建筑外保温系统火灾事故的发生，公安部、住房和城乡建设部相继制定和发布了《民用建筑外保温系统及外墙装饰防火暂行规定》(公通字〔2009〕46号文)、《关于进一步明确民用建筑外保温材料消防监督管理有关要求的通知》(公消〔2011〕65号)、《关于贯彻落实国务院关于加强和改进消防工作的意见的通知 》(建科〔2012〕16号)，这些文件一再强调了关于保温材料燃烧性能的规定，特别是采用 B_1 和 B_2 级保温材料时，应按照规定设置防火隔离带。

近年来，为了解决各种外墙保温构造在实际应用中存在的问题，《建筑外墙外保温防火隔离带技术规程》(JGJ 289—2012)、《模塑聚苯板薄抹灰外墙外保温系统材料》(GB/T 29906—2013)、《胶粉聚苯颗粒外墙外保温系统材料》(JG/T 158—2013)、《硬泡聚氨酯板薄抹灰外墙外保温系统材料》(JG/T 420—2013)、《外墙外保温系统耐候性试验方法》(JG/T 429—2014) 等标准相继出台或修订。

图 2-2　大型火灾现场

外墙外保温系统试验主要包括耐候性能、抗风压性能、抗冲击性能、吸水量、耐冻融性能、水蒸气透过湿流密度等性能。外墙外保温构造做法甚多，但系统试验的方法类似，因此仅以模塑聚苯板薄抹灰外墙外保温系统为例，对其系统性能要求及试验方法进行详细解读，模塑聚苯板外墙外保温系统型式试验是依据《模塑聚苯板薄抹灰外墙外保温系统材料》（GB/T 29906—2013）为主体，系统中若安装了防火隔离带，防火隔离带系统还应符合《建筑外墙外保温防火隔离带技术规程》（JGJ 289—2012）的规定，模塑聚苯板和防火隔离带两个系统参数的测定是平行的，不可重叠。同时，耐候性遵循《外墙外保温系统耐候性试验方法》（JG/T 429—2014）。各标准详细的性能要求见表 2-1。

表 2-1　　模塑聚苯板薄抹灰外墙外保温系统性能要求

试验项目		标准要求	
		GB/T 29906—2013	JGJ 289—2012
耐候性	外观	无可见裂缝，无粉化、空鼓、剥落现象	无裂缝、无粉化、空鼓、剥落现象
	拉伸黏结强度	≥0.1MPa	≥80kPa
抗风荷载性能		—	试验后墙面无断裂、分层、脱开、拉出现象
抗冲击性		二层及以上部位 3J 级首层部位 10J 级	二层及以上部位 3.0J 级冲击合格首层部位 10.0J 级冲击合格

续表

试验项目	标准要求	
	GB/T 29906—2013	JGJ 289—2012
吸水量	≤500g/m²	≤500g/m²
耐冻融性能	无可见裂缝，无粉化、空鼓、剥落现象。拉伸黏结强度≥0.10MPa	无可见裂缝，无粉化、空鼓、剥落现象。拉伸黏结强度≥80kPa
水蒸气透过湿流密度	≥0.85g/(m²·h)	≥0.85g/(m²·h)

一、耐候性检测

耐候性为实验室模拟自然界的热雨循环、热冷循环、冻融循环对外保温系统的破坏，试验周期超过2个月，检测设备耗能、耗水多，试件的重量在1.5～3.0t，因此试件的制作、施工、移动和检测都有一定的难度。怎样合理地选择检测设备、安排检测周期，是能否实现安全、高效检测的关键所在。

1. 检测依据

《模塑聚苯板薄抹灰外墙外保温系统材料》(GB/T 29906—2013)

《外墙外保温系统耐候性试验方法》(JG/T 429—2014)

2. 检测设备

常见的耐候性检测设备如图2-3所示，按照试件架的移动方式分为：轨道式、行车式两种。轨道式相对于行车式的优势在于：轨道式可以在普通结构房内安装和检测，占地小、操作简便、安全，而行车式需要在工业厂房内安装和检测，配备的起重行车必须要到当地的质监部门的特种设备管理机构进行登记备案，行车的操作人员要进行培训取证方能上岗，且其占地大、操作复杂、有一定的安全风险。然而一些大型的检测机构仍然选择行车式是因为行车式一般配备四个试件框、两个试件养护、两个试件检测，这样可以提高设备的检测效率。依据《建筑外墙外保温防火隔离带技术规程》(JGJ 289—2012)的要求，耐候性试验与抗风压试验必须使用同一堵试件墙且抗风压试验要在耐候试验后进行。由于轨道式试件墙的移动是单向的，不能满足抗风压试验要求，这就限制了轨道式设备的使用。

耐候性检测设备应满足以下要求：

(1) 耐候性检测设备由箱体、温度装置、湿度装置、喷淋水装置、测试装置、试验基墙等部分组成，能够自动控制和记录试验过程中试件温度、箱内空气湿度、喷淋水流量等试验参数。

(2) 箱体开口部位内侧尺寸为高不小于2.0m、长不小于3.0m，箱体宽度为1.5m±0.1m。箱体应采用保温材料进行绝热处理，箱体壁厚0.10～0.15m，保温层热阻不小于4.2 (m²·K)/W。

(3) 加热器置于箱体内侧顶部，不得直接照射到试件；制冷压缩机组置于箱体外部，宜采用双压缩机；蒸发器置于箱体内侧顶部，采用风机进行空气循环，试验时试件温度均匀度不应大于3℃。

(4) 除湿机置于箱体外部，宜采用转轮除湿方式。

(a)

(b)

(c)

图 2-3　耐候性检测设备

(a) 轨道式耐候性检测设备；(b) 行车式耐候性检测设备；(c) 旋转轨道式耐候抗风压综合检测设备

(5) 喷嘴置于箱体开口侧顶部以下 0.1～0.2m，距试件表面 0.1～0.2m，呈水平排列，喷嘴数量应满足喷淋水布满试件表面的要求。

(6) 温度传感器在测量温度范围的精度为±1℃，箱体内每个试件设置试件温度传感器 4 个，分别位于箱体开口部位四角，距箱体开口内侧边缘 0.2m，距开口立面（试件表面）10～20mm。温度采集时间间隔不小于 2min。传感器需要每年进行检定。

(7) 湿度传感器在测量湿度范围的精度为±3%，箱体内设置空间湿度传感器两个，一个置于门的上方中间部位，另一个置于门对面距箱底 0.5m 处中间部位，湿度传感器距箱壁 0.2m。

(8) 水流量计在测量流量范围的精度等级不低于 2.5 级，水流量计置于箱体外部，每年进行校准。

(9) 钢筋混凝土墙体或其他墙体，厚度不小于 100mm，试验基墙尺寸应与箱体开口部位外框尺寸一致，不宜超出箱体外框，并可牢固安装到箱体上。混凝土强度不低于 C25，试验基墙应能重复使用。试验墙面左侧有一个洞口，以便形成外墙外保温系统窗洞口部位做法，洞口深度 30～50mm，洞口尺寸应满足试件要求。

3. *样品制备及养护*

(1) 试样数量 1 个，试件位于耐候箱体开口部位内侧的部分高度不小于 2.0m、长度不小于 3.0m，试件尺寸如图 2-4 所示。

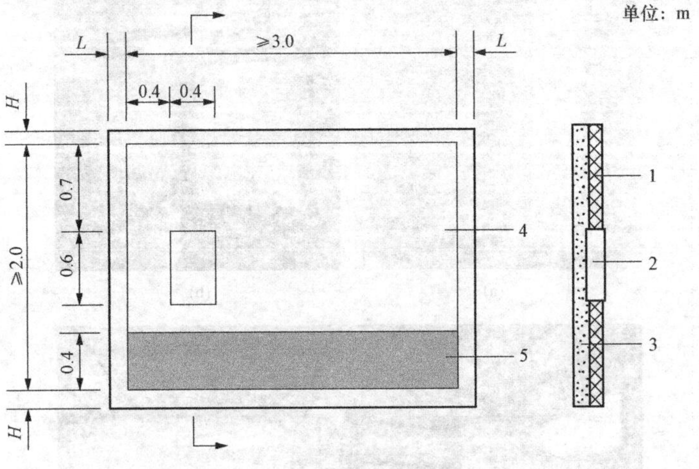

图 2-4 耐候性试样示意图

L—箱体侧板壁厚；H—箱体顶板、底板壁厚

1—外墙外保温系统；2—洞口；3—试验基墙；4—饰面层；5—抹面层

(2) 委托方应提供外保温系统构造做法、施工工艺文件和材料使用说明，并根据保温板尺寸和试验墙尺寸设计排板方案。

(3) 试样由试验基墙和外墙外保温系统组成，在试验基墙外侧面以及洞口侧面也应采用适宜的保温材料，安装构造相同的外保温系统，侧面保温层厚度为 20～25mm。

(4) 整个试样只能使用一种保温板胶黏剂、一种抹面胶浆和最多三种类型的涂料饰面。

(5) 当试件使用不同类型的涂料饰面时，受检试件的涂料饰面按竖直方向均匀分布，并且受检试件底部 0.4m 以下不做涂料饰面层。

(6) 当试件使用单一饰面时，饰面层应覆盖整个试件表面。

(7) 当试件设置防火隔离带时，防火隔离带应位于洞口上沿，防火隔离带宽度为 300mm。

(8) 制样完成后，应在空气温度 10～30℃、相对湿度不低于 50%的条件下养护 28d 以上，且应每天记录养护环境条件和试样状况。

4. 试验步骤

(1) 试样安装。

1) 将养护好的试样固定到耐候箱体开口部位。

2) 通过压紧装置把试件与箱体卡紧，卡紧装置要注意力度，下面适当卡紧，顶部与密封条接触即可。

(2) 热雨循环。进行热雨循环 80 次，每 20 个热雨循环后，对抹面层和饰面层的外观进行检查并做记录。热雨循环条件如下。

1) 加热 3h，在 1h 内将试样表面温度升至 70℃，并恒温在 70℃±5℃，试验箱内空气相对湿度保持在 10%～20%范围内。

2) 喷淋水 1h，水温 15℃±5℃，每个试样墙体喷水量 1.0～1.5L/ (m^2 · min)。

3）静置 2h。

（3）试样完成热雨循环后，在空气温度 10～30℃、相对湿度不低于 50％条件下放置 2d，然后进行热冷循环。

（4）热冷循环。进行热冷循环 5 次，在热冷循环结束后，对抹面层和饰面层的外观进行检查并做记录。热冷循环条件如下。

1）加热 8h，在 1h 内将试样表面温度升至 50℃，并恒温在 50℃±5℃，试验箱内空气相对湿度保持在 10％～20％范围内。

2）制冷 16h，在 2h 内将试样表面温度降至－20℃，并恒温在－20℃±5℃。

（5）试验结果。

1）外观检查。试样完成湿热循环并放置 7d 后，检查并记录试样外观情况，试样出现裂缝、粉化、空鼓、剥落等现象时视为试样破坏。

2）拉伸黏结强度。

按《建筑工程饰面砖黏结强度检验标准》（JGJ 110—2008）规定的方法在完成外观检查的试样上进行拉伸黏结强度测定，要求如下：① 防护层与保温层拉伸黏结强度测点尺寸为 100mm×100mm，测点尺寸符合《建筑工程饰面砖黏结强度检验标准》（JGJ 110—2008）的规定，试件应在试样表面均布。② 检测防护层与保温层拉伸黏结强度，如果系统含有防火隔离带，还应检测防护层与防火隔离带的拉伸黏结强度，并记录试件破坏状态。

5. 结果处理

（1）外观试验结果应包括有无可见裂缝、粉化、空鼓、剥落等现象。

（2）饰面及无饰面部位拉伸黏结强度应分别计算，拉伸黏结强度试验结果为各自 6 个试验数据中 4 个中间值的算术平均值，精确到 0.01MPa。

6. 注意事项

（1）由于该试验周期较长，试验期间应安排人员值班，及时处理停水、停电和设备故障等问题。

（2）耐候性试验时，应以试件表面温度作为温控对象。

（3）对于同一试验箱内同时受检的两面试验墙：①当一面墙为聚苯板薄抹灰外保温系统，另一面墙为聚苯板厚抹灰外保温系统或聚苯颗粒保温砂浆系统时，应以聚苯板薄抹灰的试件表面温度为温度控制基准；②当同一试验箱的两面试验墙采用相同的薄抹灰外保温系统而且热阻相近时，可以两面墙的平均温度作为控制基准。

（4）耐候性试验所用循环喷淋水，既要过滤，又要定期更换控制其碱度。

（5）如果试样为设有防火隔离带的外墙外保温系统，还应按照《建筑外墙外保温防火隔离带技术规程》（JGJ 289—2012）的规定进行系统抗风压性能检测，拉伸黏结强度试验应放在抗风压试验完成后进行。

二、抗风压性能检测

自《膨胀聚苯板薄抹灰外墙保温系统》（JG 149—2003）、《外墙外保温工程技术规程》（JGJ 144—2004）、《胶粉聚苯颗粒外墙外保温系统》（JG 158—2004）实施以来，所有检测机构检测的各类外保温系统抗风压试验，很少发现外保温系统有破坏现象。新修订的标准如

《模塑聚苯板薄抹灰外墙外保温系统材料》（GB/T 29906—2013）没有对系统的抗风压性能作要求。然而2012年发布的《建筑外墙外保温防火隔离带技术规程》（JGJ 289—2012）却对系统的抗风压性能做了明确且严格的要求，因此凡是含有防火隔离带的外保温系统就必须进行系统抗风压性能检测。

1. 检测依据

《建筑外墙外保温防火隔离带技术规程》（JGJ 289—2012）

2. 检测设备

外墙外保温抗风压实验室检测设备如图2-5所示，由动力系统、静压箱、监控系统、测控系统等组成。

最大压差≤－12kPa，负压箱应有足够的深度，以保证在外保温系统可能的变形范围内能使施加在系统上的压力保持恒定。经过耐候性检测的试样能够安装在负压箱开口中并沿基层墙体周边进行固定和密封。差压传感器应每年进行校准。

基层墙体可为混凝土墙或砖墙。为了模拟空气渗漏，在基层墙体上每平方米应预留一个直径15mm的孔洞，并应位于保温板接缝处。

图2-5　抗风压检测设备

3. 样品制备及养护

抗风压性能的试样墙采用的是经过耐候性试验的试样墙。

4. 试验步骤

试验步骤中的加压程序如图2-6所示。

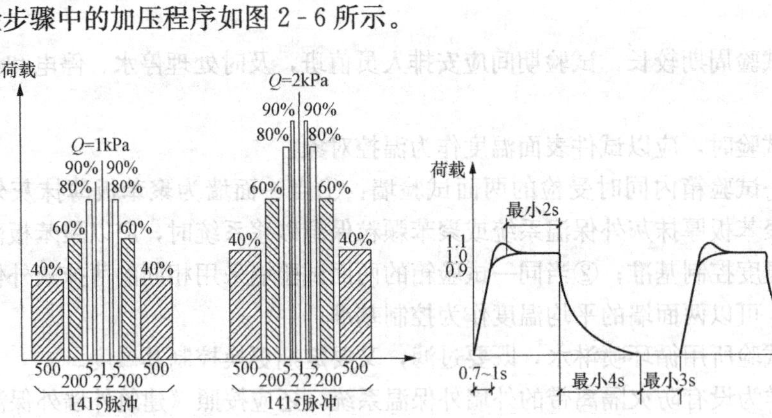

图2-6　抗风压加压程序示意图

每级试验包含1415个负风压脉冲，加压图形以试验风荷载Q的百分数表示。试验1kPa的级差由低向高逐级进行，直至试样破坏。

5. 结果处理

有下列情况之一时可视为试件破坏：① 保温板断裂；② 保温板中或保温板与其保护层之间出现分层；③ 保护层本身脱开；④ 保温板被从固定件上拉出；⑤ 保温板从支撑结构上

脱离。

系统抗风压值 R_d 应按下式进行计算：

$$R_d = \frac{Q_1 C_s C_a}{K}$$

式中 R_d——系统抗风压值；kPa；

C_a——几何因数，取 1；

Q_1——试样破坏前一级的试验风荷载值，kPa；

K——安全系数，机械固定体系取不小于 2，其他体系取不小于 1.5；

C_s——统计修正因数，黏结面积在 50%～100%时取 1；10%～50%时取 0.9；10%以下取 0.8。

6. 注意事项

基墙上的预留孔是模拟空气渗透的，施工时不应封堵。

三、吸水量检测

对于外墙外保温系统吸水量的检测方法，本书以模塑聚苯板薄抹灰外墙外保温系统为例进行介绍，不包括系统中含有防火隔离带。本方法与挤塑板（XPS）、硬泡聚氨酯板外墙外保温系统、胶粉聚苯颗粒外墙外保温系统的检测方法一致，但是与《外墙外保温工程技术规程》（JGJ 144—2004）、《膨胀聚苯板薄抹灰外墙外保温系统》（JG 149—2003）中所引用的检测方法区别较大，对于防火隔离带系统的吸水量，《建筑外墙外保温防火隔离带技术规程》（JGJ 289—2012）同样引用了《外墙外保温工程技术规程》（JGJ 144—2004）中的检测方法。与这些检测方法相比，本书所讲解的检测方法在养护时间上缩短，并增加了浸水—干燥的循环过程，试验更加接近实际应用状态。

1. 检测依据

《模塑聚苯板薄抹灰外墙外保温系统材料》（GB/T 29906—2013）

2. 检测设备

电子天平：精度为 0.1g，检定周期为一年，同时在每个检定周期内至少做 1 次期间核查。

3. 样品制备及养护

（1）试样由保温板和抹面层组成，尺寸为 200mm×200mm，数量 3 个。

（2）试样在标准养护条件下养护 7d 后，将试样四周（包括保温材料）做密封防水处理，如图 2-7 所示。

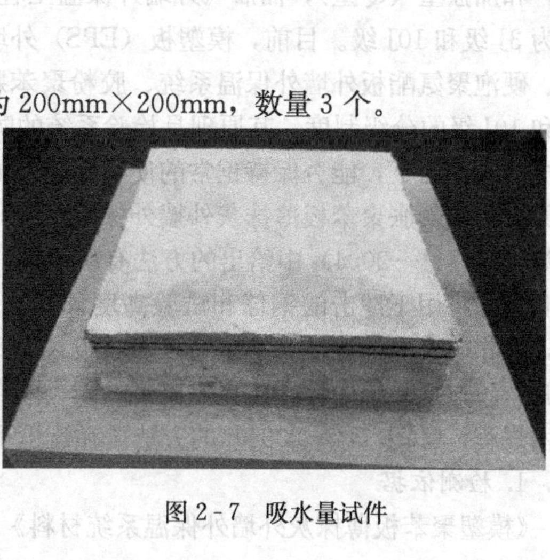

图 2-7　吸水量试件

（3）然后按下列规定进行处理：

1）将试样按下列步骤进行三次循环：在试验环境条件下的水槽中浸泡 24h，试样防护层朝下浸在水中，浸入深度为 3～10mm；在 50℃±5℃的条件下干燥 24h。

2）完成循环后，试样应在试验环境

下再放置，时间不应少于 24h。

3）标准养护条件为空气温度 23℃±2℃，相对湿度 50%±5%。试验环境为空气温度 23℃±5℃，相对湿度 50%±10%。

4. 试验步骤

将试样防护层朝下，平稳地浸入室温水中，浸入水中的深度为 3～10mm，浸泡 3min 后取出用湿毛巾迅速擦去试样表面明水，用天平称量试样浸水前的质量 m_0，然后再浸水 24h 后测定浸水后试样质量 m_1。

5. 结果处理

吸水量按以下公式计算，试验结果为 3 个试验数据的算术平均值，精确至 1g/m²。

$$M=\frac{m_1-m_0}{A}$$

式中 M——吸水量，g/m²；

m_1——浸水后试样质量，g；

m_0——浸水前试样质量，g；

A——试样表面浸水部分的面积，m²。

6. 注意事项

(1) 成型时防护层厚度应均匀，并在记录中注明。

(2) 防水密封处理不可影响试样的浸水面积。

(3) 浸水深度应严格按标准规定进行。

(4) 密封剂推荐使用以下材料：①沥青，软化点 82～93℃，浇注应用；②蜂蜡和松香(等重)，可在 135℃下涂刷，在较低温度下浇注；③微晶蜡（60%）混以精制的结晶石蜡(40%)。

四、抗冲击性检测

抗冲击性是检测系统抵御外部机械破坏而正常使用的能力，在较早的外墙外保温系统标准《膨胀聚苯板薄抹灰外墙外保温系统》（JG 149—2003）中，抗冲击强度分为普通型（P型）和加强型（Q 型），而后《外墙外保温工程技术规程》（JGJ 144—2004）将抗冲击强度分为 3J 级和 10J 级。目前，模塑板（EPS）外墙外保温系统、挤塑板（XPS）外墙外保温系统、硬泡聚氨酯板外墙外保温系统、胶粉聚苯颗粒外墙外保温系统的抗冲击性能也延续 3J 级和 10J 级的分级制度，其原理是检验系统的防护层在能量为 3J（焦耳）和 10J（焦耳）的机械冲击作用下，能否保持正常的使用性能。虽然目前新发布的几个系统的抗冲击检测方法与原有的《膨胀聚苯板薄抹灰外墙外保温系统》(JG 149—2003)、《外墙外保温工程技术规程》(JGJ 144—2004）中给出的方法有所区别，但在试验的原理上是相同的，只不过现有的检测方法将用于冲击的钢球和试验高度计算得更加精确，试样养护更加科学，试样尺寸变小，操作起来更加方便。本小节以模塑板（EPS）外墙外保温系统的抗冲击性试验为例进行讲解，不包括系统中存在防火隔离带，防火隔离带系统的抗冲击性引用了《外墙外保温工程技术规程》(JGJ 144—2004）的方法，在这里不做具体讲解。

1. 检测依据

《模塑聚苯板薄抹灰外墙外保温系统材料》(GB/T 29906—2013)

2. 检测设备

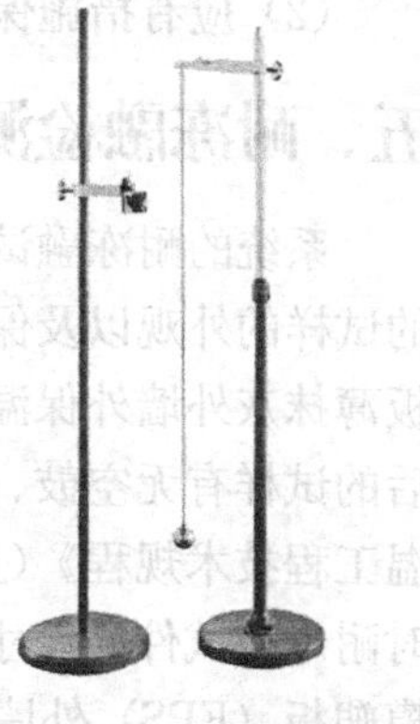

图 2-8　抗冲击检测设备

外墙外保温系统抗冲击性检测设备如图 2-8 所示，由落球装置和带有刻度尺的支架组成，分度值为 0.01m，设备可上下调节高度。落球为：公称直径 50.8mm 的高碳铬轴承钢钢球，质量为 535g。公称直径 63.5mm 的高碳铬轴承钢钢球质量 1045g，检定要求：钢球质量和直径，检定周期为一年。

3. 样品制备及养护

（1）试样由保温层和防护层构成。如果不止使用一种饰面材料（如果仅颗粒大小不同，可视为同种类材料）或系统含有隔离带，应按不同种类的饰面材料和不同的保温层分别制样。试样尺寸宜大于 600mm ×400mm，每一抗冲击级别试样数量为 1 个。

（2）试样在标准养护条件下养护 14d，然后在室温水中浸泡 7d，饰面层向下，浸入水中的深度为 3～10mm。试样从水中取出后，在试验环境下状态调节 7d。

（3）标准养护条件为空气温度 23℃±2℃，相对湿度 50%±5%。试验环境为空气温度 23℃±5℃，相对湿度 50%±10%。

4. 试验步骤

（1）将试样饰面层向上，水平放置在抗冲击仪的基底上，试样紧贴基底；

（2）分别用公称直径为 50.8mm 的钢球在球的最低点距被冲击表面的垂直高度为 0.57m 上自由落体冲击试样（3J 级）和公称直径为 63.5mm 的钢球在球的最低点距被冲击表面的垂直高度为 0.98m 上自由落体冲击试样（10J 级）。

（3）每一级别冲击 10 处，冲击点间距及冲击点与边缘的距离应不小于 100mm，试样表面冲击点及周围出现裂缝视为冲击点破坏。抗冲击破坏现象如图 2-9 所示。

5. 结果处理

3J 级试验 10 个冲击点中破坏点小于 4 个时，判定为 3J 级；10J 级试验 10 个冲击点中破坏点小于 4 个时，判定为 10J 级。

6. 注意事项

（1）为确保冲击点间距满足标准要求，冲击点位置可提前在试样表面画定，如图 2-10 所示。

图 2-9　抗冲击破坏现象

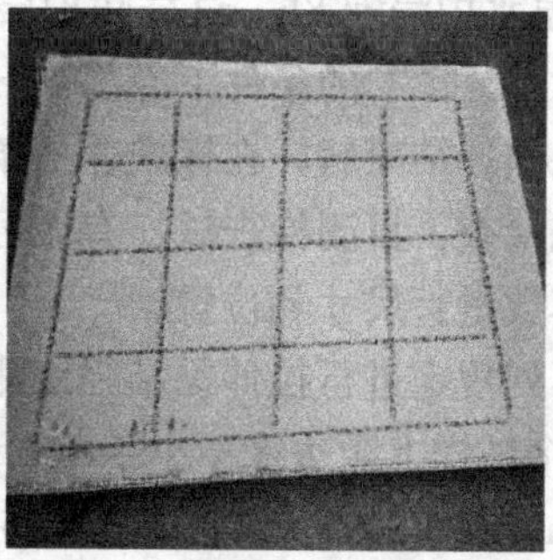

图 2-10　抗冲击试样划线示意图

（2）应有措施保证浸水深度满足标准要求。

五、耐冻融检测

系统的耐冻融试验就是模拟保温层和防护层吸水后进行冻融循环，检测冻融循环处理后的试样的外观以及保温层和防护层之间的黏结性能。早期的外墙外保温系统标准《膨胀聚苯板薄抹灰外墙外保温系统》（JG 149—2003）中，耐冻融在冻融循环处理后，观察冻融循环后的试样有无空鼓、起泡、剥离和裂纹现象，检测结果为定性分析结果。而后，《外墙外保温工程技术规程》（JGJ 144—2004）增加了冻融循环后保护层和保温层的拉伸黏结强度，同时耐冻融试件的尺寸增大，进行拉伸黏结强度的试件需要在完成冻融循环的试件上切割。而模塑板（EPS）外墙外保温系统、挤塑板（XPS）外墙外保温系统、硬泡聚氨酯板外墙外保温系统、胶粉聚苯颗粒外墙外保温系统的现行标准也采用同样的模式，只是胶粉聚苯颗粒外墙外保温系统在冻融循环的试验条件和拉伸黏结强度方法上与其余三个系统的检测方法有所不同。本节以模塑板（EPS）外墙外保温系统为例，详细介绍其系统耐冻融性的试验方法。

1. 检测依据

《模塑聚苯板薄抹灰外墙外保温系统材料》（GB/T 29906—2013）

2. 检测设备

（1）拉力试验机，精度：Ⅰ级。

（2）低温冷冻箱，精度±2℃。

3. 样品制备及养护

（1）试样尺寸600mm×400mm或500mm×500mm，数量3个。

（2）制样后在标准养护条件下养护28d，然后将试样四周（包括保温材料）做密封防水处理。

（3）标准养护条件为空气温度23℃±2℃，相对湿度50%±5%。试验环境为空气温度23℃±5℃，相对湿度50%±10%。

4. 试验步骤

（1）进行30次冻融循环，每次浸泡结束后，取出试样，用湿毛巾擦去表面明水，对抹面层和饰面层的外观进行检查并做记录。当试验过程需中断时，试样应在－20℃±2℃条件下存放。冻融循环条件如下：

1）在室温水中浸泡8h，试样防护层朝下，浸入水中的深度为3～10mm。

2）在－20℃±2℃的条件下冷冻16h。

（2）冻融循环结束后，在标准养护条件下状态调节7d。

（3）外观检查：目测检查试样有无可见裂缝、粉化、空鼓、剥落等现象。有上述情况发生时，记录其数量、尺寸和位置。

（4）按下列规定进行拉伸黏结强度测试。

1）在每个试样上距边缘不小于100mm处各切割2个试件，试件尺寸为50mm×50mm，如图2-11（a）或直径50mm，数量共6块。以合适的胶黏剂将试样粘贴在两个刚性平板或金属板上，如图2-11（b）所示。

2）将试样安装到适宜的拉力机上，如图2-11（c）所示，进行拉伸黏结强度测定，拉伸速度为 5mm/min±1mm/min。记录每个试样破坏时的拉力值和破坏状态。破坏面在刚性平板或金属板胶结面时，测试数据无效。如饰面层与抹面层脱开，且拉伸黏结强度小于 0.10MPa，应继续测定抹面层与保温板的拉伸黏结强度，并应在记录中注明。

5. 结果处理

（1）外观试验结果为有无可见裂缝、粉化、空鼓、剥落等现象。

（2）拉伸黏结强度试验结果为 6 个试验数据中 4 个中间值的算术平均值，精确到 0.01MPa。

6. 注意事项

（1）切割拉伸黏结强度试件时，注意不得造成对检测结果有影响的破坏。

（2）冻融循环过程中试件取出和放入之间的时间间隔不能过长。

（3）冷冻箱内测温探头应位于箱体中部。

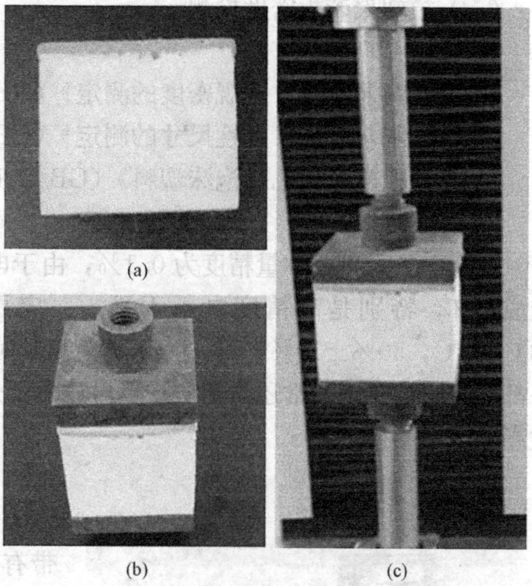

图 2-11 拉伸黏结强度检测

第二节 保 温 材 料

保温材料是外墙外保温系统的重要组成部分，对系统的保温性能起到决定性作用，保温材料（又称绝热材料）是指对热流具有显著阻抗性的材料或材料复合体。按形态分类，一般可分为纤维状、微孔状、气泡状、层状和微纳米状等；按材质分类，一般可分为无机绝热材料、有机绝热材料和有机无机复合材料三类。常见的保温材料有绝热用模塑聚苯乙烯泡沫塑料、绝热用挤塑聚苯乙烯泡沫塑料、模塑石墨聚苯乙烯泡沫塑料、聚氨酯复合保温板、膨胀玻化微珠保温隔热砂浆、建筑外墙外保温用岩棉制品等。形成的保温产品标准有很多，如《绝热用模塑聚苯乙烯泡沫塑料》（GB/T 10801.1—2002）等。不同的保温材料对性能指标的要求各不相同，综合来讲，保温材料的主要性能包括密度、力学性能、导热系数、吸水性能、尺寸变化、燃烧性能等，本章将对这些性能的检测方法进行详细讲解。

一、密度检测

材料的密度有表观密度、干密度、堆积密度和面密度等。一般对于有机保温材料，如 EPS 板、XPS 板、PF 板等，以表观密度来表征；对于无机保温材料，如保温砂浆、蒸压加气混凝土砌块、岩棉等，以干密度或体积密度来表征；对于某些复合板材，如保温装饰一体板、复合保温板等，则使用面密度；对于膨胀玻化微珠等，需要检测其堆积密度。

在建筑节能检测中，密度的检测相对来说是比较简单的，下面分别介绍 EPS 板、膨胀玻化微珠保温隔热砂浆、岩棉板密度的测定方法。

（一）模塑聚苯板密度检测

1. 检测依据

《泡沫塑料及橡胶　表观密度的测定》（GB/T 6343—2009）

《泡沫塑料与橡胶　线性尺寸的测定》（GB/T 6342—1996）

《绝热用模塑聚苯乙烯泡沫塑料》（GB/T 10801.1—2002）

2. 检测设备

（1）电子天平。称量精度为0.1%，由于电子天平属于精密仪器，温湿度不当会对天平造成损坏，特别是高精度电子天平，一定要严格控制天平室的温湿度，一般控制在23℃±2℃，50%±10%即可，为了避免测量时外界因素对称量结果的影响，一般高精度天平都配有防护罩，通常还需在防护罩内放置干燥剂，并且保持天平处于开机状态来防止湿度过高对天平的损坏。

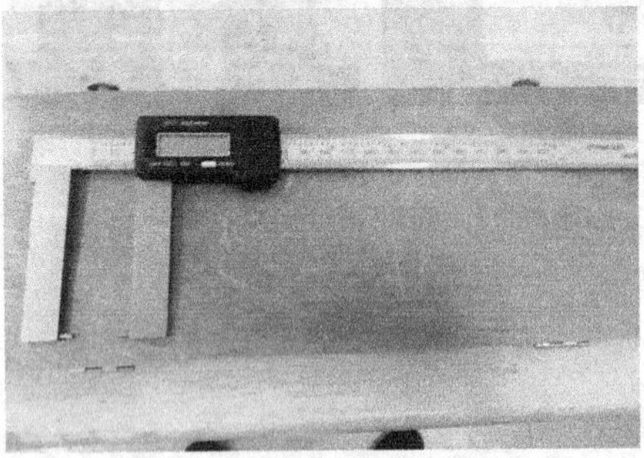

图 2-12　外沟槽数显卡尺

（2）量具。符合《泡沫塑料与橡胶　线性尺寸的测定》（GB/T 6342—1996）规定，最好选用带有外沟槽的数显游标卡尺，精度0.02mm，如图2-12所示。操作简单且能测量试件中心点位置的厚度。

3. 样品制备及养护

在整板上制取尺寸为（100mm±1mm）×（100mm±1mm）×（50mm±1mm）的试样3个，在23℃±2℃、相对湿度50%±5%的环境下至少调节16h。

4. 试验步骤

（1）尺寸测量。按《泡沫塑料与橡胶　线性尺寸的测定》（GB/T 6342—1996）的规定测量试样的尺寸，单位为mm。每个尺寸测量至少5个位置，为了得到一个可靠的平均值，测量点尽可能分散。然后，分别计算3个试件的体积。

（2）质量测量。分别称取3个试样的质量，单位为g，精确到0.5%。

5. 结果处理

表观密度按下式计算，并精确至0.1kg/m³

$$\rho = \frac{m}{V} \times 10^6$$

式中　ρ——表观密度，kg/m³；

m——试样质量，g；

V——试样体积，mm³。

对于一些低密度闭孔材料（密度小于15kg/m³），空气浮力会导致测量结果产生误差，在这种情况下表观密度按下式计算：

$$\rho_a = \frac{m + m_a}{V} \times 10^6$$

式中　ρ_a——表观密度，kg/m³；

m_a——排出空气的质量，g。

m_a 指在常压和一定温度时的空气密度乘以试样体积，当温度为 23℃，大气压力为 101.325kPa 时，空气密度为 1.220×10^{-6} g/mm³；当温度为 27℃，大气压力为 101.325kPa 时，空气密度为 1.1955×10^{-6} g/mm³，天津地区常见的保温材料密度均大于 15 kg/m³，无须计算空气浮力导致测量结果产生的误差。

6. 注意事项

（1）制取试样应从来样的不同部位裁切，且不得位于边缘位置，裁切时不得改变其原始泡孔结构。

（2）测量厚度时，卡尺与试件宜为点接触。

（3）常见泡沫塑料制品密度测试制备试件的尺寸、数量及标准养护条件下状态调节时间见表 2-2。

表 2-2　试件的尺寸、数量及状态调节时间

泡沫塑料板	试件尺寸	试件数量	状态调节时间
EPS 板	100mm×100mm×50mm	3 个	至少 16h
GEPS 板	100mm×100mm×50mm	3 个	至少 16h
XPS 板	100mm×100mm×原厚	5 个	至少 88h
PF 板	100mm×100mm×原厚	5 个	至少 88h
PU 复合板芯材	100mm×100mm×原厚	5 个	至少 88h

（二）膨胀玻化微珠保温砂浆干密度检测

目前市场上的保温砂浆主要为两种，包括无机保温砂浆和有机保温砂浆，其中无机保温砂浆主要包括膨胀玻化微珠保温砂浆、珍珠岩保温砂浆等，以膨胀玻化微珠保温砂浆应用最为广泛，图 2-13 为成型前后的膨胀玻化微珠保温隔热砂浆。

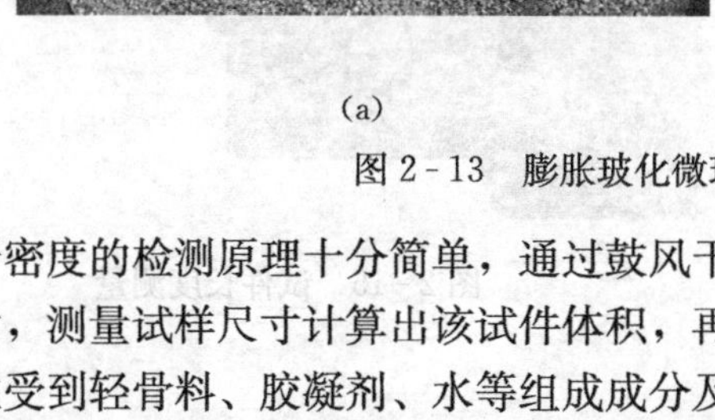

(a)

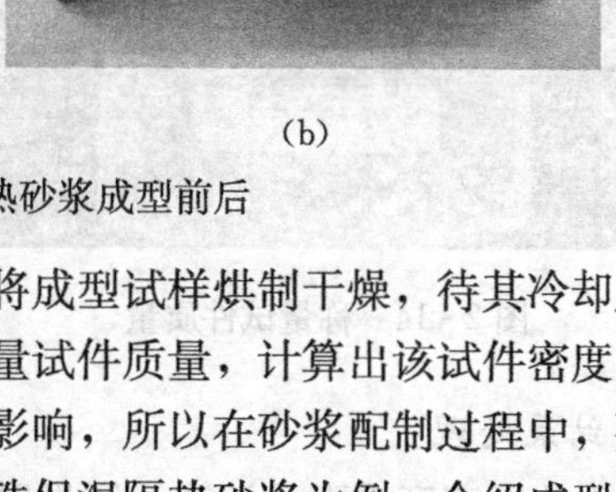

(b)

图 2-13　膨胀玻化微珠保温隔热砂浆成型前后

干密度的检测原理十分简单，通过鼓风干燥箱先将成型试样烘制干燥，待其冷却后测量其尺寸，测量试样尺寸计算出该试件体积，再通过称量试件质量，计算出该试件密度。而密度往往受到轻骨料、胶凝剂、水等组成成分及配比的影响，所以在砂浆配制过程中，要严格按照厂家提供的配比来操作成型。下面以膨胀玻化微珠保温隔热砂浆为例，介绍成型及检测

步骤。

1. 检测依据

《膨胀玻化微珠保温隔热砂浆》(GB/T 26000—2010)

《无机硬质绝热制品试验方法》(GB/T 5486—2008)

2. 检测设备

(1) 电子天平：量程满足试件称量要求，分度值应小于称量值（试件质量）的0.02%。

(2) 钢直尺：分度值为1mm。

(3) 游标卡尺：分度值为0.05mm。

3. 样品制备及养护

按厂家提供的配比制备试件，砂浆搅拌量为搅拌机容量的40%～80%，搅拌过程中不应破坏膨胀玻化微珠。搅拌时先加入水，再加入粉料，搅拌2～3min，停止搅拌并清理搅拌机内壁及搅拌叶片上的砂浆，然后再搅拌1～2min，放置10～15min后使用。将配置好的砂浆填满试模（70.7mm×70.7mm×70.7mm的钢质有底试模），并略高于试模上表面，用捣棒均匀由外向内按螺旋方向轻轻插捣25次，注意尽量避免破坏膨胀玻化微珠。放置5～10min后，将高出试模部分的砂浆沿试模顶面削去抹平。带模试样应在温度23℃±2℃，相对湿度50%±10%条件下养护，并使用塑料薄膜覆盖，三天后脱模。试样取出后继续养护至28天。共制取6块试样。

4. 试验步骤

(1) 将试样在105℃±5℃温度下烘至恒重，放入干燥器中冷却备用。恒重的判定依据为恒温3h两次称量试样的质量变化率小于0.2%。

(2) 称量烘干后的试件质量G，保留5位有效数字，如图2-14所示。

(3) 测量试件的几何尺寸，如图2-15所示，在制品相对两个面上距两边20mm处，用钢直尺或钢卷尺分别测量制品的长度和宽度，精确至1mm，测量结果为4个测量值的算术平均值。在制品两个侧面，距端面20mm处和中间位置用游标卡尺测量制品厚度，精确到0.5mm，测量结果为6个测量值的算术平均值。计算试件的体积V。

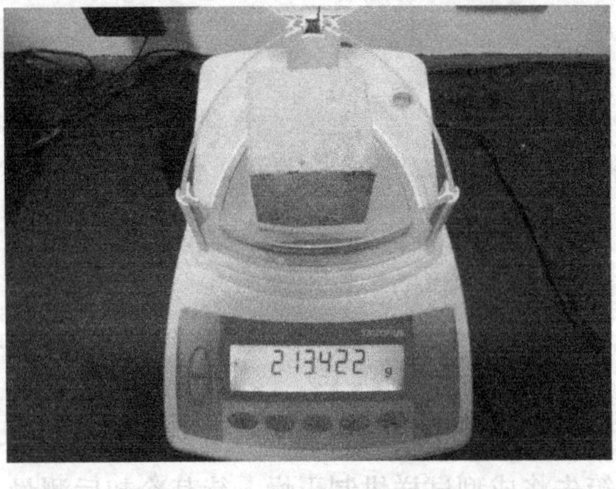

图2-14 称量试件质量

图2-15 试件长度测量

5. 结果处理

试件的干密度按下式计算，结果取6个试样的平均值，精确至1kg/m³。

$$\rho = \frac{G}{V}$$

式中 ρ——试件的密度，kg/m^3；

G——试件烘干后的质量，kg；

V——试件的体积，m^3。

6. 注意事项

(1) 放入砂浆前，试模内一定要均匀涂抹脱模剂。

(2) 脱模后的试样如表面有不平整现象，应适度打磨，直至其尺寸偏差小于2%。

(3) 从干燥器中取出的试样应立即进行称量，避免因长期存放而导致试样吸湿。

(4) 不同种类砂浆由于其产品标准不同，养护周期及养护条件略有不同，可参看对应的产品标准，操作细节方面略有所不同，见表2-3。

表2-3 不同种类保温砂浆间的区别

砂浆种类	产品标准	试件尺寸/[(长/mm)×(宽/mm)×(高/mm)]	烘干温度/℃	结果评定
建筑保温砂浆	GB/T 20473—2006	70.7×70.7×70.7	105	6个检测结果的算术平均值
膨胀玻化微珠保温隔热砂浆	GB/T 26000—2010	70.7×70.7×70.7	105	6个检测结果的算术平均值
膨胀玻化微珠轻质砂浆	JG/T 283—2010	70.7×70.7×70.7	105	6个检测结果的算术平均值
无机轻集料保温砂浆	JGJ 253—2011	70.7×70.7×70.7	80	中间4个值的算术平均值
胶粉聚苯颗粒浆料	JG/T 158—2013	100×100×100	65	6个检测结果的算术平均值

(5) 相邻3h烘干后质量损失率不大于0.2%，未达到此标准不可进行干密度检测，应再次进行烘干操作。

(6) 不同种类保温砂浆耐热性能不同，不可采用相同温度烘干不同种类的砂浆，以免造成砂浆疲劳损坏，在抗压强度试验中，还将采用干密度检测过后的样品进行检测。

(7) 成型过程过后在试模上覆盖聚乙烯薄膜，不但有助于胶凝剂固化，也有助于成型面平整、光滑，为后续检测打下良好基础。如果养护过程受到不定因素干扰，会对试样形状方面造成不同程度的影响，导致检测时试样形状发生不规则的情况。在此情况下，直接采用卡尺测量尺寸，极易产生较大偏差。所以，对成型好的试样一定要做好保护工作，尤其是在拆模过程中，切忌用力过大，导致试件破坏。

(三) 岩棉制品密度检测

《绝热用岩棉、矿渣棉及其制品》(GB/T 11835—2007) 中，对不同密度的岩棉制品的导热系数分别进行了限定。而现行国家标准《建筑外墙外保温用岩棉制品》(GB/T 25975—2010) 没有对用于建筑外墙外保温用岩棉制品的密度进行限定。对于外墙外保温用岩棉制品的密度检测，本书选用《绝热用岩棉、矿渣棉及其制品》(GB/T 11835—2007) 中规定的密度检测方法进行讲解。

1. 检测依据

《绝热用岩棉、矿渣棉及其制品》(GB/T 11835—2007)

《矿物棉及其制品试验方法》(GB/T 5480—2008)

2. 检测设备

(1) 电子天平。量程满足试样称量要求，分度值不大于被称质量的0.5%。

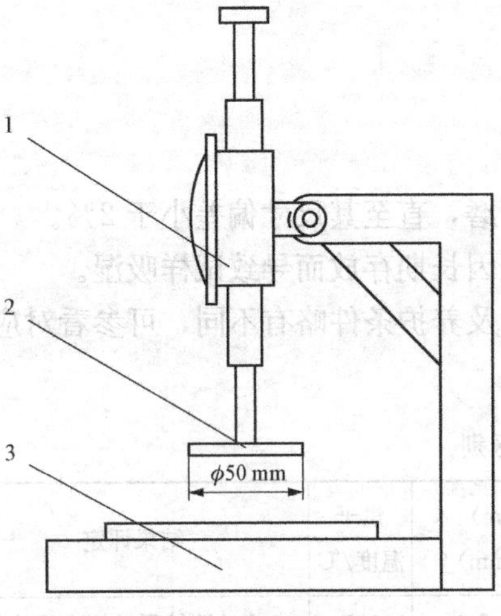

图2-16 测厚仪示意图

1—百分表；2—压板；3—表架

(2) 测厚仪。分度值0.1mm，压板压强98Pa。为避免测量时的偏差，测厚仪校准厚度用的标准块使用时接触面应保持表面清洁，使用后应立即包好存放指定位置，不可长时间暴露在空气中，以防灰尘和颗粒物的附着，如图2-16所示。

(3) 金属尺。量程满足试样要求，分度值为1mm。

3. 试验步骤

(1) 长度和宽度的测量。如图2-17所示，把试样平放在玻璃板上，用精度为1mm的量具测量长度，测量位置在距试样两边约100mm处，测时要求与对应的边平行及与相邻的边垂直。板状制品的读数精度到1mm。每块试样测2次，以2次测量结果的算术平均值作为该试样的长度。对表面有贴面的制品，应按制品基材的长度进行测量。

试样宽度测量3次。测量位置在距试样两边约100mm及中间处，测量时要求与对应的边平行及与相邻的边垂直。以3次测量结果的算术平均值作为该试样的宽度。

(2) 厚度测量。板状制品厚度的测量在经过长度、宽度测量的试样上进行，每块试样切取尺寸为100mm×100mm的小样4块，进行厚度测量。扫净测厚仪底面，调节压板与底面平行。平稳地抬起测厚仪压板，将小样放在底面和压板之间，轻轻放下压板，使其与小样接触。待测厚仪指针稳定后读数，精确到0.1mm。以4个小样测量的算术平均值作为该试样的厚度。对于厚度测量需包括贴面层的试样，应将贴面向下放置，如图2-18所示。

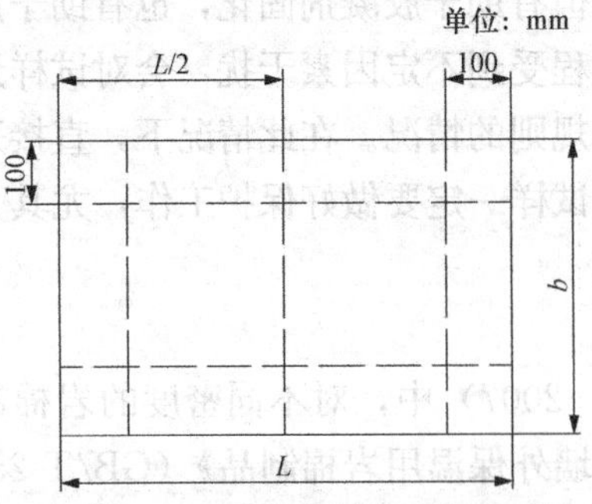

图2-17 试件长度与宽度测量位置

L—试样长度；b—试样宽度

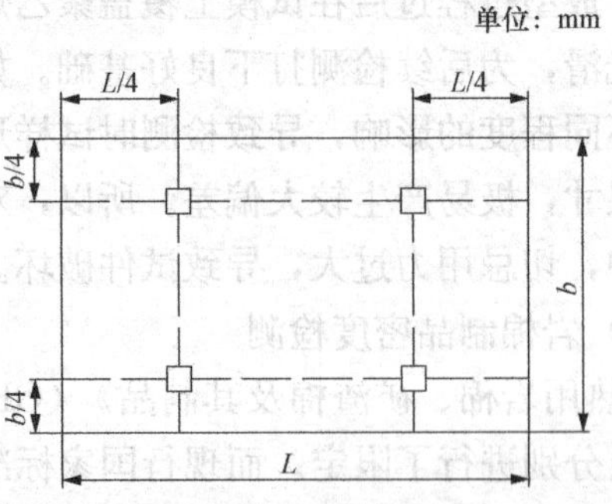

图2-18 板状制品厚度测量小样的取样位置

L—试样长度；b—试样宽度

(3) 试样质量的称量。将试样放在满足称量要求的天平上进行称量。对于有贴面的制品，应分别称出试样的总质量以及扣除贴面后的质量。

4. 结果处理

无贴面制品的密度按以下公式计算，结果取整数。

$$\rho_1 = \frac{m_1 \times 10^9}{\bar{l}\bar{b}\bar{h}}$$

式中　ρ_1——试样的密度，kg/m³；

m_1——试样的质量，kg；

$\bar{l}$——试样的长度，mm；

$\bar{b}$——试样的宽度，mm；

$\bar{h}$——试样的厚度，mm。

连贴面试样的密度按以下公式计算，结果取整数。

$$\rho_2 = \frac{m_2 \times 10^9}{\bar{l}\bar{b}\bar{h}}$$

式中　ρ_2——带有贴面时试样的密度，kg/m³；

m_2——带有贴面时试样的质量，kg。

5. 注意事项

进行长度和宽度的测量时，要求与对应的边平行及与相邻的边垂直。

二、力学性能检测

（一）模塑聚苯板压缩强度检测

模塑聚苯板压缩强度的检测主要依据《硬质泡沫塑料压缩性能的测定》（GB/T 8813—2008），主要原理是检测模塑聚苯板在受到垂直板面的压载作用时，试样在厚度方向上发生形变，根据试验测得应力应变曲线得出试样指定形变时所承受的应力，再计算出压缩强度。

1. 检测依据

《绝热用模塑聚苯乙烯泡沫塑料》（GB/T 10801.1—2002）

《硬质泡沫塑料压缩性能的测定》（GB/T 8813—2008）

2. 检测设备

（1）微机控制电子万能试验机。测力的精度为±1%，位移精度为±5%或±0.1mm，且能够记录力—位移的变化曲线。需配有两块表面抛光且不会变形的方形或圆形的平行板，板的边长（或直径）至少为100mm，且大于试样的受压面，其中一块为固定的，另一块可按标准规定的条件以恒定的速率移动。两板应始终保持水平状态。

（2）量具。符合GB/T 6342规定，建议使用数显卡尺，精度0.02mm。

3. 样品制备及养护

试样尺寸为（100mm±1mm）×（100mm±1mm）×（50mm±1mm），数量为5个。在样品的不同部位制取，不得取位于边缘的试样。样品放在23℃±2℃，相对湿度50%±5%的环境下至少调节16h。

4. 试验步骤

（1）测量试样的初始三维尺寸，得出试样的厚度及横截面初始面积；

（2）将试样置于试验机两平板的中央，活动板以恒定的速率压缩试样，直到试样厚度变为初始厚度的 85%，记录力—位移曲线。

5. 结果处理

(1) 压缩结束后，将力—位移曲线上斜率最大的直线部分延伸至力零位线，其交点为“形变零点”，记录产生 10%相对形变的力。10%相对形变为力位移曲线上从“形变零点”至达到试样初始厚度 10%的位移。如果力—位移曲线上无明显的直线部分或用这种方法获得的“形变零点”为负值，则不采用这种方法。此时，“形变零点”应取压缩应力为（250±10)Pa 所对应的形变。

(2) 压缩强度以相对形变 10%时的压缩应力表示：

$$\sigma_{10}=\frac{F_{10}}{S_0}\times 10^3\,\mathrm{kPa}$$

式中 F_{10}——使试样产生 10%相对形变的力，N；

S_0——试样初始横截面积，mm^2。

(3) 试验结果取 5 个试样试验结果的平均值，保留 3 位有效数字；如各个试验结果之间的偏差大于 10%，则给出各个试验结果。

6. 注意事项

(1) 上、下压板尺寸要略大于试件尺寸，且确保试件位于压板正中央。

(2) 常见泡沫塑料制品压缩强度测试制备试件的尺寸、数量及标准养护条件下状态调节时间见表 2-4。

表 2-4　　试件的尺寸、数量及状态调节时间

泡沫塑料板	试件尺寸/［（长/mm）×（宽/mm）×（高/mm）］	试件数量	状态调节时间
EPS 板	100mm×100mm×50mm	5 个	至少 16h
GEPS 板	100mm×100mm×50mm	5 个	至少 16h
XPS 板	100mm×100mm×原厚	5 个	至少 88h
PF 板	100mm×100mm×50mm	5 个	至少 88h
PU 复合板芯材	100mm×100mm×50mm	5 个	至少 88h

(二) 模塑聚苯板抗拉强度检测

1. 检测依据

《模塑聚苯板薄抹灰外墙外保温系统材料》(GB/T 29906—2013)

2. 检测设备

电子万能试验机，测力的精度为±1%。

3. 样品制备及养护

试样在模塑板上切割制成，试样尺寸为 100mm×100mm，其基面应与受力方向垂直，切割时应离模塑板边缘 15mm 以上，数量 5 个。在试验环境下放置 24h 以上。

4. 试验步骤

以合适的胶黏剂将试样两面粘贴在刚性平板或金属板上，胶黏剂应与产品相容。将试样装入拉力机上，以 5mm/min±1mm/min 的恒定速度加荷，直至试样破坏。破坏面在刚性平板或金属板胶结面时，测试数据无效。

5. 结果处理

抗拉强度按下式计算，试验结果为5个试验数据的算术平均值，精确至0.01MPa。

$$\sigma = \frac{F}{A}$$

式中　σ——垂直于板面方向的抗拉强度，MPa；

F——试样破坏拉力，N；

A——试样的横截面积，mm^2。

6. 注意事项

（1）应确保被测试样表面与卡具完全黏结。

（2）应有措施保证拉力方向始终垂直于被测试样表面。

（三）无机保温砂浆抗压强度检测

1. 检测依据

《无机硬质绝热制品试验方法》（GB/T 5486—2008）

《膨胀玻化微珠保温隔热砂浆》（GB/T 26000—2010）

2. 检测设备

（1）压力试验机。最大压力示值20kN，相对示值误差应小于1%，试验机应具有显示受压变形的装置。

（2）钢直尺，分度值为1mm。

3. 样品制备及养护

按厂家提供的配比制备砂浆，砂浆搅拌量为搅拌机容量的40%～80%，搅拌过程中不应破坏膨胀玻化微珠。搅拌时先加入水，再加入粉料，搅拌2～3min，停止搅拌并清理搅拌机内壁及搅拌叶片上的砂浆，然后再搅拌1～2min，放置10～15min后使用。将配制好的砂浆填满试模（70.7mm×70.7mm×70.7mm的钢质有底试模），并略高于试模上表面，用捣棒均匀由外向内按螺旋方向轻轻插捣25次，注意尽量避免破坏膨胀玻化微珠。放置5～10min后，将高出试模部分的砂浆沿试模顶面削去抹平。带模试样应在温度23℃±2℃，相对湿度50%±10%条件下养护，并使用塑料薄膜覆盖，3d后脱模。试样取出后继续养护至28d。共制取3块试样（也可使用干密度测量后的试样直接进行抗压强度检测）。

4. 试验步骤

（1）将试件置于干燥箱内，在105℃±5℃温度下烘至恒重，恒重的判定依据为恒温3h两次称量试样的质量变化率小于0.2%。然后，将试件移至干燥器中冷却至室温（如采用干密度检测后的试样立即进行试验，则此步骤可省略）。

（2）在试件上、下两个受压面距棱边10mm处用钢直尺（尺寸小于100mm时用游标卡尺）测量长度和宽度，在厚度的两个对应面的中部用钢直尺测量试件的厚度。测量结果为四个测量值的算术平均值，精确至1mm（尺寸小于100mm时，精确至0.5mm），厚度测量结果为两个测量值的算术平均值，精确至1mm。

（3）将试件置于压力试验机的承压板上，使压力试验机承压板的中心与试件中心重合。

（4）开动试验机，当上压板与试件接近时，调整球座，使试件受压面与承压板均匀接触。

(5) 以 10mm/min±1mm/min 速度对试件加荷，直至试件破坏，同时记录压缩变形值。当试件在压缩变形 5%时没有破坏，则试件压缩变形 5%时的荷载为破坏荷载。记录破坏荷载 P，精确至 10N。

5. 结果处理

每个试件的抗压强度按下式计算，精确至 0.01MPa。

$$\sigma = \frac{P}{S}$$

式中 σ——试件的抗压强度，MPa；

P——试件的破坏荷载，N；

S——试件的受压面积，mm^2。

试验结果取 3 个试样的算术平均值，精确至 0.1MPa。

6. 注意事项

(1) 被测试件的两个承压面应完整，无缺棱掉角现象。

(2) 不同种类保温砂浆之间的区别见表 2-3。

(四) 膨胀玻化微珠保温隔热砂浆压剪黏结强度检测

1. 检测依据

《膨胀玻化微珠保温隔热砂浆》(GB/T 26000—2010)

2. 检测设备

(1) 电子试验机。精度为 1%，应使最大破坏荷载处于试验机量程的 20%～80%范围内。

(2) 压剪夹具。压剪夹具如图 2-19 所示。

3. 样品制备及养护

按厂家提供的配比制备砂浆，砂浆搅拌量为搅拌机容量的 40%～80%，搅拌过程中不应破坏膨胀玻化微珠。搅拌时先加入水，再加入粉料，搅拌 2～3min，停止搅拌并清理搅拌机内壁及搅拌叶片上的砂浆，然后再搅拌 1～2min，放置 10～15min 后使用。将配制好的砂浆涂抹于尺寸为 100mm×110mm×10mm 的两块水泥砂浆板之间(水泥砂浆板的黏结面应进行界面处理)，涂抹厚度为 10mm，面积 100mm×100mm，应错位涂抹，试样两端未涂抹砂浆的水泥砂浆板长度均为 10mm，如图 2-20 所示，每组成型 6 个试件。将成型好的试样水平放置，并在温度 23℃±2℃、相对湿度 50%±10%的条件下养护 28d。将养护好的试样在 105℃±5℃的烘箱中烘至恒重，然后取出放入干燥器中，冷却至室温后进行检测。用于耐水试验的试样应继续浸入水中 48h，浸水深度为 2～10mm，然后将试样从水中取出并擦拭表面水分，再在养护条件下放置 7d 后进行试验。

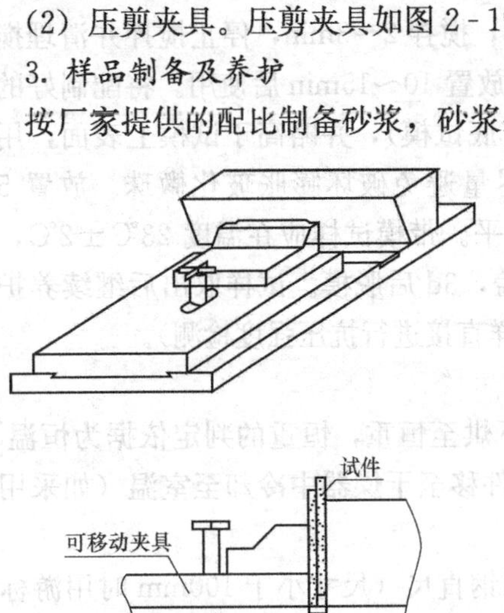

图 2-19 压剪夹具示意图

4. 试验步骤

将试样安装到压剪夹具并置于试验机上进行压剪试验，以 5mm/min 的速度加荷至试样破坏，记录试样破坏时的荷载值，精确至 1N。

5. 结果处理

压剪黏结强度按下式进行计算，检测结果取 6 个试样测试值中间 4 个的算术平均值，精确至 0.001MPa。

$$R_1 = \frac{F_1}{A_1}$$

式中　R_1——压剪黏结强度，MPa；

F_1——试样破坏时的荷载，N；

A_1——压剪黏结面积，取 100mm×100mm。

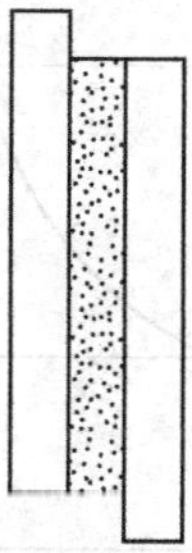

图 2-20　压剪黏结强度试样

6. 注意事项

试验夹具不管是拉向还是压向，一定要确保力的方向与试验底板平行。

（五）岩棉制品压缩强度检测

1. 检测依据

《建筑外墙外保温用岩棉制品》(GB/T 25975—2010)

《建筑用绝热制品压缩性能的测定》(GB/T 13480—2014)

2. 检测设备

(1) 压力试验机。合适的载荷和位移量程，带有两个刚性、光滑的方形或圆形的平行压板，至少有一个面的长度（或直径）与测试试样的长度（或对角线）相等。压板移动速度满足要求，荷载精度为总荷载±1%，变形精度为试样厚度的±5%或±0.1mm，能够同时记录载荷 F 和位移 X，并给出 $F-X$ 曲线。

(2) 量具。

1) 测厚仪。量程满足试样要求，分度值为 0.05mm。

2) 游标卡尺。量程满足试样要求，分度值为 0.1mm。

3) 钢直尺。量程满足试样要求，分度值为 0.5mm。

3. 样品制备及养护

试样尺寸（200mm±1mm）×（200mm±1mm），厚度为样品原厚，试样数量 5 块，测量前对试样进行调节，将试样放于 23℃±5℃的环境中至少 6h，有争议时，在 23℃±2℃和相对湿度 50%±5%的环境下进行。

4. 试验步骤

(1) 依据 ISO 29768 选择合适的量具，依据测量试样的长度、宽度、厚度，选择至少两个测量位置，测量位置尽量分开，每个位置读数三次，取三次读数的中值，精确到 0.5%。计算每个试样长度、宽度测量结果的算术平均值。

(2) 将试样放于压缩试验机的两块压块正中央。预加载 250Pa±10Pa 的压力。

(3) 以 $0.1d$/min（±25%以内）的恒定速度压缩试样，d 为试样厚度，单位 mm。

(4) 连续压缩试样直至试样屈服得到压缩强度值 F_m，或压缩至 10%变形时得到 10%变

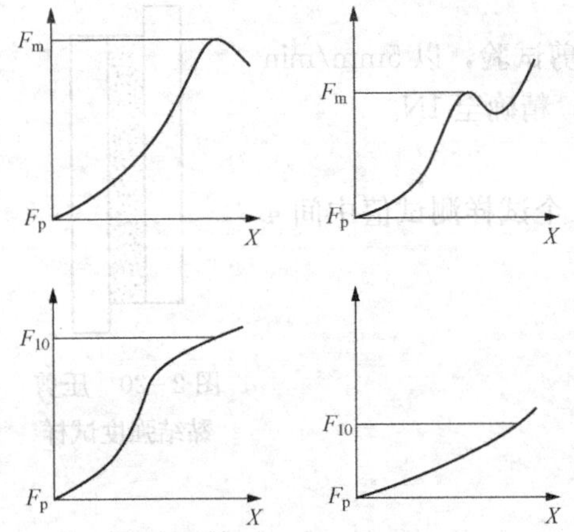

图 2-21 载荷—位移曲线

形时的压缩应力 F_{10}。绘制载荷—位移曲线，如图 2-21所示。

5. 结果处理

压缩强度公式：

$$S = \frac{W}{A}$$

式中 S——压缩强度，Pa；

W——已知变形下的压缩载荷，N；

A——测量求得的原始面积，m^2。

三、热工性能检测

目前，国家标准中关于导热系数检测的标准主要有《塑料导热系数试验方法 防护热板法》(GB/T 3399—1982)、《绝热材料稳态热阻及有关特性的测定 防护热板法》(GB/T 10294—2008)、《绝热材料稳态热阻及有关特性的测定 热流计法》(GB/T 10295—2008)、《绝热层稳态传热性质的测定 圆管法》(GB/T 10296—2008)、《非金属固体材料导热系数的测定 热线法》(GB/T 10297—1998) 等。建筑节能用保温材料标准中通常采用的导热系数检测方法为《绝热材料稳态热阻及有关特性的测定 防护热板法》(GB/T 10294—2008) 和《绝热材料稳态热阻及有关特性的测定 热流计法》(GB/T 10295—2008)，其中实验室采用以“防护热板法”机理的导热系数仪进行导热系数检测的居多，下面以 EPS 板为例，介绍导热系数的检测方法。

1. 检测依据

《绝热材料稳态热阻及有关特性的测定 防护热板法》(GB/T 10294—2008)

《绝热用模塑聚苯乙烯泡沫塑料》(GB/T 10801.1—2002)

2. 检测设备

平板导热仪。测量温度和温差系统的灵敏度和准确度应不低于温差的 0.2%；测量加热器功率的误差，在全范围内均应在 0.1%之内。

3. 样品制备及养护

在样品的不同部位制取不少于 2 块试样，试样厚度为 25mm±1mm，两块试样尺寸应尽可能地一样，厚度差别应小于 2%，试样大小应足以完全覆盖加热单元的表面。在 23℃±2℃，相对湿度 50%±5%的环境下至少调节 16h。

4. 试验步骤

(1) 厚度测量。将试件放入平板导热仪冷热板中间，夹紧试件并施加一个恒定的力值(一般不大于 2.5kPa)，用适宜的量具量取试件四个边角的厚度，计算平均值作为试样的厚度。

(2) 导热系数测定。按照标准要求设定冷热板温度，开始检测。当试验达到稳定后，结果不是单方向变化，并且连续四组读数给出的热阻值的差别不超过 1%（每半小时采集一次数据），试验结束。

5. 结果处理

导热系数按下式进行计算，取其平均值。

$$\lambda=\frac{\Phi d}{A(T_1-T_2)}$$

式中　Φ——加热单元计量部分的平均加热功率，W；

T_1——试件热面温度平均值，K；

T_2——试件冷面温度平均值，K；

A——计量面积（双试件装置需乘以 2），m^2；

d——试件平均厚度，m。

6. 注意事项

（1）应确保各试件的夹紧力一致。

（2）试验时试件冷侧不得出现冷凝水。

（3）常见泡沫塑料制品导热系数测试制备试件的尺寸、数量及标准养护条件下状态调节时间见表 2-5。

表 2-5　试件的尺寸、数量及状态调节时间

泡沫塑料板	试件尺寸	试件数量	状态调节时间
EPS 板	300mm×300mm×(25～30)mm 或符合其他相关标准和设备要求的尺寸	2 个	至少 16h
GEPS 板		2 个	至少 16h
XPS 板		2 个	至少 88h
PF 板		3 个	至少 88h
PU 复合板芯材		2 个	至少 88h

四、吸水性能检测

保温材料的吸水性是影响保温材料使用性能的重要因素，主要以吸水率、吸水量、憎水率、吸湿性等指标来表征。在外保温系统检测方法中，介绍了吸水量的测定方法，目的是检测整个系统的综合吸水性能，对于保温材料自身的吸水性能则需要进一步检测。本节以 EPS 板和岩棉板为例，介绍吸水率和质量吸湿率的测定方法。

（一）模塑聚苯板吸水率检测

1. 检测依据

《硬质泡沫塑料吸水率的测定》（GB/T 8810—2005）

《绝热用模塑聚苯乙烯泡沫塑料》（GB/T10801.1—2002）

2. 检测设备

（1）天平，可悬挂网笼，精确至 0.1g。

（2）网笼，由不锈钢材料制成，大小能容纳试样，底部附有能抵消试样浮力的重块，顶部有能挂到天平上的挂架，如图 2-22 所示。

（3）圆筒容器，直径至少为 250mm，高为 250mm。

（4）低渗透塑料薄膜，如聚乙烯薄膜。

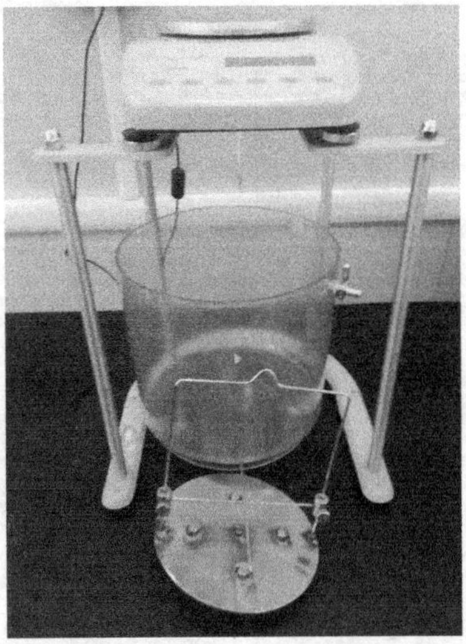

图 2-22 吸水率检测仪

（5）切片器，应有切割样品薄片厚度为 0.1～0.4mm 的能力。

（6）载片，将两片幻灯玻璃片用胶布黏结成活叶状，中间放一张印有标准刻度（长度 30mm）的计算坐标的透明塑料薄片。

（7）投影仪，适用于 50mm×50mm 标准幻灯片的通用型 35mm 幻灯片投影仪，或者带有标准刻度的投影显微镜。

3. 样品制备及养护

制取尺寸为（100mm±1mm）×（100mm±1mm）×（50mm±1mm）的试样 3 个。在样品的不同部位制取，不得取位于边缘的试样。样品放在 23℃±2℃，相对湿度 50%±5%的环境下至少调节 16h。

4. 试验步骤

（1）称量试样质量，准确至 0.1g。

（2）测量试样线性尺寸（参见表观密度检测中试件尺寸的测量），计算 V_0，V_0 准确至 0.1cm³。

（3）在试验环境下将蒸馏水注入圆筒容器内（蒸馏后至少放置 48h 的蒸馏水）。

（4）将网笼浸入水中，除去网笼表面气泡，挂在天平上，称其表观质量，准确至 0.1g。

（5）将试样装入网笼，重新浸入水中，并使试样顶面距水面约 50mm，用软毛刷或搅动除去网笼和样品表面气泡。

（6）用低渗透塑料薄膜覆盖在圆筒容器上。

（7）浸泡 96h 后移去塑料薄膜，称量浸在水中装有试样的网笼的表观质量，准确至 0.1g。

5. 结果处理

目测试样溶胀情况，来确定溶胀和切割表面体积的校正。均匀溶胀用方法 A，不均匀溶胀用方法 B。

（1）方法 A（均匀溶胀）。

1）适用性。当试样没有明显的非均匀溶胀时用方法 A。

2）从水中取出试样，立即重新测量其尺寸，为测量方便在测量前用滤纸吸去表面水分。试样均匀溶胀体积校正系数 S_0。

$$S_0=\frac{V_1-V_0}{V_0}\quad V_0=\frac{dlb}{1000}\quad V_1=\frac{d_1l_1b_1}{1000}$$

式中 V_1——试样浸泡后体积，cm³；

V_0——试样初始体积，cm³；

d——试样的初始厚度，mm；

l——试样的初始长度，mm；

b——试样的初始宽度，mm；

d_1——试样的浸泡后厚度，mm；

l_1——试样的浸泡后长度，mm；

b_1——试样的浸泡后宽度，mm。

3）切割表面泡孔的体积校正。泡孔直径 D 的计算：

对泡孔尺寸均匀对称的泡沫塑料，切取一片薄片，利用投影仪读出 30mm 范围内的泡孔或孔壁数目 n。则

$$t_0 = \frac{30}{n}(\text{mm})$$

式中　t_0——平均泡孔弦长，则

$$D = \frac{t_0}{0.616}$$

式中　D——平均泡孔直径。

对具有明显各向异性的泡沫塑料，则需从 3 个主要方向各切取一片测量泡孔尺寸，以其平均值表示。

按下式计算切割表面泡孔体积 V_c。

① 有自然表皮或复合表皮的试样：

$$V_c = \frac{0.54D(ld + bd)}{500}$$

② 各表面均为切割面的试样

$$V_c = \frac{0.54D(ld + lb + bd)}{500}$$

式中　V_c——试样切割表面泡孔体积，cm^3；

D——平均泡孔直径，mm。

4）若平均泡孔直径小于 0.50mm，且试样体积不小于 500cm^3，切割面泡孔的体积校正较小（小于 3.0%）可以被忽略。

（2）方法 B（非均匀溶胀）。

1）适用性。当试样有明显的非均匀溶胀时用方法 B。

2）合并校正溶胀和切割面泡孔的体积。用一个带一个溢流管圆筒容器，注满蒸馏水直到水从溢流管流出，当水平面稳定后，在溢流管下放一容积不小于 600cm^3 带刻度的容器，此容器能用它测量溢出水体积，准确至 0.5cm^3（也可用称量法）。从原始容器中取出试样和网笼，沥干表面水分（约 2min），小心地将装有试样的网笼浸入盛满水的容器，水平面稳定后测量排出水的体积，准确至 0.5cm^3。用网笼重复上述过程，并测量其体积，准确至 0.5cm^3。

溶胀和切割表面体积合并校正系数 S_1 由下式得出：

$$S_1 = \frac{V_2 - V_3 - V_0}{V_0}$$

式中　V_2——装有试样的网笼浸在水中排出水的体积，cm^3；

V_3——网笼浸在水中排出水的体积，cm^3；

V_0——试样初始体积，cm^3。

吸水率按下式进行计算，结果取三个试样的算术平均值。

① 均匀溶胀。

$$WA_v = \frac{m_3 + V_1 \times \rho - (m_1 + m_2 + V_c \times \rho)}{V_0 \rho} \times 100$$

式中 WA_v——吸水率，%；

m_1——试样质量，g；

m_2——网笼浸在水中的表观质量，g；

m_3——装有试样的网笼浸在水中的表观质量，g；

V_1——试样浸渍后体积，cm^3；

V_c——试样切割表面泡孔体积，cm^3；

V_0——试样初始体积，cm^3；

ρ——水的密度，$1g/cm^3$。

② 非均匀溶胀。

$$WA_v = \frac{m_3 + (V_2 - V_3)\rho - (m_1 + m_2)}{V_0 \rho} \times 100$$

式中 WA_v——吸水率，%；

m_1——试样质量，g；

m_2——网笼浸在水中的表观质量，g；

m_3——装有试样的网笼浸在水中的表观质量，g；

V_2——装有试样的网笼浸在水中排出水的体积，cm^3；

V_3——网笼浸在水中排出水的体积，cm^3；

V_0——试样初始体积，cm^3；

ρ——水的密度，$1g/cm^3$。

6. 注意事项

（1）在浸水过程中，如有材料析出现象，应在记录中详细描述。

（2）体积校正计算公式已包括了单位换算，因此不需要再将计算结果进行换算。

（3）常见泡沫塑料制品吸水率测试制备试件的尺寸、数量及标准养护条件下状态调节时间见表 2-6。

表 2-6 试件的尺寸、数量及状态调节时间

泡沫塑料板	试件尺寸	试件数量	状态调节时间
EPS 板	100mm×100mm×50mm	3 个	至少 16h
GEPS 板	100mm×100mm×50mm	3 个	至少 16h
XPS 板	150mm×150mm×原厚	3 个	至少 88h
PF 板	150mm×150mm×原厚	3 个	至少 88h
PU 复合板芯材	150mm×150mm×原厚	3 个	至少 88h

（二）岩棉制品吸湿率检测

1. 检测依据

《矿物棉及其制品试验方法》（GB/T 5480—2008）

《建筑外墙外保温用岩棉制品》（GB/T 25975—2010）

2. 检测设备

（1）天平。量程满足试样称量要求，分度值不大于被称质量的0.1%。

（2）电热鼓风干燥箱。工作温度为105℃±5℃，定期检查设备开启情况，加热、鼓风运行情况并清洁箅子。

（3）调温调湿箱。温度波动不大于±2℃，相对湿度波动不大于±3%，箱内置样区域无凝露。

（4）金属尺。量程满足试样要求，分度值为1mm。

3. 样品制备及养护

在不同的单块样品中制备试样，试样的尺寸应便于称量及在调温调湿箱内放置，并不得小于150mm×150mm，厚度为原厚。共制取3个试样。

4. 试验步骤

（1）将试样放入温度为105℃±5℃的电热鼓风干燥箱内烘干至恒重（连续两次称量之差不大于试样质量的0.2%）。当试样中含有在此温度下易挥发或易变化的组分时，可在较低的温度下烘干至恒重。记录试样的质量及烘干温度。

（2）将试样再次放入电热鼓风干燥箱内，在温度不低于60℃的环境中使其达到均匀温度，然后将试样放置在调温调湿箱内。在温度为50℃±2℃，相对湿度为95%±3%，并在具有空气循环流动的环境中保持96h±4h。

（3）将试样取出后立即放入预称量的密封袋中，封好袋口，冷却至室温后称量，扣除袋重后记下试样吸湿后的质量。

5. 结果处理

试样的质量吸湿率按下式计算，结果取三个计算值的算术平均值，精确到小数点后一位。

$$\omega_1 = \frac{m_1 - m_2}{m_2} \times 100$$

式中　ω_1——质量吸湿率，%；

m_1——吸湿后试样的质量，kg；

m_2——干燥试样的质量，kg。

6. 注意事项

整个试验过程中不得有材料从试件上脱落。

（三）岩棉制品吸水量检测（部分浸入）

1. 检测依据

《建筑外墙外保温用岩棉制品》（GB/T 25975—2010）

2. 检测设备

（1）天平。量程满足试样称量要求，精确到0.1g。

(2) 水槽。带有能够保持水位在±2mm 范围内的设备和保持试样在某个位置不变的设备。固定位置的设备不能覆盖超过试样下表面面积的15%。

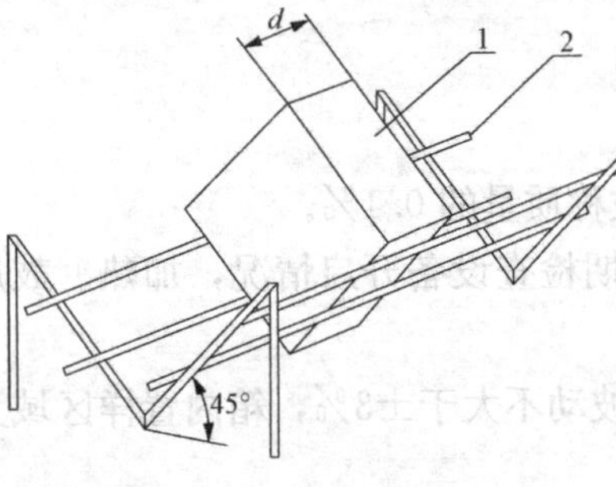

图2-23 沥水装置示意图

1—试样；2—不锈钢水架

(3) 沥水装置。沥水装置如图2-23所示。

3. 样品制备及养护

试样尺寸与数量：(200mm±1mm)×(200mm±1mm)，厚度为样品原厚，试样数量4块。

4. 试验步骤

(1) 称取试样质量，精确到0.1g。

(2) 将试样两个主要的表面分别朝上和朝下各两块，放入空水槽中。然后，向水槽中注入自来水使每个试样都深入水下，直到试样下表面距水面10mm±2mm，如图2-24所示。

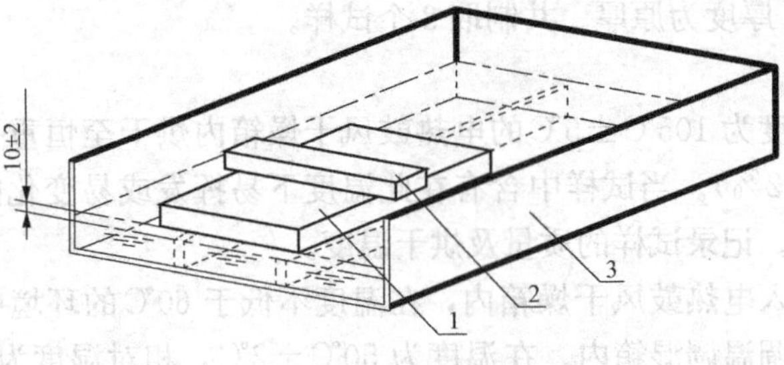

图2-24 浸水示意图

1—试样；2—压块；3—水槽

(3) 确保水位恒定，在规定的浸水时间（短期吸水量24h，长期吸水量28d）后取出沥水10min±0.5min，称取试样质量。

5. 结果处理

(1) 短期吸水量。

$$W_p = \frac{M_2 - M_1}{A}$$

式中 W_p——短期吸水量，kg/m²；

M_1——浸水前试样质量，kg；

M_2——浸水24h后试样质量，kg；

A——试样的下表面面积，m²。

(2) 长期吸水量。

$$W_{lp} = \frac{M_3 - M_1}{A}$$

式中 W_{lp}——长期吸水量，kg/m²；

M_1——浸水前试样质量，kg；

M_3——浸水28d后试样质量，kg；

A——试样的下表面面积，m^2。

结果取四个试样的算术平均值，精确到 $0.1kg/m^2$。

五、尺寸变化率检测

尺寸变化率是材料在应用上的一项非常重要的性能指标，因为如果材料在温度变化或力的作用下产生较大的形变，可能会导致整个保温系统出现裂缝。因此，各类保温体系标准中都对保温材料的尺寸稳定性或线性收缩率做了明确的规定。本节以 EPS 板、膨胀玻化微珠保温隔热砂浆为例，对尺寸稳定性和线性收缩率检测方法进行详细描述。

（一）模塑聚苯板尺寸稳定性检测

1. 检测依据

《硬质泡沫塑料 尺寸稳定性试验方法》（GB/T 8811—2008）

《绝热用模塑聚苯乙烯泡沫塑料》（GB/T 10801.1—2002）

2. 检测设备

（1）量具。符合 GB/T 6342—1996 的规定，推荐使用外沟槽卡尺，精度 0.01mm。

（2）电热鼓风干燥箱。满足试验温度。

3. 样品制备及养护

在样品的不同部位制取 3 块试样，试样尺寸为（100mm±1mm）×（100mm±1mm）×（25mm±1mm）。成型好的试样置于 23℃±2℃，相对湿度 50%±5%的环境下至少调节 16h。

4. 试验步骤

（1）测量试样的初始尺寸。按 GB/T 6342—1996 中规定的方法，按如图 2-25 所示标注

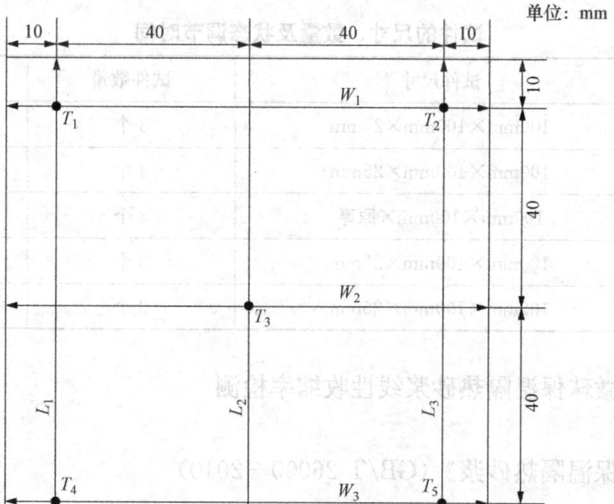

图 2-25　尺寸测量位置示意图

L_1、L_2、L_3—试样不同位置的长度；W_1、W_2、W_3—试样不同位置的宽度；

T_1、T_2、T_3、T_4、T_5—试样不同点厚度

的测量位置，测量每个试样 3 个不同位置的长度，宽度及 5 个不同点的厚度。

(2) 调节电热鼓风干燥箱内的温度保持在 70℃±2℃。然后，将试样水平置于箱内金属网或多孔板上，试样间隔至少 25mm，鼓风以保持箱内空气循环。确保试样不受加热元件的直接辐射。

(3) 20h±1h 后，取出试样。

(4) 在 23℃±2℃，相对湿度 50%±10%的环境下放置 1～3h。

(5) 按初始尺寸测量方法检测试样尺寸，并目测检查试样状态。

(6) 再将试样置于电热鼓风干燥箱中，保持温度 70℃±2℃。

(7) 总时间 48h 后，取出试样，在 23℃±2℃，相对湿度 50%±10%的环境下放置 1～3h。然后，按初始尺寸测量方法检测试样尺寸，并目测检查试样状态。

5. 结果处理

尺寸变化率按下式进行计算

$$\varepsilon_W = \frac{W_t - W_0}{W_0} \times 100 \quad \varepsilon_L = \frac{L_t - L_0}{L_0} \times 100 \quad \varepsilon_T = \frac{T_t - T_0}{T_0} \times 100$$

式中 ε_L、ε_W、ε_T——试样的长度、宽度及厚度尺寸的变化率，%；

L_t、W_t、T_t——试样试验后的长度、宽度及厚度，mm；

L_0、W_0、T_0——试样试验前的长度、宽度及厚度。

6. 注意事项

(1) 试验前后测点位置一定要保持一致。

(2) 电热鼓风干燥箱中的试样架不可以过多遮挡试样。

(3) 常见泡沫塑料制品尺寸稳定性测试制备试件的尺寸、数量及标准养护条件下状态调节时间见表 2-7。

表 2-7　试件的尺寸、数量及状态调节时间

泡沫塑料板	试件尺寸	试件数量	状态调节时间
EPS 板	100mm×100mm×25mm	3 个	至少 16h
GEPS 板	100mm×100mm×25mm	3 个	至少 16h
XPS 板	100mm×100mm×原厚	3 个	至少 88h
PF 板	100mm×100mm×25mm	3 个	至少 88h
PU 复合板芯材	100mm×100mm×25mm	3 个	至少 88h

(二) 膨胀玻化微珠保温隔热砂浆线性收缩率检测

1. 检测依据

《膨胀玻化微珠保温隔热砂浆》(GB/T 26000—2010)

2. 检测设备

游标卡尺：精度为 0.02mm。

3. 样品制备及养护

按厂家提供的配比制备试件，砂浆搅拌量为搅拌机容量的 40%～80%，搅拌过程中不应破坏膨胀玻化微珠。搅拌时先加入水，再加入粉料，搅拌 2～3min，停止搅拌并清理搅拌机内壁及搅拌叶片上的砂浆，然后再搅拌1～2min，放置10～15min后使用。将配制好的砂浆填满试模（40mm×40mm×160mm的钢质有底试模），并略高于试模上表面，用捣棒均匀插捣25次，注意尽量避免破坏膨胀玻化微珠。放置5～10min后将高出试模部分的砂浆沿试模顶面削去抹平。带模试样应在温度23℃±2℃，相对湿度50%±10%条件下养护，并使用塑料薄膜覆盖，3d后脱模。试样取出后继续养护至28d。共制取3块试样。

4. 试验步骤

（1）用游标卡尺测量试样脱模时的长度L_0。

（2）试样养护至28d时，再次测量每个试样的长度L_1。

5. 结果处理

线性收缩率按下式计算，试验结果为三个试样的算术平均值，精确至0.1%。

$$X=\frac{L_0-L_1}{L_0}\times 100\%$$

式中　X——线性收缩率，%；

L_0——试样脱模时长度，mm；

L_1——试样养护28d时长度，mm。

6. 注意事项

（1）确保试样密实、完整；

（2）试样养护时应水平放置在光滑的台面上。

第三节　聚合物改性砂浆

聚合物改性砂浆由水泥、石英砂、聚合物胶粉配以多种添加剂经机械混合均匀而成，聚合物改性砂浆种类较多，在外墙外保温中应用比较广泛的主要是胶黏砂浆和抹面砂浆。在外墙外保温系统中，通常保温板材与基层墙体之间需要胶黏砂浆进行黏结连接，黏结砂浆在基层墙体与保温板材间形成黏结层，若外墙外保温系统的饰面层采用面砖，需要利用面砖黏结砂浆在抹面层外侧黏结面砖。抹面砂浆的主要作用保证系统机械强度和耐久性，并将耐碱网布和涂料饰面层黏结于保温板表面，所以在保证黏结能力的同时，要求具有一定的柔韧性以提高抗裂性能，因而在组成材料中聚合物组分的用量比胶黏剂的要高。从上面的介绍可以看出，抹面砂浆的组成、材料性能及作用与胶黏砂浆基本上相同。从作用上来说，两者都是起到一定的胶黏作用，胶黏砂浆是将保温板黏结到墙体上，抹面砂浆则是将加强网格布黏结到聚苯板上，并成为外饰面的基层；从组成上来说，两者都是以水泥为主要胶结组分、以聚合物对水泥进行改性的聚合物水泥类材料；从对技术指标的要求来说，两者基本上相似，但也略有不同，抹面胶浆比胶黏剂多了柔韧性指标和冻融循环后与保温板的拉伸黏结强度指标，这是由于在整个系统中，抹面层承担防止墙面开裂功能，需要抹面胶浆具有较好的柔韧性，而抹面层与饰面层组成的防护层处于系统与环境接触的最外侧，是冻融循环破坏最直接的部位，所以要保证抹面层在冻融循环后与保温板的拉伸黏结强度。此外，由于建筑行业习惯的沿袭，在实际中或者在一些文献资料上常将黏结砂浆称为胶黏剂，将抹面砂浆称为抹面胶浆。这些只是名称上的不同，实际上都是同一种材料。

一、黏结砂浆性能检测

黏结砂浆在外墙外保温系统中起着非常重要的作用，其性能的优劣直接影响整个保温系统的安全性。为确保其使用效果，应针对不同种类的保温材料配备其专用的黏结砂浆。国家和天津市出台的相关标准，如《模塑聚苯板薄抹灰外墙外保温系统材料》（GB/T 29906—2013）、《硬泡聚氨酯板薄抹灰外墙外保温系统材料》（JG/T 420—2013）、《胶粉聚苯颗粒外墙外保温系统材料》（JG/T 158—2013）、《天津市民用建筑围护结构节能检测技术规程》（DB/T 29—88—2014）、《天津市岩棉外墙外保温系统应用技术规程》（DB/T 29—217—2013）等中都对外墙外保温系统用黏结材料的性能指标做了详细的规定。下面，就以模塑聚苯板用胶黏剂和面砖黏结砂浆为例，介绍其检测方法。

胶黏剂由水泥基胶凝材料、高分子聚合物材料以及填料和添加剂等组成，专用于将模塑聚苯板粘贴在基层墙体上的黏结材料。胶黏剂的产品形式主要有两种：一种是在工厂生产的液状胶黏剂，在施工现场按使用说明加入一定比例的水泥或由厂商提供的干粉料，搅拌均匀即可使用，称为双组分胶黏剂；另一种是在工厂里预混合好的干粉状胶黏剂，在施工现场只需按使用说明与一定比例的拌和用水混合，搅拌均匀即可使用，称为单组分胶黏剂，典型的单组分胶黏剂如图 2 - 26 所示。

（一）拉伸黏结强度检测

胶黏剂的拉伸黏结强度的检测，旨在检测胶黏剂成型后与基层和保温板的黏结能力，以及成型后遇水破坏时胶黏剂与基层和保温板的黏结能力，所以在进行检测时，试验将胶黏剂分别与水泥砂浆板和保温板黏结成型，模拟胶黏剂与基层和保温板的黏结状态，进而检测试件成型后以及成型后浸水的拉伸黏结强度。

1. 检测依据

《模塑聚苯板薄抹灰外墙外保温系统材料》（GB/T 29906—2013）

2. 检测设备

（1）微机控制电子万能试验机。精度为Ⅰ级，量程满足试验要求，拉力应按规定周期进行检定，配有拉伸黏结强度的连接夹具，如图 2 - 27 所示。

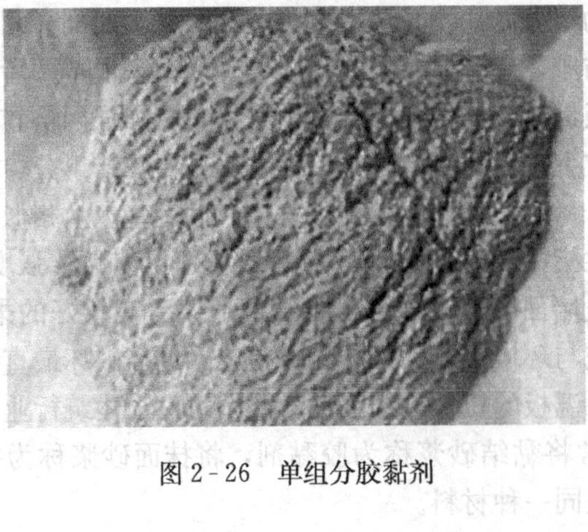

图 2 - 26 单组分胶黏剂

图 2 - 27 微机控制电子万能试验机

（2）水槽。定期检查水箱是否漏水、箱盖开启情况，及时清理水槽内部，防止耐水养护过程中产生的水锈对设备造成损坏。

3. 样品制备及养护

（1）按生产厂家使用说明配制胶黏剂，将胶黏剂涂抹于模塑板（厚度不宜小于 40mm）或水泥砂浆板（厚度不宜小于 20mm）基材上，涂抹厚度为 3～5mm，如图 2-28（a）所示。可操作时间结束时用模塑板覆盖。

（2）试样尺寸 50mm×50mm 或直径 50mm，与水泥砂浆黏结和与模塑板黏结试样数量各 6 个。

（3）试样在标准养护条件（温度 23℃±2℃，相对湿度 50%±5%）下养护 28d。

（4）以合适的胶黏剂将试样粘贴在两个刚性平板或金属板上，如图 2-28（b）所示，胶黏剂应与产品相容，固化后将试样按下述条件进行处理：① 原强度：无附加条件；② 耐水强度：浸水 48h，到期试样从水中取出并擦拭表面水分，在标准养护条件下干燥 2h；③ 耐水强度：浸水 48h，到期试样从水中取出并擦拭表面水分，在标准养护条件下干燥 7d。

4. 试验步骤

将试样安装到拉力机上，如图 2-28（c）所示，进行拉伸黏结强度测定，拉伸速度为 5mm/min±1mm/min。记录每个试样破坏时的拉力值，基材为模塑板时还应记录破坏状态。破坏面在刚性平板或金属板胶结面时，测试数据无效。

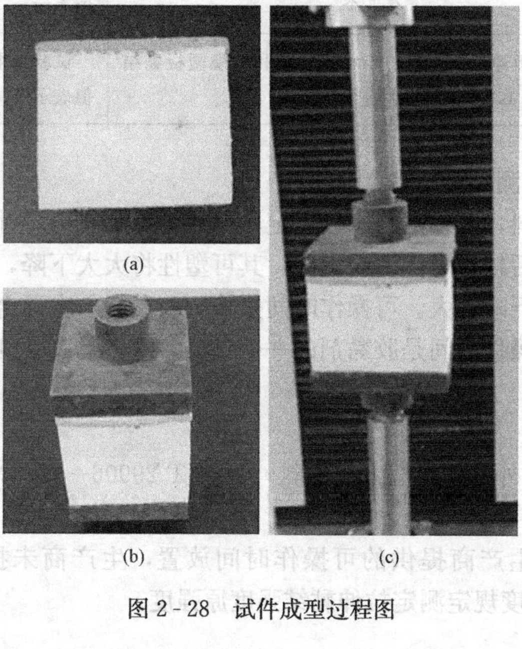

(a)　(b)　(c)

图 2-28　试件成型过程图

5. 结果处理

（1）拉伸黏结强度试验结果为 6 个试验数据中 4 个中间值的算术平均值，精确至 0.01MPa。

（2）模塑板内部或表层破坏面积在 50%以上时，破坏状态为破坏发生在模塑板中，否则破坏状态为界面破坏。

6. 注意事项

(1) 胶黏剂用环氧树脂和固化剂混合，黏结夹具后的试样无溢胶流出，黏结牢固以满足试验要求，否则会影响试验结果。

(2) 确保施加于试样表面的力始终垂直于试样表面。

(3) 模塑板外保温系统的各种组成材料应配套供应。所采用的所有配件，应与模塑板外保温系统性能相容，并应符合国家现行相关标准的规定。

(4) 不同标准中的胶黏剂拉伸黏结强度试样尺寸、数量及数据处理见表2-8。

表2-8 不同标准的胶黏剂拉伸黏结强度对比

标准编号	试件黏结尺寸/mm	试样数量	数据处理
GB/T 29906—2013	50×50	与水泥砂浆和与模塑板黏结各6个	试验结果为6个试验数据中4个中间值的算术平均值，精确至0.01MPa
JG/T 420—2013	50×50	与水泥砂浆和与硬泡聚氨酯板黏结各6个	试验结果为6个试验数据中4个中间值的算术平均值，精确至0.01MPa
JG 149—2003	40×40	与水泥砂浆和与模塑板黏结各6个	试验结果为6个试验数据中4个中间值的算术平均值，精确至0.01MPa
JC/T 992—2006	40×40	与水泥砂浆和与模塑板黏结各5个	试验结果以5个试验数据的算术平均值表示
JGJ 144—2004	与水泥板40×40 与模塑板100×100	与水泥砂浆和与模塑板黏结各5个	试验结果以5个试验数据的算术平均值表示

(二) 可操作时间检测

胶黏剂是水泥基材料，胶黏剂与水按一定比例混合后具有可塑性，但水泥遇水后开始水化，若胶黏剂与水混合后较长时间不被应用，其可塑性将大大下降，失去塑性的胶黏剂在重新应用时，其胶黏性能下降较大。可操作时间是检测胶黏剂与水混合后多长时间内，能够保持原有的黏结性能。可操作时间是胶黏剂的一个重要参数，是胶黏剂现场施工的重要指导和依据。

1. 检测依据

《模塑聚苯板薄抹灰外墙外保温系统材料》(GB/T 29906—2013)

2. 检测步骤

胶黏剂配制后，按生产商提供的可操作时间放置，生产商未提供可操作时间时，按1.5h放置，然后按原强度规定测定拉伸黏结强度原强度。

3. 数据处理

拉伸黏结强度符合拉伸黏结强度原强度要求时，放置时间即为可操作时间。

二、抹面胶浆性能检测

抹面胶浆是由水泥基胶凝材料、高分子聚合物材料以及填料和添加剂等组成，具有一定变形能力和良好黏结性能的抹面材料。用于外墙保温面层铺贴玻璃网格布抹灰，与耐碱玻纤网格布配套使用，附着性使砂浆与耐碱玻纤网格布复合于一体，形成一道抗裂保护层。所以需要抹面材料具有较好的黏结性能，形成的抹面层还应具备较好的柔韧性和抗冲击性，以抵抗内外应力的破坏，抹面层还应具备较好的防水性以抵挡外部水分对系统的破坏。同时还应关注抹面胶浆的可操作时间，为抹面胶浆的施工提供相应的技术支持，并保证抹面胶浆的施工质量。下面以模塑聚苯板用抹面胶浆为例，介绍其各项目检测方法。

（一）拉伸黏结强度检测

与胶黏砂浆相比，抹面胶浆的拉伸黏结强度检测在检测原理上没有任何改变，除了检测原强度和耐水强度，还增加了耐冻融强度。因为抹面胶浆成型后形成的抹面层在系统的外侧，容易受到冻融循环的破坏，所以必须保证抹面胶浆在耐冻融循环后保持较好的黏结能力。

1. 检测依据

《模塑聚苯板薄抹灰外墙外保温系统材料》（GB/T 29906—2013）

2. 检测设备

（1）拉力试验机。精度为Ⅰ级，量程满足试验要求，拉力应按规定周期进行检定，配有拉伸黏结强度的连接夹具。

（2）水槽。定期检查水箱是否漏水、箱盖开启情况，及时清理水槽内部，防止耐水养护过程中产生的水锈对设备造成损坏。

（3）低温冷冻箱。设备温度可达到−20℃±2℃，定期检查设备开启、制冷状况，及时清洁试验中产生的露水。

3. 样品制备及养护

（1）按生产商使用说明配制抹面胶浆，将抹面胶浆涂抹于模塑板（厚度不宜小于40mm）基材上，涂抹厚度为3mm。试样养护期间不需覆盖模塑板。

（2）原强度、耐水强度：试样尺寸50mm×50mm或直径50mm，与模塑板黏结试样数量6个；耐冻融：试样尺寸600mm×400mm或500mm×500mm，与模塑板黏结试样数量3个。

（3）试样在标准养护条件（温度23℃±2℃，相对湿度50%±5%）下养护28d。

（4）原强度、耐水强度试样：

以合适的胶黏剂将试样粘贴在两个刚性平板或金属板上，胶黏剂应与产品相容，固化后将试样按下述条件进行处理：① 原强度：无附加条件。② 耐水强度：浸水48h，到期试样从水中取出并擦拭表面水分，在标准养护条件下干燥2h。③ 耐水强度：浸水48h，到期试样从水中取出并擦拭表面水分，在标准养护条件下干燥7d。

（5）耐冻融强度试样成型后进行以下处理：将试样四周（包括保温材料）做密封防水处理，然后进行30次冻融循环（每次循环条件为在室温水中浸泡8h，试样防护层朝下，浸入水中的深度为3～10mm；然后，在−20℃±2℃的条件下冷冻16h），每次浸泡结束后，取出试样，用湿毛巾擦去表面明水，对抹面层的外观进行检查并做记录。当试验过程需中断时，试样应在−20℃±2℃条件下存放。冻融循环结束后，在标准养护条件下状态调节7d。在每个试样上距边缘不小于100mm处各切割两个试件，试件尺寸为50mm×50mm或直径50mm，数量共6块。以合适的胶黏剂将试样粘贴在两个刚性平板或金属板上。

4. 试验步骤

将试样安装到拉力机上，进行拉伸黏结强度测定，拉伸速度为5mm/min±1mm/min。记录每个试样破坏时的拉力值和破坏状态。破坏面在刚性平板或金属板胶结面时，测试数据无效。

5. 结果处理

(1) 拉伸黏结强度试验结果为 6 个试验数据中 4 个中间值的算术平均值，精确至0.01MPa。

(2) 模塑板内部或表层破坏面积在50%以上时，破坏状态为破坏发生在模塑板中；否则，破坏状态为界面破坏。

6. 注意事项

(1) 黏结卡具后，注意清理溢出的胶黏剂，避免测量误差。

(2) 确保施加于试样表面的力始终垂直于试样表面。

(3) 不同标准对于耐冻融试验有所区别，具体见表 2-9。

表 2-9　抹面胶浆不同标准间的对比

材料名称	标准编号	成型试件	冻融循环过程
抹面胶浆	GB/T 29906—2013	试样尺寸 600mm×400mm 或 500mm×500mm，与模塑板黏结试样数量 3 个。冻融循环结束后，在标准养护条件下状态调节 7d。在每个试样上距边缘不小于100mm 处各切割 2 个试件，试件尺寸为50mm× 50mm 或直径 50mm，数量共6 块	30 次冻融循环，每次循环如下：a. 在室温水中浸泡 8h，试样防护层朝下，浸入水中的深度为 3～10mm；b. 在－20℃±2℃的条件下冷冻 16h。冻融循环结束后，在标准养护条件下状态调节 7d
抹面胶浆	JG 149—2003	按产品说明书制备抹面胶浆后黏结试件，黏结厚度为 3mm，面积为 40mm×40mm。膨胀聚苯板尺寸为 70mm×70mm×20mm，试件数量 6 个	试样放在50℃±3℃的干燥箱中 16h，然后浸入 20℃±3℃的水中 8h，试样抹面胶浆面向下，水面应至少高出试样表面 20mm；再置于－20℃±3℃冷冻 24h 为一个循环，每一个循环观察一次，试样经 10 个循环，试验结束
抗裂砂浆	JG/T 158—2013	将抗裂砂浆按规定的试件尺寸涂抹在水泥砂浆试块（厚度不宜小于 20mm）基材上，涂抹厚度为 3～5mm。试件尺寸为 40mm ×40mm 或 50mm × 50mm，试件数量 6 个	试件进行 30 个循环，每个循环 24h。试件在23℃±2℃的水中浸泡 8h，饰面层朝下，浸入水中的深度为 2～10mm，接着在－20℃±2℃的条件下冷冻 16h 为 1 个循环。当试验过程需要中断时，试件应存放在－20℃±2℃条件下。冻融循环结束后，在标准试验条件下状态调节 7d

(二) 压折比检测

压折比是抹面胶浆成型后抗压强度与抗折强度的比值，表征了抹面层的柔韧性，保证抹面层在内部应力作用下不开裂。压折比越小，抹面层的柔韧性越好，对于水泥基的抹面胶浆，目前大多标准规范要求其压折比不大于3.0。

1. 检测依据

《模塑聚苯板薄抹灰外墙外保温系统材料》(GB/T 29906—2013)

《水泥胶砂强度检验方法（ISO 法）》（GB/T 17671—1999）

2. 检测设备

（1）抗压强度试验机（图 2-29）。在较大的 4/5 量程范围内使用时记录的荷载应有±1%精度，并具有按（2400±200）N/s 速率的加荷能力。试验机的最大荷载以 200~300kN 为佳，可以有两个以上的荷载范围，其中最低荷载范围的最高值大致为最高范围里最大值的 1/5。

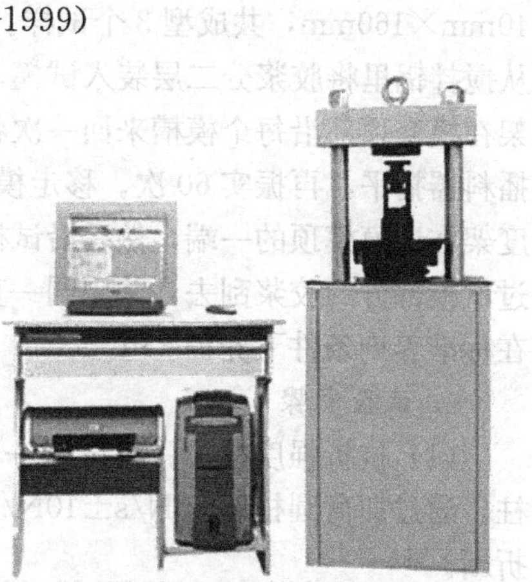

图 2-29　抗压强度试验机

（2）抗折强度试验机（图 2-30）。最大负荷不低于 5000N，示值相对误差不超过±1%。加荷圆柱和支撑圆柱的直径为 10.0mm±0.1mm；加荷圆柱和支撑圆柱的有效长度≥46.0mm；两支撑圆柱的中心距为 100.0mm±0.1mm；两支撑圆柱的平行度（分水平方向和竖直方向）≤0.1mm；圆柱的间隙：加荷圆柱和支撑圆柱都应能自由转动，但不旷动；其配合间隙≤0.05mm。

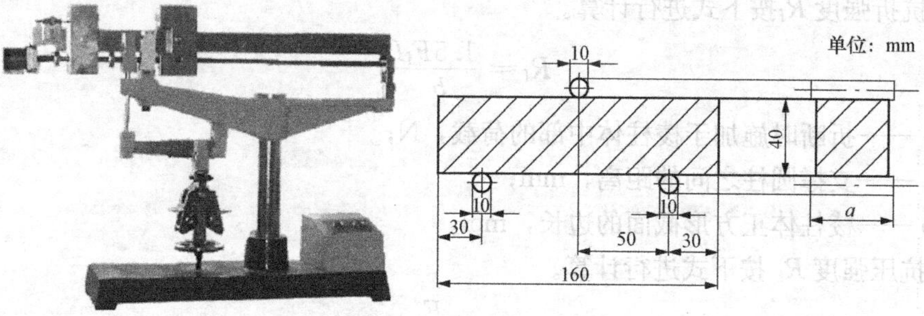

(a)　(b)

图 2-30　抗折强度试验机

（a）实体；（b）抗折强度试件安装示意图

（3）振实台（图 2-31）。振实台应安装在高度约 400mm 的混凝土基座上。混凝土体积约为 0.25m³，重约 600kg。需防外部振动影响振实效果时，可在混凝土基座下放一层厚约 5mm 天然橡胶弹性衬垫。将仪器用地脚螺栓固定在基座上，安装后设备呈水平状态，仪器底座与基座之间要铺一层砂浆，以保证它们的完全接触。

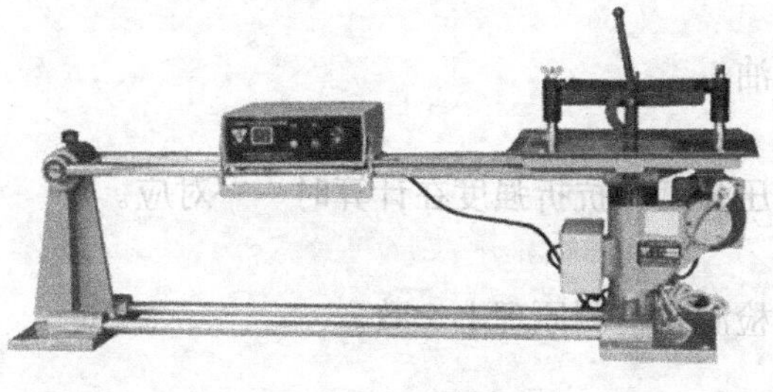

图 2-31　振实台

振辐 15mm±3mm，振动 60 次的时间：60s±2s，定期检查卡具模套锁模是否紧密，设备与基座是否固定牢固。

3. 样品制备及养护

按生产商使用说明配制抹面胶浆，胶浆制备后立即进行成型，成型尺寸为 40mm×

40mm×160mm，共成型 3 个试样。将空试模和模套固定在振实台上，用一个适当勺子直接从搅拌锅里将胶浆分二层装入试模，装第一层时，每个槽里约放一半胶浆，用大播料器垂直架在模套顶部沿每个模槽来回一次将料层播平，接着振实 60 次。再装入第二层胶浆，用小播料器播平，再振实 60 次。移走模套，从振实台上取下试模，用一金属直尺以近似 90°的角度架在试模模顶的一端，然后沿试模长度方向以横向锯割动作慢慢向另一端移动，一次将超过试模部分的胶浆刮去，并用同一直尺在近乎水平的情况下将试体表面抹平。成型后的试样在标准养护条件下养护 28d。

4. 试验步骤

(1) 抗折强度检测。将试体一个侧面放在试验机支撑圆柱上，试体长轴垂直于支撑圆柱，通过加荷圆柱以 50N/s±10N/s 的速率均匀地将荷载垂直加在棱柱体相对侧面上，直至折断。

(2) 抗压强度检测。在半截棱柱体的侧面上进行，半截棱柱体中心与压力机压板受压中心差应在±0.5mm 内，棱柱体露在压板外的部分约有 10mm。在整个加荷过程中以 2400N/s±200N/s 的速率均匀地加荷直至破坏。

5. 结果处理

(1) 抗折强度 R_f 按下式进行计算。

$$R_f = \frac{1.5F_fL}{b^3}$$

式中 F_f——折断时施加于棱柱体中部的荷载，N；

L——支撑圆柱之间的距离，mm；

b——棱柱体正方形截面的边长，mm。

(2) 抗压强度 R_c 按下式进行计算。

$$R_c = \frac{F_c}{A}$$

式中 F_c——破坏时的最大荷载，N；

A——受压部分面积（$40mm \times 40mm = 1600mm^2$），$mm^2$。

(3) 压折比 T 按下式计算，精确至 0.1。

$$T = \frac{R_c}{R_f}$$

式中 R_c——抗压强度，MPa；

R_f——抗折强度，MPa。

6. 注意事项

(1) 成型前应在模具内侧涂抹适量的脱模油。

(2) 脱模时不得对试样造成破坏。

(3) 应在试样的两端都做好标记，确保抗压强度和抗折强度在计算时一一对应。

(三) 可操作时间检测

抹面胶浆的可操作时间检测与胶黏砂浆的检测在检测原理上一致。

1. 检测步骤

抹面胶浆配制后，按生产商提供的可操作时间放置，生产商未提供可操作时间时，按

1.5h 放置，然后按原强度规定测定拉伸黏结强度原强度。

2. 数据处理

拉伸黏结强度符合拉伸黏结强度原强度要求时，放置时间即为可操作时间。

（四）不透水性检测

抹面层是系统中防护层的一部分，抹面层与饰面层一起承担系统防护的职能，其防止水浸入系统内部是防护功能的重要组成部分，水浸入系统内部后，会引起保温性能下降和体系结构的破坏，故对抹面层的不透水性检测很有必要。

1. 检测依据

《模塑苯板薄抹灰外墙外保温系统材料》(GB/T 29906—2013)

2. 检测设备

水槽：定期检查水箱是否漏水、箱盖开启情况，及时清理水槽内部，防止耐水养护过程中产生的水锈对设备造成损坏。

3. 样品制备及养护

按生产商使用说明配制抹面胶浆，试样由模塑板和抹面层组成，模塑板厚度不小于60mm，试样尺寸 200mm×200mm，数量 3 个。试样在标准养护条件下养护 28d 后，去除试样中心部位的模塑板，去除部分的尺寸为 100mm×100mm。

4. 试验步骤

将试样周边密封，使抹面层朝下浸入水槽中，浸入水中的深度为 50mm（相当于压强 500Pa）。浸水时间达到 2h 时观察是否有水透过抹面层，为便于观察，可在水中添加颜色指示剂。不透水性试验示意图如图 2-32 所示。

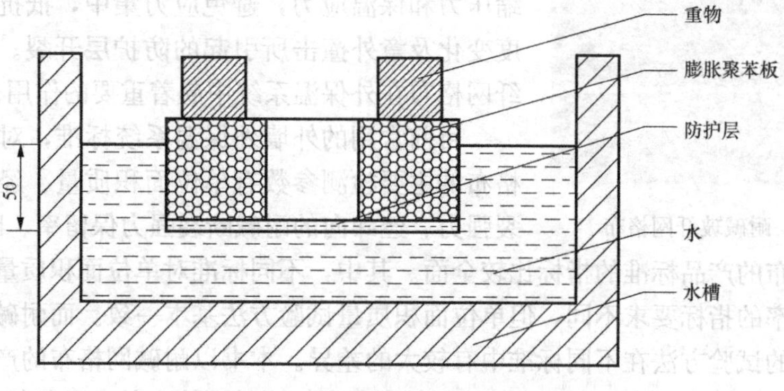

图 2-32　不透水性试验示意图

5. 结果处理

3 个试样均不透水时，试验结果为合格，并应注明抹面层厚度。

6. 注意事项

清理中心部位的模塑板时，不得对抹面层造成破坏，且应将模塑板清除干净。

（五）吸水量及抗冲击性检测

抹面胶浆的吸水量及抗冲击性与系统的吸水量和抗冲击性检测方法一致，这里不做赘述。值得注意的是：

(1) 系统的吸水量和抗冲击性是模拟检测整个系统在使用过程中的吸水性能和抗冲击性能，试样的制作是按照整个系统构造制作，由模塑板和防护层构成。

(2) 抹面胶浆的吸水量及抗冲击性的检测，是检测抹面胶浆的吸水性能和抗冲击性，故试验时试件由模塑板和抹面层组成，不包含饰面层。

第四节 增 强 材 料

外墙外保温系统用增强材料主要是指在系统中起到加强、固定作用的一些材料，如锚栓、耐碱玻纤网格布、镀锌电焊网等，这些材料对外保温系统的耐候性、抗风压性和抗开裂性起着非常重要的作用。因此，国家和天津市的外墙外保温标准、技术规程中都对这些材料的性能指标做出了详细的规定。下面主要讲述耐碱玻纤网格布、镀锌电焊网和外墙外保温用锚栓主要控制指标的检测方法。

一、耐碱玻纤网格布

耐碱玻纤网格布如图 2-33 所示，是以中碱或无碱玻璃纤维机织物为基础，经高分子乳液浸泡涂层制成。具有良好的抗碱性、柔韧性以及经纬向高度抗拉力，广泛应用于墙体外墙保温、屋面防水工程等。在外墙外保温系统中，耐碱玻纤网格布常与抹面胶浆复合形成抹面层，耐碱网格布的加入改善防护层的机械强度，保证饰面层的抗力连续性，分散防护层的收缩压力和保温应力，避免应力集中，抵抗自然界温、湿度变化及意外撞击所引起的防护层开裂。因此，耐碱玻纤网格布在外保温系统中起着重要的作用。

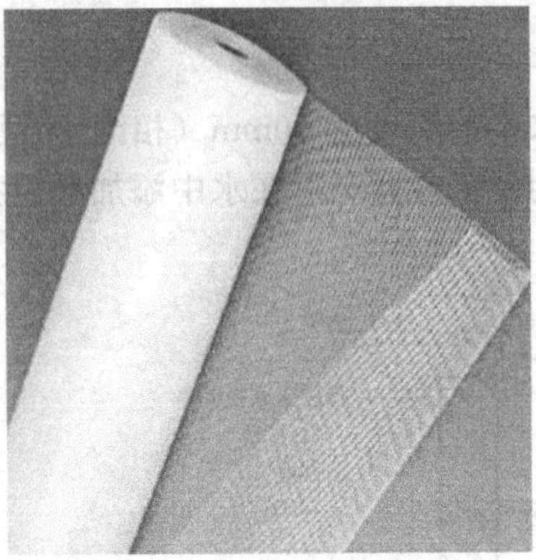

图 2-33 耐碱玻纤网格布

目前常用的外墙外保温系统标准，对于耐碱玻纤网格布的主要检测参数有单位面积质量、经纬向的耐碱断裂强力、经纬向的耐碱断裂强力保留率、断裂伸长率等，而耐碱玻纤网布的产品标准的指标比较全面。其中，不同标准对单位面积质量、耐碱断裂强力、断裂伸长率的指标要求不同，但单位面积质量试验方法基本一致。而耐碱断裂强力、断裂强力保留率的试验方法在不同标准中有较大的差异。本书以耐碱网格布的产品标准《耐碱玻璃纤维网布》(JC/T 841—2007) 规定的方法，介绍耐碱网格布的主要指标的检测方法。

(一) 单位面积质量检测

耐碱网格布的单位面积质量相当于网格布的面密度，是保证耐碱网格布质量和力学性能的重要参数，检测原理比较简单，检测固定尺寸试样的质量与实际尺寸，两者比值即为耐碱网格布的单位面积质量。

1. 检测依据

《增强制品试验方法　第 3 部分：单位面积质量的测定》(GB/T 9914.3—2013)

《耐碱玻璃纤维网布》(JC/T 841—2007)

2. 检测设备

(1) 天平。符合表 2-10 的规定。

表 2-10　电子天平要求

材料	测量范围	容许误差限	分辨率
织物，≥200g/m²	0～150g	10mg	1mg
织物，<200g/m²	0～150g	1mg	0.1mg

(2) 通风烘箱。空气置换率为每小时 20～50 次，温度能控制在 105℃±3℃内。

(3) 抛光金属模板。面积为 100cm² 的正方形或圆形，金属模板的正、反两面光滑且平整。

(4) 合适的裁剪工具。如刀、剪刀、盘式刀或冲压装置。

(5) 试样皿。由耐热材料制成，能使试样表面空气流通良好，不会损失试样，可以是由不锈钢丝制成的网篮。

(6) 干燥器。内装合适的干燥剂（如硅胶、氯化钙或五氧化二磷）。

(7) 不锈钢钳。用于夹持试样和试样皿。

3. 样品制备及养护

(1) 切取一条整幅宽度的至少 35cm 宽的耐碱网格布作为实验室样本。

(2) 在一个清洁的工作台面上，用切裁工具和模板，每 50cm 宽度切取 1 个试件尺寸为 100mm×100mm 的试样，任何情况下，最少应取 2 个试样。试样裁取方法如图 2-34 所示。

(3) 将试样置于鼓风干燥箱中，在 105℃±3℃的条件下干燥 1h，而后放于干燥器中冷却至室温。从干燥器取出试样后立即试验。

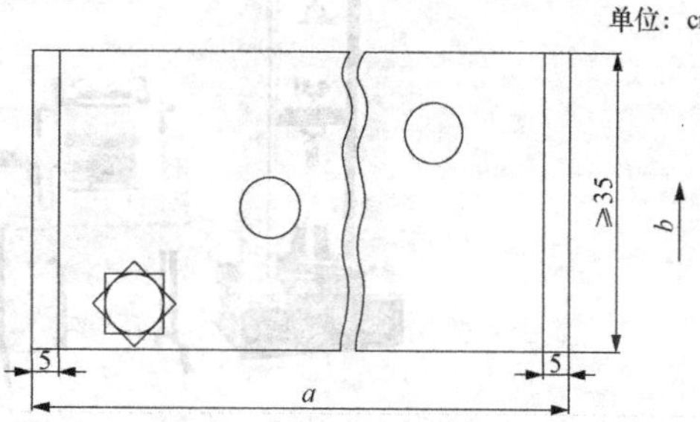

图 2-34　试样裁取方法
a—网格布的宽度；b—经纱方向
圆形试样可以由纱线与边或对角线平行的正方形试样代替

4. 试验步骤

称取每个试样的质量并记录结果。

5. 结果处理

试样的单位面积质量按下式进行计算，结果精确至 0.1g。

$$\rho_A = \frac{m_s}{A} \times 10^4$$

式中　ρ_A——试样单位面积质量，g/m²；

m_s——试样质量，g；

A——试样面积，cm²。

6. 注意事项

裁取的试样面积误差应小于 1%。

（二）拉伸断裂强力和断裂伸长率检测

在目前常用的几种保温系统标准中，要求对断裂伸长率进行检测，拉伸断裂强力只是作为耐碱断裂强力保留率检测的一部分。耐碱网格布产品标准中对断裂伸长率和不同单位面积质量的网格布的拉伸断裂强力分别进行了要求。拉伸断裂强力和断裂伸长率是耐碱网格布力学性能最直观的表征，这两项指标的好坏直接影响整个保温系统的使用性能。

1. 检测依据

《增强材料　机织物试验方法　第 5 部分：玻璃纤维拉伸断裂强力和断裂伸长的测定》(GB/T 7689.5—2013)

《耐碱玻璃纤维网布》(JC/T 841—2007)

2. 检测设备

(1) 拉伸试验机。推荐使用等速伸长试验机如图 2-35 (a) 所示，试样的拉伸速度满足 100mm/min±5mm/min。测量力值精度为 1%，测量伸长值装置精度应优于 1%。

(2) 制样模板如图 2-35 (c) 所示。

(3) 合适的夹具如图 2-35 (b) 所示。夹具的宽度应大于拆边的试样宽度，夹具的夹持面应平整且相互平行，在整个试样的夹持宽度上均匀施加压力，并防止试样在夹具内打滑或有任何损坏。

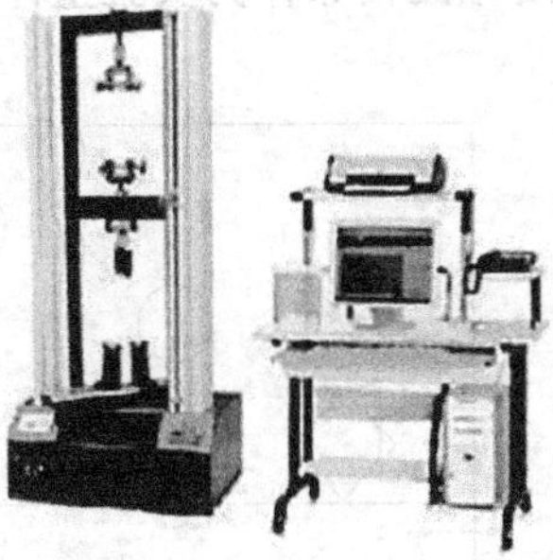

(a)

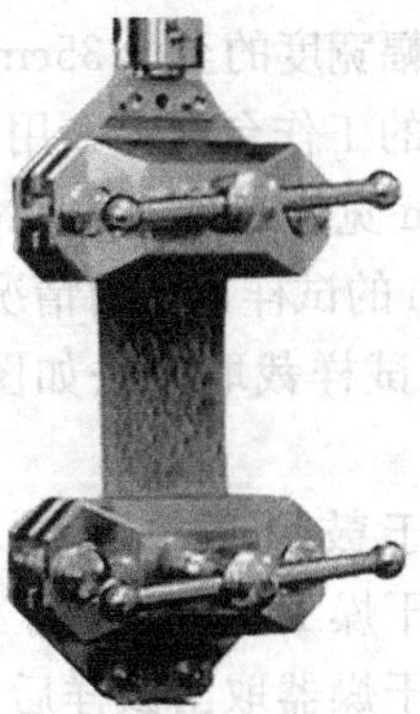

(b)

(c)

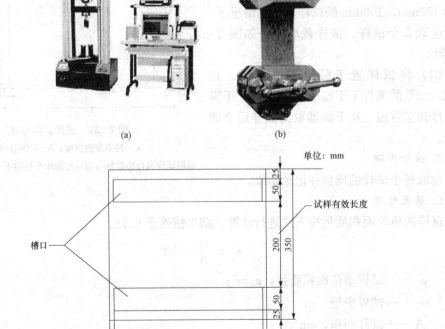

图 2-35　拉伸试验设备及试样

3. 样品制备及养护

除去可能有损伤的布卷最外层（至少去掉1m），采取长约1m的布段为试验样本。将样品进行预处理，粘贴硬纸板，然后裁剪试样，尺寸为350mm×65mm，试样有效长度200mm，拆边宽度尽可能接近但不小于50mm，经向、纬向各5个。在温度23℃±2℃，相对湿度50%±10%环境下调节16h。

4. 试验步骤

（1）调节上下夹具间的有效长度为200mm±2mm，并使上下夹具平行，将试样的纵向中心轴线通过夹具的前沿中心，在整个试样宽度上均匀施加预张力，然后拧紧另一夹具，预张力为预计强力的1%±0.25%。如果拉伸试验机配有记录仪或计算机，可以通过移动活动夹具施加预张力。应从断裂荷载中减去预张力。

（2）拉伸试样至破坏，记录断裂强力和断裂伸长。

（3）如果有试样断裂在两个夹具中任一夹具的接触线10mm以内，则记录该现象，但结果不参与断裂强力和断裂伸长的计算，并用新试样重新试验。

注：有3种因素导致试样在夹具内或夹具附近断裂：① 织物存在薄弱点（随机分布）。② 夹具附近应力集中。③ 由夹具导致试样受损。

问题是如何区分由夹具引起的破坏和由其他两种因素引起的破坏。实际上，要区分开是不太可能的，最好的办法是舍弃低测试值。

5. 结果处理

（1）拉伸断裂强力。分别计算经向、纬向的断裂强力的算术平均值，单位为N，结果保留小数点后两位。

（2）断裂伸长率。分别计算经向、纬向断裂伸长的算术平均值，以断裂伸长与起始有效长度的百分率表示，保留两位有效数字。

6. 注意事项

（1）制样成型时每个方向宜做6～8个试样，以免断裂位置不满足标准要求时再重新制样。

（2）试验过程中，试样不得在夹具中有移位现象。

（三）耐碱性检测

在外保温系统中，耐碱网格布与抹面胶浆复合形成抹面层，抹面胶浆通常是水泥基的，水泥水化产物中含有氢氧化钙，属于碱性物质，网格布为是硅质材料，非常容易与碱性物质发生化学反应而破坏，所以耐碱网格布在生产过程中须涂布聚合物来防止碱蚀，涂布聚合物后的耐碱网格布的耐碱蚀性能仍需要检测以保证其耐碱能力。耐碱性的试验原理就是将耐碱网布在浸泡碱液前后的拉伸强度进行比较，在《耐碱玻璃纤维网布》（JC/T 841—2007）中，耐碱性的控制指标为拉伸断裂强力保留率，在外保温的系统标准中，耐碱性能包括耐碱断裂强力和耐碱断裂强力保留率。从检测方法上来说，多数系统标准的试验原理大致相同，但在检测方法有差异，比如大多数系统标准中浸泡耐碱网格布的碱液为50g/L（5%）的氢氧化钠溶液，应用比较广泛，而JG/T 158中浸泡碱液为水泥浆液。对于不同标准间的区别，本书在这里不做详叙，只针对耐碱性检测应用最普遍的检测方法进行讲解。

1. 检测依据

《玻璃纤维网布耐碱性试验方法 氢氧化钠溶液浸泡法》（GB/T 20102—2006）

《耐碱玻璃纤维网布》(JC/T 841—2007)

2. 检测设备

(1) 拉伸试验机。推荐使用等速伸长试验机，拉伸速度满足 100mm/min±5mm/min，测量力值精度为 1%，测量伸长值装置精度应优于 1%。

(2) 带盖容器。如图 2-36 所示，应由不与碱溶液发生化学反应的材料制成。尺寸大小应能使玻璃纤维网布试样平直地放置在内，并保证碱溶液的液面高于试样至少 25mm。容器的盖应密封，以防止碱溶液中的水分蒸发浓度增大。

(3) 氢氧化钠，化学纯。

3. 样品制备及养护

(1) 从卷装上裁取 30 个宽度为 50mm±3mm，长度为 600mm±13mm 的试样条。其中 15 个试样条的长边平行于玻璃纤维网布的经向（称为经向试样），15 个试样条的长边平行于玻璃纤维网布的纬向（称为纬向试样）。

(2) 每个试样条应包括相等的纱线根数，并且宽度不超过允许的偏差范围（±3mm）。

(3) 经向试样应在玻璃纤维网布整个宽度上裁取，确保代表了不同的经纱；纬向试样应在样品卷装上较宽的长度范围内裁取。

(4) 分别在每个试样条的两端编号，然后将试样条沿横向从中间一分为二，一半用于测定未经碱溶液浸泡的拉伸断裂强力，另一半用于测定碱溶液浸泡后的拉伸断裂强力。

(5) 记录每个试样的编号和位置，确保得到的一对未经碱溶液浸泡的试样和经碱溶液浸泡的试样的拉伸断裂强力值是来自于同一试样条。

(6) 配制浓度为 50g/L(5%) 的氢氧化钠溶液置于带盖容器（图 2-36）内，确保溶液液面浸没试样至少 25mm，保持溶液的温度在 23℃±2℃。

图 2-36 浸泡碱液容器

(7) 将用于碱溶液浸泡处理的试样放入配制好的氢氧化钠溶液中，试样应平整的放置，如果试样有卷曲的倾向，可用陶瓷片等小的重物压在试样两端。在容器内表面对液面位置进行标记，加盖并密封。若取出试样时发现液面高度发生变化，则应重新取样进行试验。

(8) 试样在氢氧化钠溶液中浸泡 28d。

(9) 取出试样后，用蒸馏水将试样上残留的碱溶液冲洗干净，置于温度 23℃±2℃，相对湿度 50%±5%的条件下放置 7d。

(10) 未经碱溶液浸泡的试样在温度 23℃±2℃，相对湿度 50%±5%的实验室内同时放置。

4. 试验步骤

(1) 在试样两端涂覆树脂形成加强边，以防止试样在夹具内打滑或断裂。

(2) 将试样固定在夹具内，使中间有效部位的长度为 200mm。

(3) 以 100mm/min 的速度拉伸试样至断裂。

(4) 记录试样断裂时的力值(N/50mm)。

(5) 如果试样在夹具内打滑或断裂，或试样沿夹具边缘断裂，应废弃这个结果重新用另一个试样测试，直至每种试样得到5个有效的测试结果(未经碱液浸泡的经向、纬向试样和经碱液浸泡的经向、纬向试样)。

5. 结果处理

分别计算四种状态下5个有效试样的拉伸断裂强力平均值。然后分别按下式计算经向拉伸断裂强力的保留率(ρ_t)和纬向拉伸断裂强力的保留率(ρ_w)。

$$\rho_t(\rho_w)=\frac{\frac{C_1}{U_1}+\frac{C_2}{U_2}+\frac{C_3}{U_3}+\frac{C_4}{U_4}+\frac{C_5}{U_5}}{5}\times 100\%$$

式中 $C_1 \sim C_5$ ——分别为5个碱溶液浸泡处理后的试样拉伸断裂强力，N;

$U_1 \sim U_5$ ——分别为5个未经浸泡处理的试样拉伸断裂强力，N。

6. 注意事项

用于标识试样的编码应清晰，且耐碱溶液腐蚀。

二、镀锌电焊网

镀锌电焊网(图2-37)是低碳钢丝通过点焊加工成形后，浸入到熔融的锌液中，经镀锌工艺处理后形成的方格网。外墙外保温用镀锌电焊网分为两种：一种为热镀锌电焊网，这种镀锌电焊网寿命长久、防腐性能强；另外一种为改拔丝电焊网，此种电焊网经济实惠、网面平整、白皙有光泽，外墙外保温中以热镀锌电焊网最为常用。在外墙外保温系统中，镀锌电焊网的作用与耐碱网格布基本相同，但镀锌电焊网比纤维网格布更能适合各类饰面材料，特别是外饰面为面砖时，采取镀锌电焊网增强结构优于耐碱玻纤网格布增强结构，镀锌电焊网能有效地兼顾抗裂性能与面砖对基层强度的要求，满足保温系统的稳定性、安全性、耐久性的需要。

图2-37 镀锌电焊网

(一) 镀锌层质量检测

镀锌层质量是等效考量镀锌电焊网镀锌层厚度的一个指标，镀锌层厚度主要影响电焊网的耐碱腐蚀能力，与耐碱网格布相似，外保温系统中的电焊网同样受到碱的腐蚀作用，镀锌的作用就是增加电焊网的腐蚀能力，镀锌层质量越大，镀锌层也就越厚，耐腐蚀能力也就越强。该试验的原理是用专用溶剂将镀锌电焊网的镀锌层溶解去除，计算镀锌层溶解去除前后的质量差即为镀锌层质量。

1. 检测依据

《镀锌电焊网》(QB/T 3897—1999)

《钢产品镀锌层质量试验方法》(GB/T 1839—2008)

2. 样品制备

试样长度符合表 2-11 要求。

表 2-11 试样切取长度

钢丝直径/mm	试样长度/mm
0.15～0.80	600
0.80～1.50	500
>1.50	300

3. 试验溶液

(1) 清洗液：化学纯无水乙醇。

(2) 试验溶液：将 3.5g 化学纯六次甲基四胺（$C_6H_{12}N_4$）溶解于 500mL 浓盐酸（ρ=1.19g/mL）中，用蒸馏水或去离子水稀释至 1000mL。

注：试验溶液在能溶解镀锌层的条件下，可反复使用。

4. 试验步骤

(1) 用清洗液将试样表面的油污、粉尘、水迹等清洗干净，然后充分烘干。

(2) 用天平称量试样，其称量准确度应优于试样镀层预期质量的 1%，当试样镀层质量不小于 0.1g 时，称量应精确到 0.001g。

(3) 将试样浸没到试验溶液中，试验溶液的用量通常为每平方厘米试样表面积不少于 10mL。

(4) 在室温条件下，试样完全浸没于溶液中，可翻动试样，直到镀层完全溶解，以氢气析出（剧烈冒泡）的明显停止作为溶解过程结束的判定。然后取出试样在流水中冲洗，必要时可用尼龙刷刷去可能吸附在试样表面的疏松附着物。最后用乙醇清洗，迅速干燥，也可用吸水纸将水分吸除，用热风快速吹干。

(5) 用天平称量处理后的试样，其称量精确度应优于试样镀层预期质量的 1%，当试样镀层质量不小于 0.1g 时，称量应精确到 0.001g。

(6) 称重后，钢丝直径的测量应在同一圆周上相互垂直的部位各测一次，取平均值，测量精确到 0.01mm。

5. 结果处理

镀锌层质量（M）按下列公式计算，计算结果精确至 $1g/mm^2$。

$$M=\frac{m_1-m_2}{m_2}\times D\times 1960$$

式中 m_1——试样镀锌层溶解前的质量，g；

m_2——试样镀锌层溶解后的质量，g；

D——试样镀锌层溶解后的直径，mm；

1960——常数。

6. 注意事项

制样时，仔细观察裁取样品表面是否有损伤。不得使用局部有明显损伤的试样。

（二）焊点抗拉力检测

镀锌电焊网需要具有较好的抗拉强度，才能保证镀锌电焊网在系统中的使用，与耐碱网格布相比，镀锌电焊网的经丝与纬丝是通过焊接形成，而不是通过经纬丝交织形成，所以镀锌电焊网的经丝与纬丝的焊点抗拉力直接关系到整体的力学性能。

1. 检测依据

《镀锌电焊网》（QB/T 3897—1999）

2. 检测设备

拉力试验机，测量精度为1%。

3. 样品制备及养护

在网上任取5点，将试样加工成如图2-38所示型式：

4. 试验步骤

用卡具将试样固定好后，匀速拉伸至破坏，读取最大力值为破坏力值。

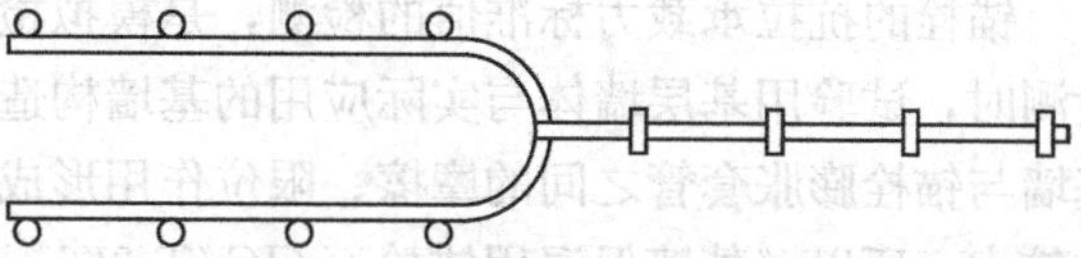

图2-38　镀锌电焊网焊点抗拉力试件示意图

5. 结果处理

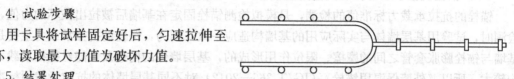

取5个测试结果的算术平均值为试样的焊点抗拉力，单位为N。

6. 注意事项

制样时，不得对待测点造成破坏。

三、外墙外保温用锚栓

外墙保温用锚栓，由膨胀件和膨胀套管组成，或仅由膨胀套管构成，是依靠膨胀产生的摩擦力或机械锁定作用连接保温系统与基层墙体的机械固定件，简称锚栓。锚栓按形状分为是圆盘锚栓和凸缘锚栓，圆盘锚栓较为常见的如图2-39所示，用于固定保温材料，膨胀套管带有圆盘的锚栓。凸缘锚栓用于固定外保温系统用托架，膨胀套管不带圆盘而带有凸缘的锚栓。按照加固方法分为敲击式锚栓和旋入式锚栓，敲击式锚栓是敲击膨胀件或膨胀套管使其挤压钻孔孔壁，产生膨胀力的锚栓。旋入式锚栓是将膨胀件旋入膨胀套管使套管挤压钻孔孔壁，产生膨胀力或机械锁定作用的锚栓。

图2-39　圆盘锚栓

锚栓可用于下列类别的基层墙体：

（1）普通混凝土基层墙体（A类）。

（2）实心砌体基层墙体（B类），包括烧结普通砖、蒸压灰砂砖、蒸压粉煤灰砖砌体以及轻骨料混凝土墙体。

（3）多孔砖砌体基层墙体（C类），包括烧结多孔砖、蒸压灰砂多孔砖砌体墙体。

(4) 空心砌块基层墙体（D类），包括普通混凝土小型空心砌块、轻集料混凝土小型空心砌块墙体。

(5) 蒸压加气混凝土基层墙体（E类）。

在外墙外保温系统中锚黏结合是最基本的施工方法，锚黏结合工艺要用到锚栓，目前常用的是塑料膨胀锚栓。锚栓在外墙外保温系统中起到抵抗负风压和热应力破坏的作用，避免建筑物外墙保温系统因长期经受物理应力和施工不确定因素的影响造成大面积脱落，因此必须采用高强度的膨胀锚栓和有较高承载力锚栓圆盘才能确保保温系统长期使用的安全性和可靠性。锚栓是外墙外保温系统中比较重要的一种材料，而锚栓的抗拉承载力和圆盘抗拔力是锚栓的最重要的指标，在下文中介绍这些参数的检测过程。

(一) 锚栓抗拉承载力标准值检测

锚栓的抗拉承载力标准值的检测，是模拟检测锚栓固定在基墙后被拉出破坏的力值，在检测时，试验用基层墙体与实际应用的基墙构造应一致，因为，锚栓的抗拉承载力主要是由基墙与锚栓膨胀套管之间的摩擦、限位作用形成的，基层墙体的构造及性能对抗拉承载力影响较大，所以《外墙保温用锚栓》(JG/T 366—2012) 对不同基层墙体的抗拉承载力标准值是进行分别要求的。《外墙保温用锚栓》(JG/T 366—2012) 是一本产品标准，2012 年 2 月 9 日发布，2012 年 8 月 1 日实施的，涵盖锚栓各项检测检测项目，在此之前锚栓承载力检测依据采用的是《膨胀聚苯板薄抹灰外墙外保温系统》(JG 149—2003)。

图 2-40 拉拔仪

1. 检测依据

《外墙保温用锚栓》(JG/T 366—2012)

2. 检测设备

拉拔仪，如图 2-40 所示，设备需具备可连续平稳加载的能力。

3. 样品制备及养护

在基层墙体试块上按生产商提供的安装方法进行安装，钻头直径 d_m（表 2-12），有效锚固深度不应小于 25mm，试件数量 10 个。

表 2-12 钻头直径要求

公称直径/mm	直径范围		
	d_{min}/mm	d_m/mm	d_{max}/mm
6	6.05～6.15	6.20～6.30	6.35～6.40
7	7.05～7.20	7.25～7.35	7.40～7.45
8	8.05～8.20	8.25～8.35	8.40～8.45
10	10.10～10.20	10.25～10.35	10.40～10.45

d_m—中等磨损的钻头刃口直径。

4. 试验步骤

在标准试验条件下，使用拉拔仪进行试验，拉拔仪支脚中心轴线与锚栓试件中心轴线之间距离不应小于有效锚固深度的 2 倍。均匀稳定加载，荷载方向垂直于基层墙体试块表面，加载至锚栓试件破坏，记录破坏荷载值和破坏状态。

5. 结果处理

锚栓抗拉承载力标准值按下式进行计算。

$$F_k = \overline{F}(1 - KV)$$

式中 $\overline{F}$——锚栓试件破坏荷载的算术平均值，kN；

K——系数，锚栓数为 5 个时取 3.4，10 个时取 2.6 ；

V——变异系数，为锚栓试件测定值标准偏差与算术平均值之比。

如果试验中破坏荷载的变异系数大于 20%，确定抗拉承载力标准值时应乘以一个附加系数 α，α 的计算公式如下。

$$\alpha = \frac{1}{1 + [V(\%) - 20] \times 0.03}$$

6. 注意事项

(1) 钻头的选取应符合标准要求。

(2) 应匀速施加拉力。

(二) 锚栓圆盘抗拔承载力标准值检测

锚栓圆盘抗拔承载力标准值是检测锚栓在拉力载荷的作用下，锚栓抵抗拉力破坏的能力。锚栓的受力部分为高分子材质，作为外墙外保温系统重要锚固部分，对锚栓自身的力学性能必须关注。

1. 检测依据

《外墙保温用锚栓》(JG/T 366—2012)

2. 检测设备

拉力试验机，可实现加载速率为 1kN/min，并配备相应的卡具。

3. 样品制备及养护

样品数量为 5 个。

4. 试验步骤

将锚栓圆盘支撑在一个内径为 30mm 的坚固支撑圆环上，拉力荷载通过锚栓轴在支撑圆环的内侧施加，加载速率为 1kN/min。加载至锚栓破坏，记录破坏荷载。

5. 结果处理

锚栓圆盘抗拔力标准值按下式进行计算。

$$F_{Rk} = \overline{F}(1 - KV)$$

式中 $\overline{F}$——锚栓试件破坏荷载的算术平均值，kN；

K——系数，锚栓数为 5 个时取 3.4，10 个时取 2.6 ；

V——变异系数，为锚栓试件测定值标准偏差与算术平均值之比。

6. 注意事项

试验时锚栓不得在卡具中滑动。

第三章

建 筑 幕 墙

第一节 幕墙概述

建筑幕墙是由面板（玻璃、铝板、石板、陶瓷板等）和后面的支承结构（铝横梁立柱、钢结构、玻璃肋等）组成的一种可相对主体有一定位移能力或自身有一定变形能力，不承担主体结构所受作用的建筑外围护墙或装饰性结构，是近代科学技术发展的产物，同时也是现代主义高层建筑时代的显著特征。与传统外墙形式相比，建筑幕墙具有以下优点。

（1）美观，有较好的艺术效果。幕墙形式多种多样，无论是具有良好光反射能力的玻璃，还是极富现代感的金属板，抑或是庄重大方的石材，均能产生较好的视觉效果。建筑师可以根据自己的需求设计各种造型，可呈现不同颜色，与周围环境协调，配合光照等使建筑物与自然融为一体，让高层建筑减少压迫感。

（2）质量轻。在相同面积的比较下，玻璃幕墙的质量约为粉刷砖墙的1/10～1/12，是大理石、花岗岩饰面墙的1/15，是混凝土挂板的1/5～1/7。一般建筑，内、外墙的质量约为建筑物总重量的1/4～1/5。采用幕墙可大大的减轻建筑物的重量，从而减少基础工程费用。

（3）系统化施工。材料种类较少，性能和质量较稳定，现场安装工作量少，安装精度较高，且耗时较短，更容易控制好工期。

（4）更新维护方便。由于是在建筑外围结构搭建，方便对其进行维修或者更新。

现代幕墙种类繁多，形式多样。根据建筑幕墙的发展历史和使用现状，可以从建筑幕墙的主要支承结构形式、密闭形式和面板种类对其进行分类。

一、按主要支承结构形式分类

根据建筑幕墙的主要支承结构形式主要包括构件式、单元式、点支承、全玻和双层幕墙五个种类。

（1）构件式幕墙。构件式幕墙是指先将立柱（或横梁）安装在建筑主体结构上，再安装横梁（或立柱），立柱和横梁组成框格，面板材料在工厂内加工成单元组件，再固定在立柱和横梁组成的框格上。构件式幕墙分为：

1）明框幕墙：一般是指明框玻璃幕墙，即金属框架的构件显露于面板外表面的框支承幕墙。

2）隐框幕墙：一般是指隐框玻璃幕墙，即金属框架的构件完全不显露于面板外表面的框支承幕墙。

3）半隐框幕墙：金属框架的竖向或横向构件显露于面板外表面的框支承幕墙。立柱外露，横梁隐蔽的称为竖明横隐幕墙；横梁外露，立柱隐蔽的称为竖隐横明幕墙。

（2）单元式幕墙。单元式幕墙，是指由各种墙面与支承框架在工厂制成完整的幕墙结构基本单位，直接安装在主体结构上的建筑幕墙。单元式幕墙主要可分为：单元式幕墙和半单元式幕墙。半单元式幕墙详分又可分为：立挺分片单元组合式幕墙、窗间墙单元式幕墙。单元式幕墙的连接形式主要有插接型、对接型和连接型三种。

（3）点支式幕墙。点支式幕墙是由点支承装置将玻璃面板与支承结构连接组成的一种幕墙形式。按支承结构分为玻璃肋点支式玻璃幕墙、钢结构点支式玻璃幕墙、钢拉杆点支式玻璃幕墙和钢拉索点支式玻璃幕墙。

（4）全玻幕墙。全玻幕墙是指由玻璃面板和玻璃肋构成的玻璃幕墙，有落地式和吊挂式两种支承型式。落地式全玻幕墙的玻璃安装在下部的镶嵌槽内，上部镶嵌槽底部与玻璃之间留有伸缩空隙。当层高较高时，由于玻璃较大，其自重会导致玻璃变形，此时就需要采用吊挂式，即在玻璃框架上部设置夹具将玻璃面板吊挂，使下部镶嵌槽底部与玻璃之间留有伸缩空隙。

（5）双层幕墙。双层幕墙也叫呼吸式幕墙，由内外两道幕墙组成，内幕墙一般采用明框幕墙、活动窗，或开有检修门；外幕墙采用有框幕墙或点支承玻璃幕墙。内外幕墙之间形成一个相对封闭的空间，其下部有进风口，上部有排风口，可控制空气在其间流动状态。设有可控制的进风口、排风口、遮阳板和百叶等。

二、按密闭状态分类

按密闭状态，建筑幕墙可分为封闭式和开放式两种类型。封闭式幕墙即要求其具有一定气密性能和水密性能的建筑幕墙。开放式幕墙即不要求其具有气密性能和水密性能的建筑幕墙。

三、按面板材料分类

按面板材料分类，建筑幕墙可分为玻璃幕墙、石材幕墙、金属幕墙、人造板材幕墙、组合面板幕墙。

（1）玻璃幕墙。玻璃幕墙是指由支承结构体系与玻璃组成的幕墙，其常用的玻璃有钢化玻璃，中空玻璃，镀膜玻璃，夹胶玻璃等。

（2）石材幕墙。石材幕墙是指由石板支承结构与石材组成的幕墙，其常用的石材有花岗岩、大理石、石灰石等。

（3）金属幕墙。金属幕墙是指幕墙面板材料为金属板材的建筑幕墙。其常用的面材主要有：铝复合板、单层铝板、铝蜂窝板、防火板、钛锌塑铝复合板、夹芯保温铝板、不锈钢板、彩涂钢板、珐琅钢板等。

（4）人造板材幕墙。人造板材幕墙是指幕墙面板材料为人造板材的建筑幕墙。常用的人造板材有陶土板、瓷板等。

（5）组合面板幕墙。组合面板幕墙是指采用两种或两种以上的面板材料组成的建筑幕墙。

第二节 建筑幕墙物理性能检测

幕墙同建筑外墙一样，在建筑结构中属于建筑外围护结构，所以幕墙的保温性能十分重要。幕墙构造具有特殊性，各个组成部分间为机械连接，所以整体的密封性需要有效控制，若密封性不好，首先引起气流的传递，保温性能大大下降，其次降雨时水分进入，整个幕墙的使用性能下降。幕墙为多个小平面部件拼接形成的整体部件，在风载荷及地震作用下容易引起变形，导致幕墙系统破坏，所以国家颁布了多部标准，对幕墙的物理性能进行规定，并给出了相关性能的检测方法，具体见表 3-1。

表 3-1　建筑幕墙物理性能检测标准

标准名称	标准编号	实施日期
建筑幕墙	GB/T 21086—2007	2008 年 02 月 01 日
建筑幕墙气密、水密、抗风压性能检测方法	GB/T 15227—2007	2008 年 02 月 01 日
建筑幕墙平面内变形性能检测方法	GB/T 18250—2000	2001 年 05 月 01 日

一、建筑幕墙气密性能检测

幕墙气密性能是指幕墙可开启部分在关闭状态时，可开启部分以及幕墙整体阻止空气渗透的能力。气密性能是建筑幕墙最基本也是最重要的物理性能之一，建筑幕墙的开启扇和框之间的缝隙、各构件之间的安装缝隙均会出现空气渗透的情况，对建筑幕墙的整体节能性能会有很大影响。因此保证幕墙较好的气密性能是幕墙节能设计及施工环节中的重点工作。

1. 检测依据

《建筑幕墙气密、水密、抗风压性能检测方法》(GB/T 15227—2007)

2. 试件要求

建筑幕墙气密性能检测的试件应满足以下要求。

(1) 试件规格、型号和材料等应与生产厂家所提供的图样一致，试件的安装应符合设计要求，不得加设任何特殊附件或采取其他措施，试件应干燥。由于幕墙检测为实验室检测，因此需要核对试件本身是否与厂家提供的信息相符。如果试件加设了特殊附件或采取其他措施，必然会改变试件真实的物理性能。而不干燥的试件也可能会影响气密性能的检测结果。

(2) 试件宽度至少应包括一个承受设计荷载的垂直构件，试件高度至少为一个层高，并在垂直方向上应至少有三根垂直承力杆件和承重结构连接，试件组装和安装的受力状况应和实际情况相符。以上要求可保证试件具有典型结构，这样才能代表整个幕墙的气密性能。

(3) 单元式幕墙应至少包括一个与实际工程相符的典型十字缝，至少包括两根承受设计负荷的垂直承力杆件，并有一个完整单元的四边，形成与实际工程相同的接缝。由于单元式幕墙的单元板块通常采用插接的方式连接，因此板块间形成的横竖十字缝是影响幕墙物理性能的关键。同时要求有一个完整单元的四边，形成与实际工程相同的接缝是为了保证节点构造的完整性，从而与工程实际情况相符。

(4) 试件应包括典型的垂直接缝、水平接缝和可开启部分，并使试件上可开启部分占试件总面积的比例与实际工程接近。

注意：幕墙空气渗透的主要部位为开启缝隙及各接缝部位，尤其是可开启部分的渗透是幕墙气密性能最薄弱的部分。因此，为真实反映工程中幕墙的气密性能，试件应具备垂直接缝、水平接缝，且如果工程上的幕墙具有可开启部分，幕墙试件也应有比例相近的可开启部分。

3. 检测装置

检测装置由压力箱、供压系统、测量系统及试件安装系统组成。检测装置的构成如图3-1所示。

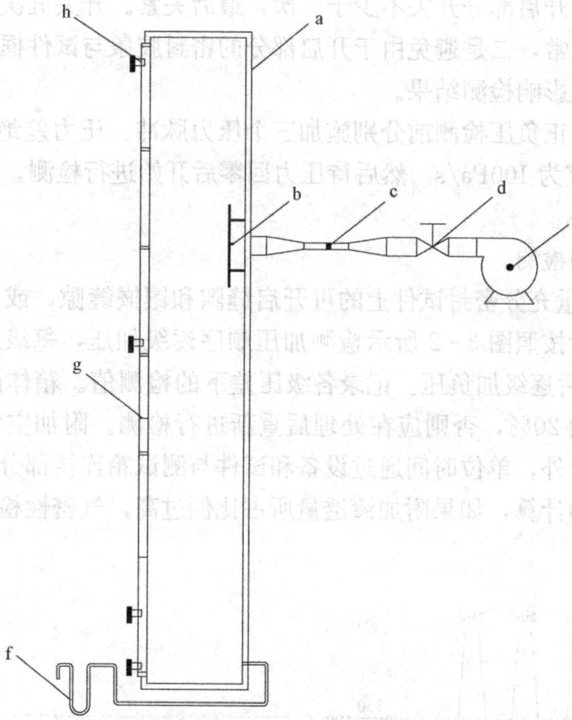

图 3-1 气密性能检测装置示意

a—压力箱；b—进气口挡板；c—空气流量计；d—压力控制装置；
e—供风设备；f—差压计；g—试件；h—安装横架

(1) 压力箱的开口尺寸应能满足试件安装的要求，箱体应能承受检测过程中可能出现的压力差。支承幕墙的安装横架应有足够的刚度，并固定在有足够刚度的支承结构上。安装横架相当于建筑的楼板梁，安装横架与支承结构相当于建筑物的主体结构，因此必须具备足够的刚度。

(2) 供风设备应能施加正负双向的压力差，并能达到检测所需要的最大压力差；压力控制装置应能调节出稳定的压力差。在真实环境中建筑物所承受的风荷载有正压也有负压，因此要求检测设备也具备施加正负风荷载的能力，且稳定的压力差才能测出准确的结果。检测设备一般都具有漏气阀类的结构，在进行气密性能检测过程中如有压力值难以稳定的情况，可适当开启漏气阀，通过增大空气流量来稳定压力值。

(3) 差压计的两个探测点应在试件两侧就近布置，差压计的精度应达到示值的 2%。由于气密性检测结果是基于幕墙试件表面的风压造成的空气渗透，因此差压计应尽量反映试件表面风压的真实情况。

(4) 空气流量计的测量误差不应大于示值的 5%，空气流量计是气密性能检测数据的直接来源，因此其测量误差越小检测结果越准确。空气流量计的测量探头位置应在风管的中心位置，且探头上的窗口应面向气流方向，保证测量准确。

4. 检测方法

(1) 检测前的准备。试件安装完毕后应对其进行核查，符合试件设计要求后方可进行检测。检测前应将试件可开启部分开关不少于 5 次，最后关紧。开关五次的做法一是为了确定试件的开启功能是否正常，二是避免由于开启部分的密封胶条与试件框产生黏连，或是开启扇由于应力集中的现象影响检测结果。

(2) 预备加压。在正负压检测前分别施加三个压力脉冲。压力差绝对值为 500Pa，持续时间为 3s，加压速度宜为 100Pa/s。然后待压力回零后开始进行检测。这是为了避免试件整体产生应力集中现象。

(3) 空气渗透量的检测。

1) 附加空气渗透量充分密封试件上的可开启缝隙和镶嵌缝隙，或用不透气的材料将箱体开口部分密封。然后按照图 3-2 所示检测加压顺序逐级加压，每级压力作用时间应大于 10s。先逐级加正压，后逐级加负压。记录各级压差下的检测值。箱体的附加空气渗透量不应高于试件总渗透量的 20%，否则应在处理后重新进行检测。附加空气渗透量是指除幕墙试件本身的空气渗透量外，单位时间通过设备和试件与测试箱连接部分的空气渗透量。由于附加渗透量参与结果的计算，如果附加渗透量所占比例过高，气密性检测结果的准确性就无法保证。

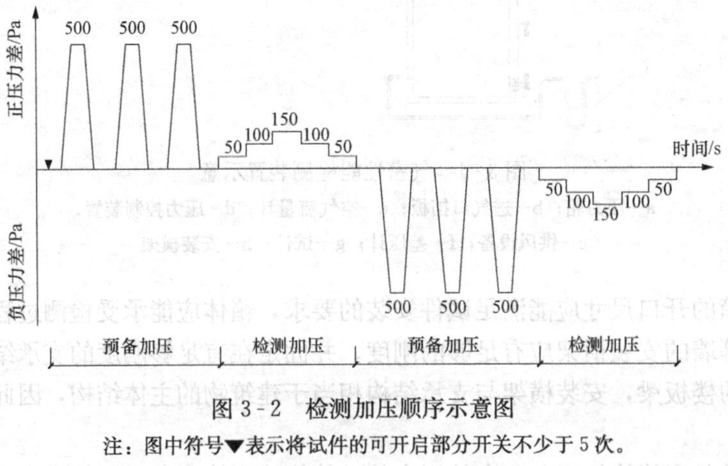

图 3-2 检测加压顺序示意图

注：图中符号▼表示将试件的可开启部分开关不少于 5 次。

2) 总渗透量。去除试件上所加密封措施后进行检测。检测程序同步骤 (3)。总渗透量是指在标准状态下，单位时间通过整个幕墙试件的空气渗透量。

3) 固定部分空气渗透量。将试件上的可开启部分的开启缝隙密封起来后进行检测。检测程序同步骤（3）。

注：允许对步骤2）、3）的检测顺序进行调整。固定部分空气渗透量是指除了可开启部分之外的渗透量。

5. 数据处理

（1）分别计算出正压检测升压和降压过程中在100Pa压差下的两次附加渗透量检测值的平均值、两个总渗透量检测值的平均值，两个固定部分渗透量检测值的平均值，则100Pa压差下整体幕墙试件（含可开启部分）的空气渗透量和可开启部分空气渗透量即可按下式计算：

$$q_t = \overline{q_z} - \overline{q_f}$$

$$q_k = q_t - \overline{q_g}$$

式中 q_t——整体幕墙试件（含可开启部分）的空气渗透量，m^3/h；

$\overline{q_z}$——两次总渗透量检测值的平均值，m^3/h；

$\overline{q_f}$——两个附加渗透量检测值的平均值，m^3/h；

q_k——试件可开启部分空气渗透量值，m^3/h；

$\overline{q_g}$——两个固定部分渗透量检测值的平均值，m^3/h。

这个公式的本意是用总渗透量减去附加渗透量即是整体幕墙试件的渗透量，而可开启部分的渗透量是用整体幕墙试件的渗透量减去固定部分的渗透量。表面上看是正确的，但实际存在问题，因为在检测固定部分空气渗透量的时候要求密封开启缝隙，这样测试出的结果是包括了附加渗透量的，将公式合并得 $q_k = q_z - q_f - q_g$，而 q_g 是包括了附加渗透量的，所以实质上是减去了两次附加空气渗透量，这肯定是不正确的，正确的公式应该为：

$$q_t = \overline{q_z} - \overline{q_f}$$

$$q_k = \overline{q_z} - \overline{q_g}$$

（2）利用下式将 q_t、q_k 分别换算成标准状态下的渗透量 q_1 值和 q_2 值。

$$q_1 = \frac{293}{101.3} \times \frac{q_t \Delta P}{T}$$

$$q_2 = \frac{293}{101.3} \times \frac{q_k \Delta P}{T}$$

式中 q_1——标准状态下通过整体幕墙试件（含可开启部分）空气渗透量，m^3/h；

q_2——标准状态下通过试件可开启部分的空气渗透量，m^3/h；

P——实验室气压值，kPa；

T——实验室空气温度值，K。

由于实验室气压值和温度值会随着时间或是地点不断变化，而这会影响到气密性检测结果，因此有必要将检测结果统一为标准状态下空气渗透量。

（3）将 q_1 值除以试件总面积 A 即可得出在100Pa压差作用下，整体幕墙试件（含可开启部分）单位面积空气渗透量 q_1' 值，即得到下式：

$$q_1' = \frac{q_1}{A}$$

式中 q_1'——在100Pa下，整体幕墙试件（含可开启部分）单位面积空气渗透量，

m³/（m²·h）；

A——试件总面积，m²。

（4）将 q_2 值除以试件可开启部分开启长度缝隙 l，即可得出在 100Pa 压差作用下，幕墙试件可开启部分单位长度缝隙空气渗透量 q_2' 值，即

$$q_2' = \frac{q_2}{l}$$

式中 q_2'——在 100Pa 下，试件可开启部分单位长度缝隙空气渗透量，m³/（m·h）；

l——试件可开启部分缝隙长度，m。

计算幕墙试件单位面积空气渗透量和开启部分单位长度缝隙空气渗透量是为了统一不同幕墙试样的判断标准，便于分级。

（5）负压检测时的结果，也采用同样的方法进行计算。

（6）分级指标的确定。采用由 100Pa 检测压力差作用下的计算值 $\pm q_1'$ 或 $\pm q_2'$ 值，按下式换算成为 10Pa 检测压力差下的相应值 $\pm q_A$ 或 $\pm q_l$ 值。以试件的 $\pm q_A$ 和 $\pm q_l$ 值确定按面积和按缝隙长度各自所属的级别，取最不利的级别定级。

$$\pm q_A = \frac{\pm q_1'}{4.65}$$

$$\pm q_l = \frac{\pm q_2'}{4.65}$$

式中 q_1'——在 100Pa 下试件单位面积空气渗透量，m³/（m²·h）；

q_A——在 10Pa 下试件单位面积空气渗透量，m³/（m²·h）；

q_2'——在 100Pa 下试件单位缝长空气渗透量，m³/（m·h）；

q_l——在 10Pa 下试件单位缝长空气渗透量，m³/（m·h）。

空气通过狭小缝隙时渗透量和压差的关系为：

$$q_0 = a\Delta P^n$$

式中 q_0——单位长度缝隙空气渗透量，m³/（m·h）；

a——缝隙空气渗透系数，m³/[m·h·(Pa)ⁿ]；

ΔP——缝隙两侧的压差，Pa；

n——指数值，与缝隙几何形状、气流状态等因素有关。目前常见的开启缝隙的 n 值集中在 0.67 左右。

将 100Pa 及 10Pa 两种压差分别带入上式，联立方程后便可得出，100Pa 下空气渗透量值与 10Pa 下空气渗透量值为 4.65 倍的关系。分别计算出正压及负压作用下的 $\pm q_A$ 和 $\pm q_l$ 值后应在正压及负压结果中取最不利的级别进行定级。

影响气密性能结果准确性的因素有很多，如多次连续试验导致的管道内空气温度升高，管道内壁的毛刺不平、水滴，空气流量计的安装位置等。只有全面考虑，有意识的避免影响，才能得出准确的数据。

二、建筑幕墙水密性能检测

水密性能是指幕墙可开启部分为关闭状态时，在风雨的共同作用下，幕墙阻止雨水渗透

的能力。水密性能是建筑幕墙的基本物理性能之一。目前幕墙存在的主要质量问题中约65%为雨水渗漏问题。在幕墙的实际使用中，风雨交加的自然环境是十分常见的，尤其是我国沿海地区更为突出。雨水的渗入不但会影响室内居民的正常活动，而且会污染室内装修及环境，流入幕墙型材中的雨水还会腐蚀五金件等部件，缩短幕墙的使用寿命。因此幕墙水密性能的检测是十分重要与必要的。幕墙试件的水密性能，是检测幕墙试件发生严重渗漏时的最大压力差值，测试的目的是为了检测出幕墙试件阻止水渗漏的最高压差极限，因此需要将试验进行到试件出现严重渗漏为止。

1. 检测依据

《建筑幕墙气密、水密、抗风压性能检测方法》(GB/T 15227—2007)

2. 试件要求

(1) 试件规格、型号和材料等应与生产厂家所提供图样一致，试件的安装应符合设计要求，不得加设任何特殊附件或采取其他措施，试件应干燥。

(2) 试件宽度至少应包括一个承受设计荷载的垂直承力构件。试件高度至少应包括一个层高，并在垂直方向上要有两处或两处以上和承重结构相连接。试件组装和安装时的受力状况应和实际使用情况相符。

(3) 单元式幕墙至少应包括一个与实际工程相符的典型十字缝，并有一个完整单元的四边形成与实际工程相同的接缝。

(4) 试件应包括典型的垂直接缝、水平接缝和可开启部分，并且使试件上可开启部分占试件总面积的比例与实际工程接近。

建筑幕墙水密性能检测对试件的要求与气密性能检测相同。由于水具有表面张力等特性，雨水渗漏的原理较空气渗透更为复杂，同时雨水还具有腐蚀性，会侵蚀建筑材料，危害很大。所以为了真实反映幕墙试件的水密性能，典型结构、典型接缝及开启部分是必不可少的。而开启部分作为水密性能的薄弱部分，更是要在试验中重点关注。

3. 检测装置

检测装置由压力箱、供压系统、测量系统、淋水装置及试件安装系统组成。检测装置的构成如图 3-3 所示。

水密性能检测装置简而言之是在气密性能检测装置的基础上添加了淋水装置。淋水装置分为外喷淋式及内喷淋式两种，外喷淋装置喷水头在压力箱外侧，内喷淋装置喷水头在压力箱内侧。目前最常见的为内喷淋装置。

压力箱的开口尺寸应能满足试件安装的要求；箱体应具有好的水密性能，以不影响观察试件的水密性为最低要求；箱体应能承受检测过程中可能出现的压力差。水密性能试验的渗漏现象观察范围仅限于幕墙试件本身，不包括压力箱本身的渗漏及幕墙试件与压力箱连接部分的渗漏。但如果压力箱顶部非试件本身的部分发生严重渗漏，水流下来就有可能对试件部分的渗漏现象观察造成干扰，从而干扰检测结果的准确性。

支承幕墙的安装横架应有足够的刚度和强度，并固定在有足够刚度和强度的支承结构上，此条要求与气密性能设备要求相同，且水密性能试验的检测压力大于气密性能，因此幕墙设备的支承结构刚度及强度更应满足要求。

供风设备应能施加正负双向的压力差，并能达到检测所需的最大压力差；压力控制装置

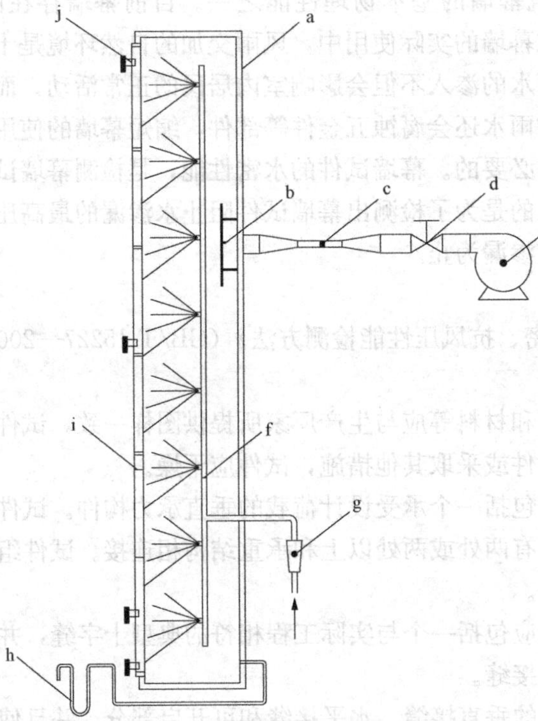

图 3-3　水密性能检测装置示意图

a—压力箱；b—进气口挡板；c—空气流量计；d—压力控制装置；e—供风设备；
f—淋水装置；g—水流量计；h—差压计；i—试件；j—安装横架

应能调节出稳定的压力差，并能稳定的提供 3～5s 周期的波动风压，波动风压的波峰值、波谷值应满足检测要求。由于水密性能检测方法中有波动加压法，因此要求检测设备具有波动加压的能力。

差压计的两个探测点应在试件两侧就近布置，精度应达到示值的 2%，供风系统的响应速度应满足波动风压测量的要求。差压计的输出信号应由图表记录仪或可显示压力变化的设备记录。由于波动加压过程中压力差变化较快，幅度也较大，供风系统的响应速度如果过慢，必然会影响真实压力的测定，进而影响风机的正常运行。由于水密性能并不记录空气流量，而是在一定压力差的作用下观察现象，因此压力差是水密性能的重要参数，需对其进行有效地记录。

淋喷装置应能以不小于 4L/(m^2 · min) 的淋水量均匀地喷淋到试件的室外表面上，喷嘴应布置均匀，各喷嘴与试件的距离宜相等；装置的喷水量应能调节，并有措施保证喷水量的均匀性。GB/T 15227—2007 中规定稳定加压法的淋水量为 3L/(m^2 · min)，而波动加压法的淋水量为 4L/(m^2 · min)，因此喷水量应可调节，且喷淋装置最大淋水量不应小于 4L/(m^2 · min)。由于水密性能是阻止雨水从室外向室内渗透的能力，因此应对试件室外侧进行喷淋。为了真实反映幕墙整体的水密性能，各个部件受到的喷淋应均匀。需要注意的是，为了保证喷淋的均匀性，喷嘴的水不应为直线喷出，而应为扩散状喷出。日常维护中应定期检查喷嘴的出水量，如发生堵塞应及时清理。

4. 检测方法

（1）检测前的准备。试件安装完毕后应进行检查，符合设计要求后才可进行检测。检查前，应将试件可开启部分开关不少于5次，最后关紧。

检测可分别采用稳定加压法或波动加压法。工程所在地为热带风暴和台风地区的工程检测，应采用波动加压法；定级检测和工程所在地为非热带风暴和台风地区的工程检测，可采用稳定加压法。已进行波动加压法检测可不再进行稳定加压法检测。热带风暴和台风地区的划分按照《建筑气候区划标准》（GB 50178—1993）的规定执行。

水密性能最大检测压力峰值应不大于抗风压安全检测压力值。定级检测应使用稳定加压法，工程检测中可根据工程所在地是否属于热带风暴和台风地区来决定选用稳定加压法或波动加压法。天津地区为非热带风暴和台风地区，因此基本没有采用波动加压法进行检测的情况。由于波动加压法中的压力差峰值比稳定加压法要大，对试件的水密性能要求也更高，因此已进行波动加压法检测可不再进行稳定加压法检测。根据《玻璃幕墙工程技术规范》（JGJ 102—2003）及《建筑结构荷载规范》（GB 50009—2012）中的计算方法，由于风荷载标准值计算公式中阵风系数是大于1的，而水密性能设计取值公式中不考虑阵风系数，因此风荷载标准值必然高于水密性能指标值。

（2）稳定加压法。按照图3-4、表3-2的顺序加压，并按以下步骤操作：

1）预备加压。施加三个压力脉冲。压力差绝对值为500Pa。加压速度约为100Pa/s，压力差持续作用时间为3s，泄压时间不少于1s。待压力差回零后，将试件所有可开启部分开关不少于5次，最后关紧。

表3-2　稳定加压顺序表

加压顺序	1	2	3	4	5	6	7	8
检测压力差/Pa	0	250	350	500	700	1000	1500	2000
持续时间/min	10	5	5	5	5	5	5	5

注：水密设计指标值超过2000Pa时，按照水密设计压力值加压。

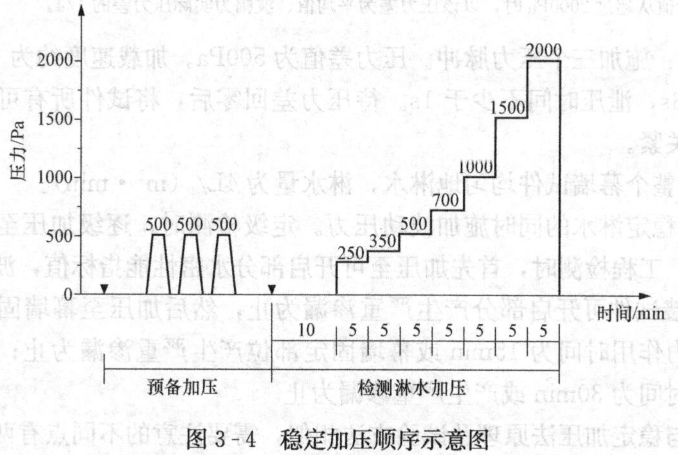

图3-4　稳定加压顺序示意图

注：图中符号▼表示将试件的可开启部分开关5次。

2）淋水。对整个幕墙试件均匀地淋水，淋水量为 3L/（m^2 · min）。检测设备一般都有过滤网等措施以过滤杂物，但喷淋头仍有可能会堵塞，如堵塞比较严重会使淋水量达不到标准要求。因此应经常检查喷淋头是否能正常喷水，且应定期更换蓄水池中的水，减少水中杂物。

3）加压。在淋水的同时施加稳定压力。定级检测时，逐级加压至幕墙固定部位出现严重渗漏为止。工程检测时，首先加压至可开启部分水密性能指标值，压力稳定作用时间为15min 或幕墙可开启部分产生严重渗漏为止，然后加压至幕墙固定部位水密性能指标值，压力稳定作用时间为 15min 或产生幕墙固定部位严重渗漏为止；无开启结构的幕墙试件压力稳定作用时间为 30min 或产生严重渗漏为止。

水密性能分级指标分为固定部分及可开启部分，在定级检测中是以幕墙固定部位出现严重渗漏作为终止试验的条件，而工程检测中是要分别检测可开启部分和固定部分的水密性能。一般情况下固定部分水密性能要高于可开启部分水密性能，委托方如要进行工程检测就需要分别提供固定部分及可开启部分水密性能设计值。

4）观察记录。在逐级升压及持续作用过程中，观察并参照表 3-4 记录渗漏状态及部位。在检测过程中除记录淋水量及压力差外，还要记录每一级检测的持续时间以及严重渗漏出现的时间，且观察现象时要记录渗漏状态及部位，以便复现试验情况。

（3）波动加压法。按照图 3-5、表 3-3 顺序加压，并按以下步骤操作：

表 3-3　　波动加压顺序表

加压顺序		1	2	3	4	5	6	7	8
波动压力差值	上限值/Pa	—	313	438	625	875	1250	1875	2500
	平均值/Pa	0	250	350	500	700	1000	1500	2000
	下限值/Pa	—	187	262	375	525	750	1125	1500
波动周期/s		—	3～5						
每级加压时间/min		10	5						

注：水密设计指标值从超过 2000Pa 时，以该压力差为平均值、波幅为实际压力差的 1/4。

1）预备加压：施加三个压力脉冲。压力差值为 500Pa。加载速度约为 100Pa/s，压力差稳定作用时间为 3s，泄压时间不少于 1s。待压力差回零后，将试件所有可开启部分开关不少于 5 次，最后关紧。

2）淋水：对整个幕墙试件均匀地淋水，淋水量为 4L/（m^2 · min）。

3）加压：在稳定淋水的同时施加波动压力。定级检测时，逐级加压至幕墙试件固定部位出现严重渗漏。工程检测时，首先加压至可开启部分水密性能指标值，波动压力的作用时间为 15min 或幕墙试件可开启部分产生严重渗漏为止，然后加压至幕墙固定部位水密性能指标值，波动压力作用时间为 15min 或幕墙固定部位产生严重渗漏为止；无开启结构的幕墙试件压力作用时间为 30min 或产生严重渗漏为止。

波动加压法与稳定加压法原理及试验方法相似，需要注意的不同点有两个，一是淋水量的不同，二是加压方式的不同。

4）观察记录：在逐级升压及持续作用过程中，观察并参照表 3-4 记录渗漏状态及部位。

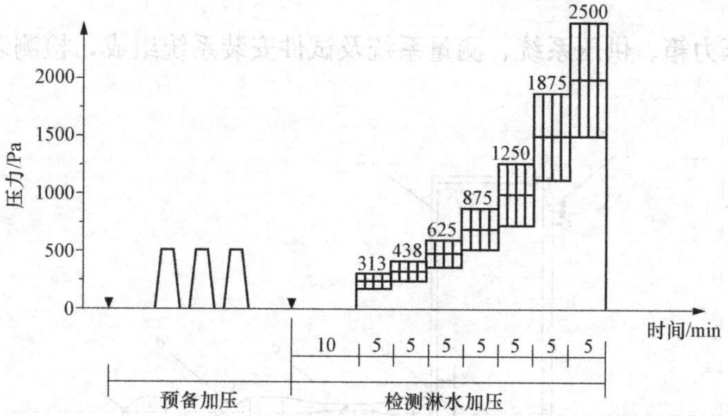

图 3-5 波动加压示意图

注：图中▼符号表示将试件的可开启部分开关 5 次。

表 3-4 **渗漏状态符号表**

渗 漏 状 态	符号
试件内侧出现水滴	○
水珠联成线，但未渗出试件界面	□
局部少量喷溅	△
持续喷溅出试件界面	▲
持续流出试件界面	●

注：1. 后两项为严重渗漏。

2. 稳定加压和波动加压检测结果均采用此表。

严重渗漏即雨水从幕墙试件室外侧持续或反复渗入试件室内侧，发生喷溅或流出试件界面的现象，因此渗漏状态的判断是以试件界面作为界限的，当渗入的水无法及时排除，且持续性的渗入，无法通过擦拭等手段阻止，则说明已经达到了严重渗漏的水平。

5. 分级指标值的确定

以未发生严重渗漏时的最高压力差值作为分级指标值。未发生严重渗漏时的最高压力差值即为试验中发生严重渗漏时压力差等级的前一级。

三、建筑幕墙抗风压性能检测

随着社会的发展，具有幕墙结构的高楼大厦越来越多，幕墙结构所在的位置也越来越高，其所承受的风力也越来越大，不同于气密性能及水密性能，幕墙抵抗风压作用的能力直接关系到使用安全性。抗风压性能是指可开启部分处于关闭状态时，在风压作用下，幕墙变形不超过允许值且不发生结构破坏（如裂缝、面板破损、局部屈服、黏结失效等）及五金件松动、开启困难等功能障碍的能力。幕墙试件的抗风压性能，检测变形不超过允许值且不发生结构损坏的最大压力差值。包括：变形检测、反复加压检测、安全检测。

1. 检测依据

《建筑幕墙气密、水密、抗风压性能检测方法》（GB/T 15227—2007）

2. 检测装置

检测装置由压力箱、供压系统、测量系统及试件安装系统组成，检测装置的构成，如图3-6所示。

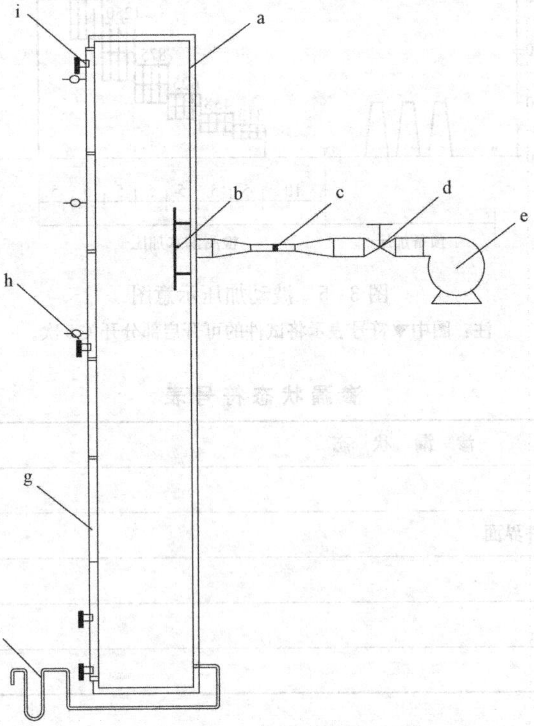

图3-6 抗风压性能检测装置示意图

a—压力箱；b—进气口挡板；c—风速仪；d—压力控制装置；e—供风设备；f—差压计；g—试件；h—位移计；i—安装横架

压力箱的开口尺寸应能满足试件安装的要求，箱体应能承受检测过程中可能出现的压力差。

试件安装系统用于固定幕墙试件并将试件与压力箱开口部位密封，支承幕墙的试件安装系统宜与工程实际相符，并具有满足试件要求的面外变形刚度和强度。由于抗风压检测的压力差很大，因此试验箱体应足够结实以承受风压荷载。幕墙试件的安装与实际工程越接近就越能证明工程现场幕墙的性能。如相差较大则检测结果对工程本身没有实际意义。

构件式幕墙、单元式幕墙应通过连接件固定在安装横架上，在幕墙自重的作用下，横架的面内变形不应超过5mm；安装横架在最大试验风荷载作用下，面外变形应小于其跨度的1/1000。前面提到过，安装横架相当于建筑的楼板梁，是支撑整个幕墙试件的重要结构，因此横架的变形量越小对试验结果的影响也就越小。

点支承幕墙和全玻璃幕墙宜有独立的安装框架，在最大检测压力差的作用下，安装框架的变形不得影响幕墙的性能。吊挂处在幕墙重力作用下的面内变形不应大于5mm；采用张拉索杆体系的点支承幕墙在最大预拉力作用下，安装框架的受力部位在预拉力方向的最大变形应小于3mm。无论是吊挂式或落地式的全玻璃幕墙还是张拉索杆体系的点支承幕墙，其安装框架都应保证在安装完毕的初始状态下无较大变形量，以保证试验结果的准确性。

供风设备应能施加正负双向的压力，并能达到检测所需要的最大压力差，压力控制装置应能调节出稳定的压力差，并应能在规定的时间达到检测压力差。

差压计的两个探测点应在试件两侧就近布置，精度应达到示值的1%，响应速度应满足波动风压测量的要求。差压计的输出信号应由图表记录仪或可显示压力变化的设备记录。

位移计的精度应达到满量程的0.25%；位移计的安装支架在测试过程中应有足够的紧固性，并应保证位移的测量不受试件及其支承设施的变形、移动所影响。位移计的作用是测量记录抗风压试验中幕墙构件位移量的设备，其结果直接影响P1值的大小，因此需保证位移计有较高的精度。位移计是每次试验中人为安装在试件表面的，如其自身位置因外力因素产生变化，则测试结果将不准确。因此位移计的固定位置应独立于幕墙试件之外且足够牢固。

试件的外侧应设置安全防护网或采取其他安全措施。抗风压试验中的压力较大，且试验目的是检测幕墙的安全性能，所以可能会对幕墙试件造成一定的破坏，如玻璃面板的破碎飞出等，因此具有较大的危险性。这就需要采取在试件外侧设置安全网以避免伤人，同时应在试验区域设置警示标识，在试验过程中禁止任何人员进入试验区域等措施保证人员安全。

3. 试件要求

试件规格、型号和材料等应与生产厂家所提供图样一致，试件的安装应符合设计要求，不得加设任何特殊附件或采用其他措施。

试件应有足够的尺寸和配置，代表典型部分的性能。试件应至少包含一个层高的高度，且宽度应至少包含三根承力杆件。这样的试件才能具有代表性。如试件尺寸过小且与实际工程不符，即使检测结果较好也没有意义。

试件必须包括典型的垂直接缝和水平接缝。试件的组装、安装方向和受力状况应和实际相符。

构件式幕墙试件宽度至少应包括一个承受设计荷载的典型垂直承力构件。试件高度不宜少于一个层高，并应在垂直方向上有两处或两处以上与支承结构相连接。

单元式幕墙试件应至少有一个与实际工程相符的典型十字接缝，并应有一个完整单元的四边形成与实际工程相同的接缝。

全玻璃幕墙试件应有一个完整跨距高度，宽度应至少有两个完整的玻璃宽度或3个玻璃肋。以上要求均是为了使试件具有足够的代表性，能包含实际工程中幕墙的典型结构，使检测结果真实有效。

点支承幕墙试件应满足以下要求：

(1) 至少应有4个与实际工程相符的玻璃板块或一个完整的十字接缝，支承结构至少应有一个典型承力单元。

(2) 张拉索杆体系支承结构应按照实际支承跨度进行测试，张拉索杆体系宜检测拉索的预张力。预张拉力大小会直接影响幕墙的结构，因此其数值应与设计相符。

(3) 当支承跨度大于8m时。可用玻璃及其支承装置的性能测试和支承结构的结构静力试验模拟幕墙系统的检测。玻璃及其支承装置的性能测试至少应检测4块与实际工程相符的玻璃板块及一个典型十字接缝。

(4) 采用玻璃肋支承的点支承幕墙同时应满足全玻璃幕墙的规定。

当点支承幕墙采用玻璃肋支承时，就具备了全玻璃幕墙的结构特征，因此应同时满足点支承幕墙和全玻璃幕墙的规定。

4. 检测方法

检测压差顺序如图 3-7 所示。

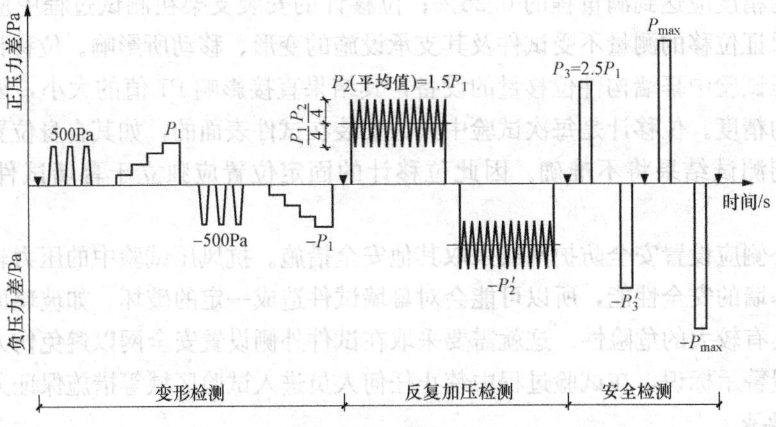

图 3-7 检测加压顺序示意图

注：1. 当工程有要求时，可进行 P_{max} 的检测（$P_{max}>P_2$）。

2. 图中符号▼表示将试件的可开启部分开关 5 次。

(1) 试件安装：试件安装完毕，应经检查，符合设计图样要求后才可进行检测。检测前应将试件可开启部分开关不少于 5 次，最后关紧。

(2) 位移计安装：位移计宜安装在构件的支承处和较大位移处，测点布置要求为：

1) 采用简支梁形式的构件式幕墙测点布置如图 3-8 所示，两端的位移计应靠近支承点。简支梁形式的构件式幕墙结构较简单，且最为常见，即两端相对固定，中间变形最大。因此简支梁受力杆件采用三个位移计分别布置在杆件中点及两端即可。

2) 单元式幕墙采用拼接式受力杆件且单元高度为一个层高时，宜同时检测相邻板块的杆件变形，取变形大者为检测结果，当单元板块较大时其内部的受力杆件也应布置测点。由于单元式幕墙相邻板块是公母槽口连接，连接的两块面板槽口部位同时变形，因此应同时测量相邻板块的杆件变形量。

3) 全玻璃幕墙玻璃板块应按照支承于玻璃肋的单向简支板检测跨中变形；玻璃肋按照简支梁检测变化。全玻璃幕墙的玻璃肋类似于简支梁形式的受力杆件，因此可参照简支梁构件检测方法进行检测。

4) 点支承幕墙应检测面板的变形，测点应布置在支点跨距较长方向玻璃上。点支承幕墙的主要受力杆件为玻璃面板，因此需以玻璃面板为主要检测对象。

5) 点支承幕墙支承结构应分别测试结构支承点和挠度最大节点的位移，承受荷载的受力杆件多于一个时可分别检测，变形大者为检测结果；支承结构采用双向受力体系时应分别检测两个方向上的变形。点支承幕墙的支承结构将玻璃所承受的各种荷载直接传递到建筑物主体结构上，是承受荷载的重要组成部分，因此也需要检测其变形是否满足要求。

6）其他类型幕墙的受力支承结构根据有关标准规范的技术要求或设计要求确定。随着技术的进步，幕墙的种类越来越多，标准不可能全部涵盖，但其他类型幕墙检测也要满足相应的标准要求。

7）点支承玻璃幕墙支承结构的结构静力试验应取一个跨度的支承单元，支承单元的结构应与实际工程相同，张拉索杆体系的预张拉力应与设计相符，在玻璃支承装置位置同步施加与风荷载方向一致且大小相同的荷载，测试各个玻璃支承点的变形。

8）几种典型幕墙的位移计布置如图 3-8 所示。

（3）预备加压。在正负压检测前分别施加 3 个压力脉冲。压力差绝对值为 500Pa，加压速度约为 100Pa/s，持续时间为 3s，待压力差回零后开始进行检测。

（4）变形检测。

1）定级检测时的变形检测。定级检测时检测压力分级下降。每级升、降压力差不超过 250Pa，加压级数不少于 4 个，每级压力差持续时间不少于 10s。压力的升、降直到任一受力构件的相对面法线挠度值达到 $f_0/2.5$（f_0 为允许挠度）或最大检测压力达到 2000Pa 时停止检测，记录每级压力差作用下各个测点的面法线位移量，并计算面法线挠度值。采用线性方法推算出面法线挠度对应于 $f_0/2.5$ 时的压力值。以正负检测中绝对值较小的压力差值作为 P_1 值。

定级检测的目的是检测受力杆件的面法线挠度达到 $f_0/2.5$ 的时候所对应的风压值，而如果检测压力达到 2000Pa 时受力杆件的面法线挠度仍未达到 $f_0/2.5$ 也停止检测。但并不是说此种情况下检测结果为±2000Pa，而应该采用线性方法推算出面法线挠度达到 $f_0/2.5$ 时对应的风压值。

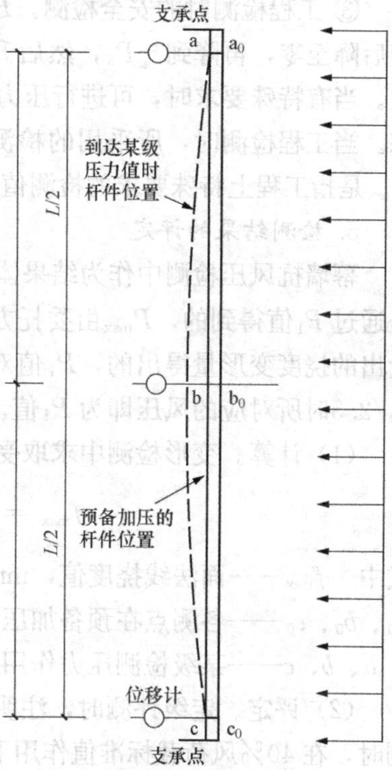

图 3-8 简支梁型式的构件式幕墙测点分布示意图

2）工程检测时的变形检测。工程检测时检测压力分级升降。每级升、降压力差不超过风荷载标准值的 10%，每级压力作用时间不少于 10s。压力的升、降达到幕墙风荷载标准值的 40%时停止检测，记录每级压力差作用下各个测点的面法线位移量。

当工程检测时，由于有明确的工程设计要求，因此不需要检测至面法线挠度达到 $f_0/2.5$ 或 2000Pa，只需检测到幕墙风荷载标准值的 40%即可。

3）反复加压检测。以检测压力差 P_2（$P_2=1.5P_1$）为平均值，以平均值的 1/4 为波幅，进行波动检测，先后进行正负压检测。波动压力周期为 5～7s。波动次数不少于 10 次。记录反复检测压力值±P_2，并记录出现的功能障碍或损坏的状况和部位。

反复加压检测的目的是观察试件在波动加压条件下是否有功能障碍或损坏，因此不需要架设位移计，观察现象时除目视外观之外，还要对其功能部位如开启扇进行手动检查。

4）安全检测。

① 安全检测的条件。当反复加压检测未出现功能障碍或损坏时，应进行安全检测。安全检测过程中施加正、负压力差后分别将试件可开关部分开关不少于5次，最后关紧。升、降压速度为300～500Pa/s，压力持续时间不少于3s。安全检测模拟的是阵风对幕墙的影响，因此升降压速度很快，但持续时间较短。

② 定级检测时的安全检测。使检测压力升至P_3（$P_3=2.5P_1$），随后降至零，再降到$-P_3$。然后升至零。记录面法线位移量、功能障碍或损坏的状况和部位。与门窗抗风压性能检测不同，幕墙的抗风压检测P_3阶段需要架设位移计来记录面法线位移量。

③ 工程检测时的安全检测。P_3对应于设计要求的风荷载标准值。检测压力差升至P_3，随后降至零，再降到$-P_3$，然后升至零。记录面法线位移量、功能障碍或损坏的状况和部位。当有特殊要求时，可进行压力差为P_{max}的检测，并记录在该压力差作用下试件的功能状态。当工程检测时，所采用的检测压力值就是实际工程中设计要求规定的风荷载标准值。P_{max}是指工程上特殊要求的检测值，其数值应大于P_3。

5. 检测结果的评定

幕墙抗风压检测中作为结果体现的几个数值分别为P_1、P_2、P_3、P_{max}，P_2、P_3的数值是通过P_1值得到的，P_{max}由委托方提供，而P_1值则是通过架设在幕墙试件表面的位移计测量出的挠度变形量得出的，P_1值对应的允许挠度为$f_0/2.5$，即当位移计检测到的挠度达到$f_0/2.5$时所对应的风压即为P_1值。

（1）计算。变形检测中求取受力构件的面法线挠度的方法，按下式计算：

$$f_{max}=(b-b_0)-\frac{(a-a_0)+(c-c_0)}{2}$$

式中 f_{max}——面法线挠度值，mm；

a_0、b_0、c_0——各测点在预备加压后的稳定初始读数值，mm；

a、b、c——某级检测压力作用过程中各测点的面法线位移，mm。

（2）评定。定级评测时，注明相对面法线挠度达到$f_0/2.5$时的压力差值$\pm P_1$。工程检测时，在40%风荷载标准值作用下，相对面法线挠度应小于或等于$f_0/2.5$，否则应判为不满足工程使用要求。

变形检测评定时，如为定级检测，应以相对面法线挠度达到$f_0/2.5$时对应的压力差值确定$\pm P_1$，如为工程检测，应按风荷载标准值的40%确定$\pm P_1$，且在此检测压力下，相对面法线挠度应小于或等于$f_0/2.5$，否则应判为不满足工程使用要求。即定级检测由实测的P_1值决定P_3值的大小，工程检测时由已知的P_3值决定P_1值的大小。

反复加压检测的评定时，经检测，试件未出现功能障碍和损坏时，注明$\pm P_2$值；检测中试件出现功能障碍和损坏时，应注明出现的功能障碍、损坏情况以及发生部位，并以发生功能障碍和损坏时压力差的前一级检测压力值作为安全检测压力$\pm P_3$值进行评定。

如P_2阶段试件出现损坏或功能障碍，是以发生功能障碍和损坏时压力差的前一级检测压力值定级，即直接以此值作为$\pm P_3$值。

安全检测的评定按下述方法进行：

定级检测时。经检测试件为出现功能性障碍和损坏，注明相对面法线挠度达到f_0时的压力差值$\pm P_3$，并按$\pm P_3$的绝对值较小值作为幕墙抗风压性能的定级值；检测中试件出现功能障碍和损坏时，应注明出现功能性障碍或损坏的情况及其发生部位，并应以试件出现功能障碍或损坏所对应的压力差值的前一级压力差值作为定级值。定级检测时，由于 $P_3=2.5P_1$，因此根据线性关系可知压力差值为 P_3 时相对面法线挠度为 f_0。与 P_2 相同，以发生功能障碍和损坏时压力差的前一级检测压力值定级。

工程检测时，在风荷载标准值作用下对应的相对面法线挠度小于或等于允许挠度 f_0，且检测时未出现功能性障碍和损坏，应判为满足工程使用要求；在风荷载标准值作用下对应的相对面法线挠度大于允许挠度 f_0 或试件出现功能障碍和损坏，应注明出现功能障碍或损坏的情况及其发生部位，并应判为不满足工程使用要求。工程检测时有两个判定条件，即相对面法线挠度小于或等于允许挠度 f_0 和未出现功能性障碍和损坏。有一条不符即判定为不满足工程使用要求。

幕墙试件的主要结构在风荷载标准值作用下最大允许相对面法线挠度 f_0 见表 3-5。

表 3-5　幕墙试件的主要构件在风荷载标准值作用下最大允许相对面法线挠度 f_0

幕墙类型	材料	最大挠度发生部位	最大允许相对面法线挠度 f_0
有框幕墙	杆件	跨中	铝合金型材 1/180 钢型材 1/250
	玻璃面板	短边边长中点	1/60
全玻璃幕墙	支承结构	钢架钢梁的跨中	1/250
	玻璃面板	玻璃面板中心	1/60
	玻璃肋	玻璃肋跨中	1/200
点支承玻璃幕墙	支承结构	钢管、桁架及空腹桁架跨中	1/250
		张拉索杆体系跨中	1/200
	玻璃面板	玻璃面板中心（四点支承时）	1/60

四、建筑幕墙平面内变形性能检测

平面内变形性能是指幕墙在楼层反复变位作用下保持其墙体及连接部位不发生危及人身安全的破损的平面内变形能力。地震对建筑物有着毁灭性的破坏能力，在地震波的作用下，建筑物会发生水平方向的摆动，而建筑幕墙也会随之发生水平方向上的平面变形，此项检测的意义就在于提高幕墙的抗震能力及结构强度。除了与抗震要求相关之外，风荷载也会使幕墙产生相同的运动，因此并非有抗震设计要求时才需要做平面内变形检测。平面内变形性能检测原理是使安装上试件的横架在幕墙平面内沿水平方向进行低周反复运动，模拟受地震或风荷载时幕墙产生平面内变形的作用。

平面内变形性能检测采用拟静力法。拟静力法可在一定程度上模拟地震或风荷载作用时试件的状态，但其也具有一定的局限性，因为真实的地震所带来的震动是动态的，建筑物所受到的冲击力及晃动的加速度都是非常大的。而拟静力法的加载和卸载是连续均匀的，且加载的周期也比较长，与实际还是有所不同的。

1. 检测依据

《建筑幕墙平面内变形性能检测方法》(GB/T 18250—2000)

2. 检测装置

检测装置与试验加载设备应满足试件设计受力条件和支承方式的要求。其传力装置应具有足够的强度、刚度和整体稳定性。检测装置应具备安装试件所需的横梁和使幕墙在其平面内沿水平方向作低周反复移动并检测其位移的能力。其提供反力部位的刚度宜比试体大10倍。加载装置的加载能力和行程应为试件的最大受力和极限变形的1.5倍。位移计的精度不得低于0.5%FS(全量程误差)。要求检测台架有足够的强度及刚度是为了保证试验过程中台架本身不会产生位移及变形。由于位移计的精度直接关系到变形行程的大小,因此对位移计的精度也有较高的要求。

目前检测装置加载方式有使试件呈连续平行四边形方式和使试件对称方式两种。前者采用专门加载用的框架,如图3-9所示,后者利用压力箱的边框支承活动梁,如图3-10所示。以第一种加载方式进行仲裁检测。连续平行四边形法使用的框架其活动横梁及立柱一般为铰链连接,加载装置安装在底部横梁侧面,试验时加载装置推动底部横梁从而带动幕墙试件水平反复运动。对称变形法是在框架中部安装活动梁,加载装置通过推动活动梁使试件从中部开始水平往复运动。

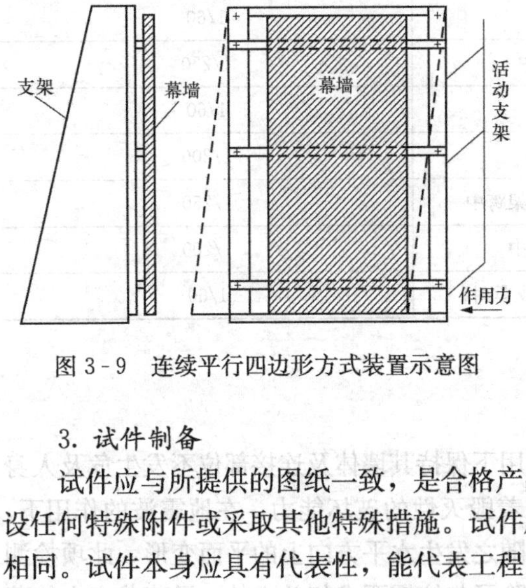

图3-9 连续平行四边形方式装置示意图

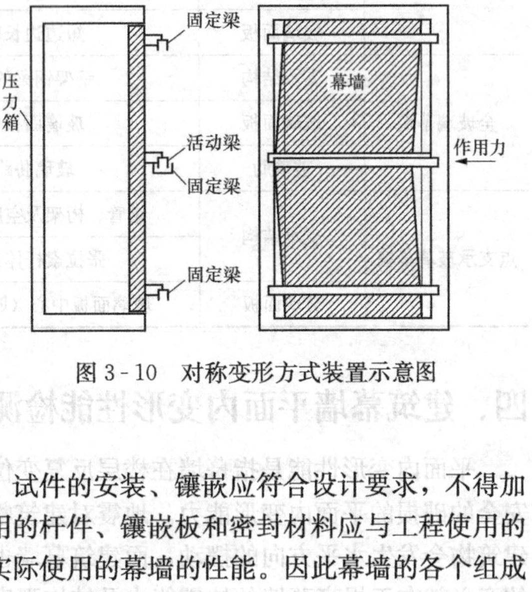

图3-10 对称变形方式装置示意图

3. 试件制备

试件应与所提供的图纸一致,是合格产品。试件的安装、镶嵌应符合设计要求,不得加设任何特殊附件或采取其他特殊措施。试件所用的杆件、镶嵌板和密封材料应与工程使用的相同。试件本身应具有代表性,能代表工程中实际使用的幕墙的性能。因此幕墙的各个组成部分的材料、构造、连接、安装等都应与实际工程相符。

幕墙应为足尺试件,应按实际连接方法安装在刚性足够的模拟楼层的横梁上。试件的高度至少包括一个层高,宽度至少包括三根垂直承力杆件。其中至少有一根承受设计负荷。单元式幕墙试件应包括单元间的垂直缝和水平接缝,至少包括两根承受设计负荷的垂直承力杆件,其模拟楼层的横梁宜安装在专门加载用框架上。

试件必须包括开启部分和典型的垂直接缝和水平接缝。幕墙试件与工程实际幕墙应为1∶1的足尺试件。试件应有足够完整的典型结构以真实反映实际工程中幕墙在平面内变形情况下各部件结构的状态。

4. 检测步骤

(1) 检查安装完毕后的试件，必须与设计条件相符。其安装允许偏差如下：

主要杆件垂直度：杆件高度为 5m 以下时，允许偏差为 2mm；杆件高度为 5m 以上时，允许偏差为 3mm。

横向构件水平度：杆件长度≤2000mm 时，允许偏差为±2mm；杆件长度>2000mm 时，允许偏差为±3mm。

分格对角线差：对角线长度≤2000mm 时，允许偏差为 3mm；对角线长度>2000mm 时，允许偏差为 3.5mm。

检测完毕后将试件的可开启部分开关五次后关紧。

安装完毕的试件其安装偏差应符合标准要求，安装偏差过大将会导致试件的结构性能发生改变，影响检测结果的准确性。

(2) 安装位移计，并调零和检测接触良好。位移计应安装牢固，且尽量垂直于被测面。

(3) 预加载，位移角为表 3-6 中最低级的 50%。

表 3-6　　平面内变形性能分级表

分级指标	等级				
	Ⅰ	Ⅱ	Ⅲ	Ⅳ	Ⅴ
r	$r \geqslant \frac{1}{100}$	$\frac{1}{100} > r \geqslant \frac{1}{150}$	$\frac{1}{150} > r \geqslant \frac{1}{200}$	$\frac{1}{200} > r \geqslant \frac{1}{300}$	$\frac{1}{300} > r \geqslant \frac{1}{400}$
γ 即为层间位移角，$\gamma = \frac{\Delta}{h}$，$\Delta$ 为层间位移量，h 为层高					

预加载相当于正式检测前的准备工作，是为了检查设备的运行状态。需要注意的是，由于此本标准编写于 2000 年，其分级表引用自 JG 3035—1996，此标准已作废。而《建筑幕墙》(GB/T 21086—2007) 中的平面内变形性能分级表已经做出了改变，因此在进行分级的时候应按照后者中的平面内变形性能分级表进行定级。分级表见表 3-7。

表 3-7　　平面内变形性能分级表 (GB/T 21086—2007)

分级指标	等级				
	Ⅰ	Ⅱ	Ⅲ	Ⅳ	Ⅴ
r	$r<1/300$	$1/300 \leqslant r<1/200$	$1/200 \leqslant r<1/150$	$1/150 \leqslant r<1/100$	$r \geqslant 1/100$

(4) 按 JG 3035—1996 规定中的分级值从最低级开始加载检测。每级使模拟相邻楼层在幕墙平面内沿水平方向作左右相对往复移动三个周期。从零开始到正位移，回零后到负位移再回零为一个周期（周期为 3～10s）。检测中应保持反复加载的连续性和均匀性，加载和卸载的速度一致。如前所述，JG 3035—1996 目前已经作废，被《建筑幕墙》(GB/T 21086—2007) 所代替，因此应采用 GB/T 21086—2007 中规定的分级值从最低级开始检测。需要注意一个周期的概念，不可减少检测行程。前面已经提到，由于采用的是拟静力法，因此反复加载应连续均匀。

(5) 详细记录各级位移复位后，幕墙试件的破坏情况。试验进行过程中应注意观察试件及设备的状态，每一级检测结束后都应对试件的状态及功能进行检查，确定无损坏及其他问题后再进行下一级检测。

(6) 对于定级检测应进行到幕墙或其连接部位出现危及人身安全的破损（指面板破裂或脱落、连接件损坏或脱落、金属框或金属面板产生明显不可恢复的变形）时停止加载。以前一级位移角值为幕墙平面内变形性能的定级值。定级检测中如幕墙试件出现损坏时应立即停止加载，以前一级位移角值为幕墙平面内变形性能的定级值。

(7) 对于判定是否达到设计要求的检测，应逐级检测到幕墙设计层间位移角为止。要求在设计层间位移角下，幕墙不出现危及人身安全的破损。有工程设计要求的检测，需要检测到设计值为止，如果检测中出现危及人身安全的破损则判定为不满足工程设计要求。

第四章

建 筑 门 窗

门窗既是建筑外围护结构的开口部位，又是建筑围护结构的重要组成部分，也是实现建筑热、声、光环境等物理性能的重要功能性部件，对建筑外立面以及室内环境带来双重装饰效果，同时起到采光、通风和与环境交流等诸多功能。由于门窗是建筑围护结构中的轻质、透明构件，因此受环境影响较大，尤其是在冬季采暖季节，通过外门窗散失的热量占总耗热量的比例很大，是建筑节能的重要环节。门窗的各项性能中与建筑节能相关的指标主要有两项，气密性能和保温性能，再加上出于安全性和防水要求而需要测试的抗风压性能、水密性能，合称为建筑门窗“四性”检测。本章对上述“四性”检测技术作详细介绍。另外组成门窗的材料如中空玻璃、铝合金型材等，这些材料的性能会影响门窗整体的使用性能和安全性能，本书在这一章也会对门窗主要组成材料的检测方法进行介绍。

第一节 建筑门窗三性

建筑门窗三性包括气密性能、水密性能和抗风压性能。气密性能是外门窗在正常关闭状态时，阻止空气渗透的能力。水密性能为外门窗关闭状态时，在风雨同时作用下，阻止雨水渗漏的能力。抗风压性能为外门窗正常关闭状态时在风压作用下不发生损坏（如：开裂、面板破损、局部屈服、黏结失效等）和五金件松动、开启困难等功能障碍的能力。值得注意的是，在检测的过程中经常是在标准状态下进行的。

一、气密性能检测

建筑门窗的气密性与建筑能耗和使用舒适度都有密切的关系。在采暖住宅建筑中，通过门窗的传热损失的热量与空气渗透损失的热量相加，约占全部损失热量的50%左右，其中由空气渗透带走的热量损失又占一半左右。减少门窗的空气渗透量能耗是建筑节能的一个重要方面。门窗的气密性能以级别区分，采用在标准状态下，压力差为10Pa时的单位开启缝长空气渗透量 q_1 和单位面积空气渗透量 q_2 作为分级指标。

1. 检测依据

《建筑外门窗气密、水密、抗风压性能分级及检测方法》（GB/T 7106—2008）

2. 检测装置

门窗的气密性能检测装置包括压力箱、供压和压力控制系统、压力测量仪器和空气流量测量装置等。压力箱的开口尺寸应能满足试件安装的要求，箱体应能承受检测过程中可能出现的压力差并具有良好的密封性能。试件安装系统包括试件安装框及夹紧装置。应保证试件安装的足够牢固，不应产生倾斜和变形，同时保证试件的正常开启。静态压力控制装置应能调节出稳定的气流，供压和压力控制系统应满足门窗气密性检测加压程序的要求。

测量设备应具有一定的测量精度。差压计的两个探测点应在试件两侧就近布置，差压计的误差应小于示值的2%。空气流量测量系统的测量误差应小于示值的5%。

3. 试件及安装

试件数量：同一窗型、结构、规格尺寸应至少检测3樘试件。试件应为按所提供的图样生产的合格产品或研制的试件，不得附有任何多余配件或采用特殊的组装工艺或改善措施；试件必须按照设计要求组合、装配完好，并保持清洁、干燥。

试件应安装在安装框架上，试件与安装框架之间的连接应牢固并密封，安装好的试件要求垂直，下框要求水平，安装框下部不应高于试件室外侧排水孔，不应因安装而出现变形。试件安装后，表面不可沾有油污等不洁物。试件安装完毕后，应将试件可开启部分开关5次，最后关紧。

4. 检测方法

(1) 预备加压。在正、负压检测前分别施加三个压力脉冲。压力差绝对值500Pa，加载速度约为100Pa/s。压力稳定作用时间为3s，泄压时间不少于1s。待压力差回零后，将试件上所有可开启部分开关5次，最后关紧。

(2) 附加空气渗透量检测。检测前应采取密封措施如图4-1所示，充分密封试件上的可开启部分缝隙和镶嵌缝隙，或用不透气的盖板将箱体开口部盖严，然后按照图4-2检测

图4-1 透明胶带密封处理的试件

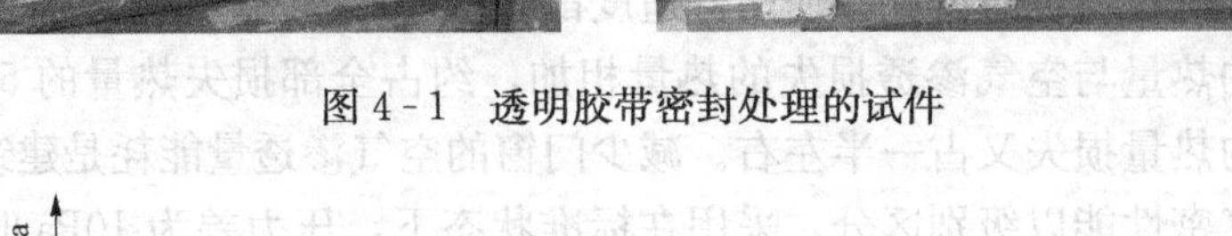

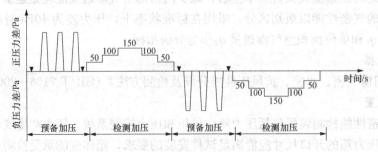

图4-2 气密检测加压顺序示意图

注：图中符号▼表示将试件的可开启部分开关不少于5次。

加压部分逐级加压，每级压力作用时间约为 10s，先逐级正压，后逐级负压。记录各级测量值。

（3）总渗透量检测。去除试件上所加密封措施或打开密封盖板后进行检测，检测程序同上。

5. 数据处理

分别计算出升压和降压过程中在 100Pa 压差下的两个附加空气渗透量测定值的平均值 $\overline{q}_f$ 和两个总渗透量测定值的平均值 $\overline{q}_z$，则窗试件本身 100Pa 压力差下的空气渗透量 q_l(m³/h) 即可按下式计算：

$$q_l = \overline{q}_z - \overline{q}_f$$

然后再利用下式将 q_l 换算成标准状态下的渗透量 q'(m³/h) 值。

$$q' = \frac{293}{101.3} \times \frac{q_l P}{T}$$

±100Pa 下单位开启缝长空气渗透量 q'_1[m³/(m·h)] 和单位面积空气渗透量 q'_2[m³/(m²·h)] 分别为：

$$q'_1 = q'/l \quad q'_2 = q'/A$$

为保证分级指标值的准确度，按下式换算为 10Pa 检测压力差下的相应值 $\pm q_1$[m³/(m·h)] 和 $\pm q_2$[m³/(m²·h)]，公式中的修订参数 4.65，是由空气动力学公式推导而来。

$$\pm q_1 = \frac{\pm q'_1}{4.65} \quad \pm q_2 = \frac{\pm q'_2}{4.65}$$

将三樘试件的 $\pm q_1$ 和 $\pm q_2$ 分别平均后对照建筑外门窗气密分级表确定，按照缝长和按面积各自所属等级，最后取两者中的不利级别为该组试件所属等级。正负压测值分别定级。定级依据见表 4-1。

表 4-1　建筑外门窗气密性能分级表

分级	1	2	3	4	5	6	7	8
单位缝长分级指标值 q_1/[m³/(m·h)]	$4.0 \geq q_1 > 3.5$	$3.5 \geq q_1 > 3.0$	$3.0 \geq q_1 > 2.5$	$2.5 \geq q_1 > 2.0$	$2.0 \geq q_1 > 1.5$	$1.5 \geq q_1 > 1.0$	$1.0 \geq q_1 > 0.5$	$q_1 \leq 0.5$
单位面积分级指标值 q_2/[m³/(m²·h)]	$12 \geq q_2 > 10.5$	$10.5 \geq q_2 > 9.0$	$9.0 \geq q_2 > 7.5$	$7.5 \geq q_2 > 6.0$	$6.0 \geq q_2 > 4.5$	$4.5 \geq q_2 > 3.0$	$3.0 \geq q_2 > 1.5$	$q_2 \leq 1.5$

6. 注意事项

（1）试件安装，紧固后注意可开启部分能否正常开启，紧固装置不要加在可开启部位上。

（2）附加渗透量测量时，可开启部分和镶嵌缝隙都要进行密封处理，镶嵌缝如打胶密封也要进行密封处理。

二、水密性能检测

建筑外门窗的水密性能分级及检测方法适用于各种建筑外窗（包括落地窗等）和外门，检测对象只限于门窗试件本身，不涉及门窗与维护结构之间的连接部位。

1. 检测依据

《建筑外门窗气密、水密、抗风压性能分级及检测方法》(GB/T 7106—2008)

2. 检测装置

建筑外门窗水密性能检测装置包括压力箱、供压和压力控制系统、压力测量仪器和喷淋装置。供压系统应具备施加正负双向的压力差的能力，静态压力控制装置应能调节出稳定的气流，动态压力控制装置应能稳定地提供3～5s周期的波动风压，波动风压的波峰值、波谷值应满足检测要求。

雨水喷淋系统的喷淋装置必须满足在试件的全部面积上形成连续水膜并达到规定淋水量的要求。喷嘴应布置均匀，各喷嘴与试件的距离宜相等且不小于500mm；装置的喷水量应能调节，并有措施保证喷水量的均匀性。

3. 试件及安装要求

(1) 试件数量：同一窗型、结构、规格尺寸应至少检测3樘试件。

(2) 试件应为按所提供的图样生产的合格产品或研制的试件，不得附有任何多余配件或采用特殊的组装工艺或改善措施；试件必须按照设计要求组合、装配完好，并保持清洁、干燥。

(3) 试件应安装在安装框架上。试件与安装框架之间的链接应牢固并密封。安装好的试件要求垂直，下框要求水平，下部安装框不应高于试件外侧排水孔。不应因安装而出现变形。试件安装后，表面不可沾有油污等不洁物。试件安装完毕后，应将试件可开启部分开关5次，最后关紧。

4. 检测方法

检测分为稳定加压法和波动加压法，工程所在地为热带风暴和台风地区的工程检测，应采用波动加压法；定级检测和工程所在地为非热带风暴和台风地区的工程检测，可采用稳定加压法。已进行波动加压法检测可不再进行稳定加压法检测。水密性能最大检测压力峰值应小于抗风压定级检测压力差值。由于天津属温带季风气候为非热带风暴和台风地区，故只用稳定加压法进行检测。

稳定加压法：适用于定级检测和工程所在地为非热带风暴和台风地区用建筑外窗的水密性能检测。检测顺序按图4-3进行。

加压顺序按表4-2进行。

表4-2　　稳定加压顺序表

加压顺序	1	2	3	4	5	6	7	8	9	10	11
检测压力/Pa	0	100	150	200	250	300	350	400	500	600	700
持续时间/min	10	5	5	5	5	5	5	5	5	5	5

(1) 预备加压：检测加压前施加三个压力脉冲，压力差绝对值为500Pa，加载速度约为100Pa/s。压力稳定作用时间为3s，泄压时间不少于1s。待压力差回零后，将试件上所有可开启部分开关5次，最后关紧。

(2) 稳定加压：

1) 淋水：对整个门窗试件均匀的淋水，淋水量为2L/(m^2·min)。

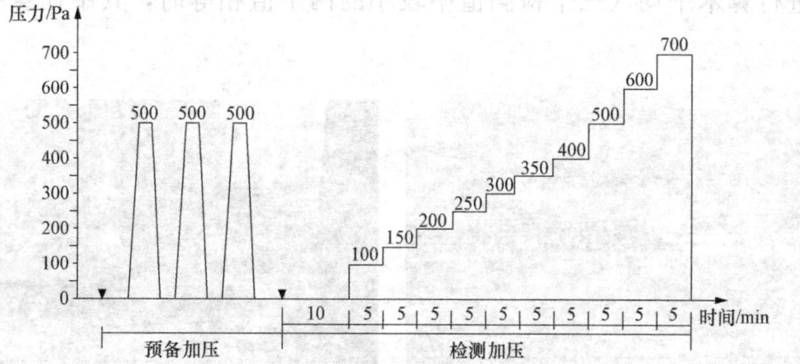

图 4－3　水密检测加压顺序示意图

注：图中符号▼表示将试件的可开启部分开关 5 次。

2）加压：在淋水的同时施加稳定压力，定级检测时，逐级加压至出现严重渗漏为止。工程检测时，直接加压至水密性能指标值，压力稳定作用时间为 15min 或产生严重渗漏为止。

3）观察记录：在主机升压及持续作用过程中，观察并参照下表记录渗漏状态及部位。渗漏状态符号见表 4－3。

表 4－3　渗漏状态符号表

渗漏状态	符号
试件内侧出现水滴	○
水珠联成线，但未渗出试件界面	□
局部少量喷溅	△
持续喷溅出试件界面	▲
持续流出试件界面	●

注：1. 后两项为严重渗漏。

2. 稳定加压和波动加压检测结果均采用此表。

5. 分级指标值的确定

记录每个试件的严重渗漏（见图 4－4）压力差值 ΔP，以严重渗漏压力差值的前一级检测压力差值作为该试件水密性能检测值。如果工程水密性能指标值对应的压力差值作用下未发生渗漏，则此值作为该试件的检测值。门窗水密性能分级可参照表 4－4。

表 4－4　水密性能分级表（单位/Pa）

分级	1	2	3	4	5	6
分级指标 ΔP	$100 \leqslant \Delta P < 150$	$150 \leqslant \Delta P < 250$	$250 \leqslant \Delta P < 350$	$350 \leqslant \Delta P < 500$	$500 \leqslant \Delta P < 650$	$\Delta P \geqslant 700$

注：第 6 级应在分级后同时注明具体检测压力差值。

三樘试件水密性能检测值综合方法为：一般取三樘检测值的算术平均值。如果三樘检测值中最高值和中间值相差两个检测压力等级以上，将该最高值降至比中间值高两个检测压力等级后，再进行算术平均（三个检测值中较小的两个值相等时，其中任意一值可视为中间值）。

图 4-4 水密性能试验试件严重渗漏现象

三、抗风压性能检测

建筑外门窗的抗风压性能分级及检测方法适用于各种建筑外窗（包括落地窗等）和外门，检测对象只限于门窗试件本身，不涉及门窗与围护结构之间的连接部位。抗风压性能检测包括变形检测、反复加压检测和定级检测或工程检测，检测试件在逐步递增的风压作用下，测试杆件相对面法线挠度的变化，得出检测压力差 P_1 为变形检测。反复加压检测为检测试件在压力差 P_2（定级检测时）或 P'_2（工程检测时）的反复作用下，是否发生损坏和功能障碍。定级检测或工程检测是检测试件在瞬时风压作用下，抵抗损坏和功能障碍的能力。定级检测是为了确定产品的抗风压性能分级的检测，检测压力差为 P_3；工程检测是考核实际工程的外门窗能否满足工程设计要求的检测，检测压力差为 P'_3。

1. 检测依据

《建筑外门窗气密、水密、抗风压性能分级及检测方法》（GB/T 7106—2008）

2. 检测装置

包括压力箱、供压和压力控制系统、压力测量仪器和位移测量仪器等。供压系统应具备施加正负双向的压力差的能力，静态压力控制装置应能调节出稳定的气流，动态压力控制装置应能稳定地提供 3～5s 周期的波动风压，波动风压的波峰值、波谷值应满足检测要求。供压和压力控制能力必须满足检测程序的要求。

差压计的两个探测点应在试件两侧就近布置，差压计的误差应小于示值的 2%；位移计的精度应达到满量程的 0.25%，唯一测量仪表的安装支架在测试过程中应有足够的紧固性，并保证位移的测量不受试件及其支承设施的变形、移动所影响。

3. 安装要求

同气密性检测和水密性检测的试件及安装要求。

4. 检测方法

(1) 检测加压过程如图 4-5 所示。

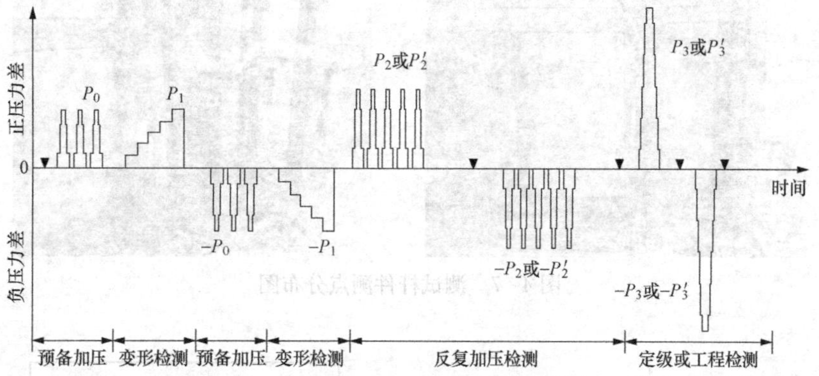

图 4-5 抗风压检测加压过程示意图

注：图中符号▼表示将试件的可开启部分开关 5 次。

(2) 确定测点和安装位移计。

1) 将位移计安装在规定位置上。测点位置规定为：中间测点在测试杆件中点位置；两端测点在距该杆件端点向中点方向 10mm 处。如图 4-6、图 4-7 所示。

2) 当试件的相对挠度最大的杆件难以判定时，也可选取两根或多根测试杆件，分别布点测量，如图 4-8 所示，图中标记 1，2 为检测杆件。

3) 对于单扇固定窗（门），位移计安装布点如图 4-9 所示，图中标记 a、b、c 为测点。

4) 对于单锁点单扇平开窗（门），取距锁点最远的窗扇自由角的位移值与该自由角至锁点距离之比为最大相对挠度值。位移计安装布点如图 4-10 所示。

当窗扇上有受力杆件时应同时测量该杆件的最大相对挠度，取两者中的不利者作为抗风压性能检测结果；无受力杆件外开单扇平开窗只进行负压检测，无受力杆件内开单扇平开窗只进行正压检测。当单扇平开窗采用多点锁时，按照固定窗的方法进行检测。

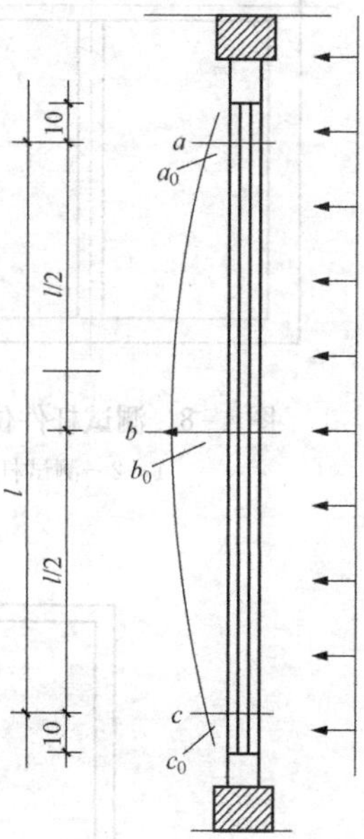

图 4-6 位移计安装位置示意图

注：a_0、b_0、c_0—三测点初始读数值，mm；a、b、c—三测点在压力差作用过程中的稳定读数值，mm；l—测试杆件两端测点 a、c 之间的长度，mm。

(3) 预备加压。在进行正负变形检测前，分别提供 3 个压力脉冲，压力差 $P_0 = \pm 500$Pa，加载速度约为 100Pa/s，压力稳定作用时间为 3s，泄压时间不少于 1s。

(4) 变形检测。

图 4-7 测试杆件测点分布图

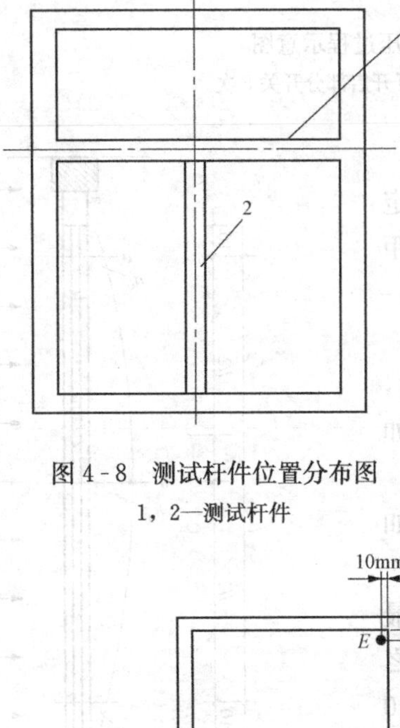

图 4-8 测试杆件位置分布图

1，2—测试杆件

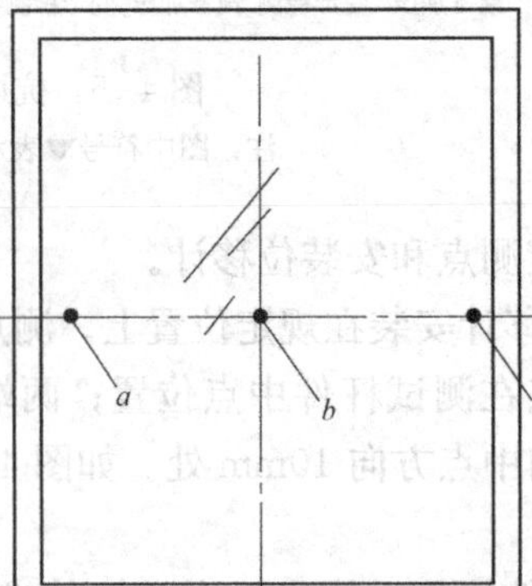

图 4-9 单扇固定门窗测点位置分布图

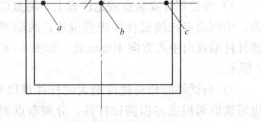

a，b，c—测点

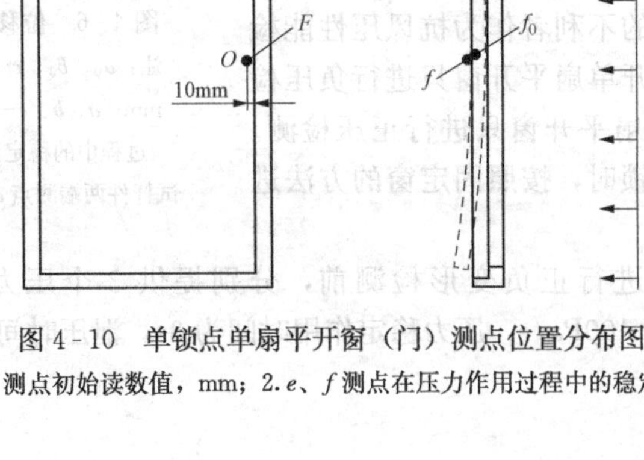

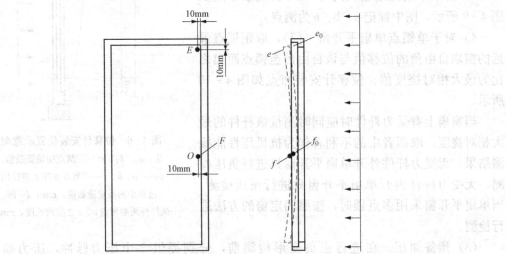

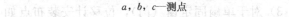

图 4-10 单锁点单扇平开窗（门）测点位置分布图

注：1. e_0、f_0 测点初始读数值，mm；2. e、f 测点在压力作用过程中的稳定读数值，mm。

1）先进行正压检测，后进行负压检测。检测压力逐级升、降。每级升降压力差值不超过 250Pa，每级检测压力差稳定作用时间约为 10s。不同类型试件变形检测时对应的最大面法线挠度（角位移值）应符合表 4-5 要求。检测压力绝对值不宜超过 2000Pa。

表 4-5　最大面法线挠度要求值

试件类型	主要构件（面板）允许挠度	变形检测最大面法线挠度（角位移值）
窗（门）面板为单层玻璃或夹层玻璃	$\pm l/120$	$\pm l/300$
窗（门）面板为中空玻璃	$\pm l/180$	$\pm l/450$
单扇固定扇	$\pm l/60$	$\pm l/150$
单扇单锁点平开窗（门）	20mm	10mm

2）记录每级压力差作用下的面法线挠度值（角位移值），利用压力差和变形之间的相对线性关系求出变形检测时最大面法线挠度（角位移）对应的压力差值，作为变形检测压力差值，标以 $\pm P_1$。工程检测中，变形检测最大面法线挠度所对应的压力差已超过 $P_3/2.5$ 时，检测至 $P_3'/2.5$ 为止；对于单扇单锁点平开窗（门），当 10mm 自由角位移值所对应的压力差超过 $P_3'/2$ 时，检测到 $P_3'/2$ 为止。当检测中试件出现功能障碍或损坏时，以相应压力差值的前一级压力差分级指标值为 P_3。

求取杆件或面板的面法线挠度可按下式进行：

$$B=(b-b_0)-\frac{(a-a_0)+(c-c_0)}{2}$$

式中　a_0、b_0、c_0——各测点在预备加压后的稳定出事读数值，mm；

a、b、c——某级检测压力差作用过程中的稳定读数值，mm；

B——杆件中间测点的面法线挠度。

单扇单锁点平开窗（门）的角位移值 δ 为 E 测点和 F 测点位移值之差，可按下式计算：

$$\delta=(e-e_0)-(f-f_0)$$

式中　e_0、f_0——测点 E 和 F 在预备加压后的稳定初始读数值，mm；

e、f——某级检测压力差作用过程中的稳定读数值，mm。

（5）反复加压检测。

1）检测前取下位移计，装上安全防护设施。

2）定级检测和工程检测应按图 4-5 反复加压检测部分进行，并分别满足以下要求：

3）定级检测时，检测压力从零升到 P_2 后降至零，$P_2=1.5P_1$，且不宜超过 3000Pa。反复 5 次。再由零降至 $-P_2$ 后升至零，$-P_2=-1.5P_1$，且不宜超过 −3000Pa，反复 5 次。加压速度为 300～500Pa/s，泄压时间不少于 1s，每次压力差作用时间为 3s。

4）工程检测时，当工程设计值小于 $2.5P_1$ 时以 0.6 倍工程设计值进行反复加压检测。反复加压后，将试件可开启部分开关 5 次，最后关紧。记录试验过程中发生损坏（指玻璃破裂、五金件损坏、窗扇掉落或被打开以及可以观察到的不可恢复的变形等现象）和功能障碍（指外门窗的启闭功能发生障碍、胶条脱落等现象）的部位。

（6）定级检测或工程检测。

1）定级检测时，使检测压力从零升至 P_3 后降至零，$P_3=2.5P_1$，对于单扇单锁点平开窗（门），$P_3=2.0P_1$；再降至$-P_3$后升至零，$-P_3=-2.5P_1$，对于单扇单锁点平开窗（门），$-P_3=-2P_1$。加压速度为300～500Pa/s，泄压时间不少于1s，持续时间为3s。正、负加压后将各试件可开关部分开关5次，最后关紧。试验过程中发生损坏和功能障碍时，记录发生损坏和功能障碍的部位，并记录试件破坏时的压力差值。

2）工程检测时，当工程设计值P'_3小于或等于$2.5P_1$（对于单扇平开窗或门，P'_3小于或等于$2.0P_1$）时，才按工程检测进行。压力加至工程设计值P'_3以后降至零，再降至$-P'_3$后升至零。加压速度为300～500Pa/s，泄压时间不少于1s，持续时间为3s。加正、负压后将各试件可开关部分开关5次，最后关紧。试验过程中发生损坏和功能障碍时，记录发生损坏和功能障碍的部位，并记录试件破坏时的压力差值。当工程设计值P'_3大于$2.5P_1$（对于单扇平开窗或门，P'_3大于$2.0P_1$）时，以定级检测取代工程检测。

5. 结果处理

（1）变形检测的评定。以试件杆件或面板达到变形检测最大面法线挠度时对应的压力差值为$\pm P_1$；对于单扇单锁点平开窗（门），以角位移值为10mm时对应的压力差值为$\pm P_1$。

（2）反复加压检测的评定。如果经检测，试件未出现功能障碍和损坏，注明$\pm P_2$值或$\pm P'_2$值。如果经检测试件出现功能障碍或损坏，记录出现的功能障碍、损坏情况及其发生部位，并以试件出现功能障碍或损坏时压力差值的前一级压力差分级指标值定级；工程检测时，如果出现功能障碍或损坏时的压力差值低于或等于工程设计值时，该外窗（门）判为不满足工程设计要求。

（3）定级检测的评定。试件经检测未出现功能障碍或损坏时，注明$\pm P_3$值，按$\pm P_3$中绝对值较小者定级。如果经检测，试件出现功能障碍或损坏，记录出现功能障碍或损坏的情况及发生部位，并以试件出现功能损坏或损坏所对应的压力差值的前一级分级指标值进行定级。建筑外门窗抗风压性能分级见表4-6。

表4-6　建筑外门窗抗风压性能分级表　（单位：kPa）

分级	1	2	3	4	5	6	7	8	9
分级指标值 P_3	$1.0\leqslant P_3<1.5$	$1.5\leqslant P_3<2.0$	$2.0\leqslant P_3<2.5$	$2.5\leqslant P_3<3.0$	$3.0\leqslant P_3<3.5$	$3.5\leqslant P_3<4.0$	$4.0\leqslant P_3<4.5$	$4.5\leqslant P_3<5.0$	$P_3\geqslant 5.0$

注：第9级应在分级后同时注明具体检测压力差值。

（4）工程检测的评定。试件未出现功能障碍或损坏时，注明$\pm P'_3$值，并与工程的风荷载标准值W_k相比较，大于或等于W_k时可判定为满足工程设计要求，否则判为不满足工程设计要求。

（5）三试件综合评定。定级检测时，以三试件定级值的最小值为该组试件的定级值。工程检测时，三试件必须全部满足工程设计要求。

6. 注意事项

（1）宜按照气密、水密、抗风压变形P_1、抗风压反复变形P_2、安全检测P_3的顺序进行。

（2）当进行抗风压性能检测或较高压力的水密性能检测时应采取适当的安全措施。

（3）水密性检测时检测的压力在100Pa之后，350Pa之前每50Pa为一个加压等级，当检测压力自400Pa开始100Pa为一个加压等级。

第二节　建筑门窗保温性能检测

门窗传热系数是表征门窗保温性能的指标，表示在稳定传热条件下，外门窗两侧空气温差为1K，单位时间内，通过单位面积的传热量，单位为W/(m^2·K)。抗结露因子是预测门窗阻抗表面结露能力的指标。是在稳定传热状态下，门窗热侧表面与室外空气温度差和室内、外空气温度差的比值。门窗保温性能是门窗的重要指标，对建筑整体的节能性能起着非常重要的作用。

1. 检测依据

《建筑外门窗保温性能分级及检测方法》(GB/T 8484—2008)

2. 样品要求

送检试样外观完好，五金件开关正常，试件的尺寸及构造应符合产品设计和组装要求，不得附加任何多余配件或特殊组装工艺。测定窗安装角度为与水平面垂直角度，其他安装角度窗户试验结果无法反映窗在工程中的真实传热情况。有保温要求的其他类型的建筑门、窗和玻璃参照该标准执行。

3. 检测设备

建筑外门窗保温性能检测装置主要包括热箱、冷箱、试件框、制冷系统、环境空间五部分组成。

(1) 热箱：热箱内净尺寸不宜小于2100mm×2400mm（宽×高）进深不宜小于2000mm。箱口尺寸不宜太小，以防试件不能进入热室空间内进行安装。热箱外壁结构应由均质材料组成，其热阻值不小于3.5（m^2·K)/W。热箱内表面的总的半球发射率应大于0.85。

(2) 冷箱：冷箱尺寸应与试件框外边缘尺寸相同，进深宜能容纳制冷、加热及气流组织设备为宜。冷箱外壁应采用不吸湿的保温材料，其热阻值不得小于3.5（m^2·K)/W，内表面应采用不吸水、耐腐蚀的材料。冷箱通过安装在冷箱内的蒸发器或引入冷空气进行降温。利用隔风板和风机进行强迫对流，形成沿试件表面自上而下的均匀气流，隔风板与试件框冷侧表面距离宜能调节。隔风板宜采用热阻值不小于1.0（m^2·K）/W的挤塑聚苯板，隔风板面向试件的表面，其总的半球发射率应大于0.85。隔风板的宽度与冷箱内净宽度相同。蒸发器下部应设置排水孔或排水盘。

(3) 试件框：试件框外缘尺寸不应小于热箱开口部出的内缘尺寸。试件框应采用不吸湿、均质的保温材料热阻值不小于7.0（m^2·K)/W，其密度应为20～40 kg/m^3。

(4) 安装外窗试件的洞口不应小于1500mm×1500mm。洞口下部应留有高度不小于600mm、宽度不小于300mm的平台。平台及洞口周边的面板应采用不吸水、导热系数不大于0.25 W/(m·K) 的材料。

(5) 环境空间：检测装置应放在装有空调设备的实验室内，为保证热箱外壁内、外表面面积加权平均温度差小于1.0K，实验室空气温度波动不应大于0.5K。实验室围护结构应有良好的保温性能和稳定性，应避免太阳光进入室内。实验室墙体及顶棚应进行绝热处理。热箱外壁与周边壁面之间至少应留有500mm空间。

(6) 感温元件：采用铜一康铜热电偶，测量不确定度不应大于0.25K。

(7) 热箱加热装置：采用交流稳压电源供加热器加热，窗台板至少应高于电暖气顶部50mm。计量加热功率Q的功率表的准确度等级不得低于0.5级，且应根据被测值大小转换量程，使仪表示值处于满量程的70%以上，宜采用除湿系统控制热箱空气湿度，热箱内相对湿度不宜超过20%，应在热箱内设置一个适度测量装置。

(8) 冷箱风速：冷箱风速应使用热球风速仪进行测量，测量位置与冷箱空气温度测点位置相同。不必每次试验都测定冷箱风速。当风机型号、安装位置、数量及隔风板的位置发生变化时，应重新进行测量。

4. 试验要求

(1) 传热系数检测：热箱空气平均温度设定范围为19～21℃，温度波动幅度不应大于0.2K。热箱内空气为自然对流，冷箱空气均匀温度设定范围为－19～－21℃，温度波动幅度不应大于0.3K。且与试件冷侧表面距离符合GB/T 13475规定，平面内的平均风速为3.0m/s±0.2m/s。

(2) 抗结露因子检测：热箱空气平均温度设定为20℃±0.5℃，温度波动幅度不应大于±0.3K。热箱空气为自然对流，相对湿度不大于20%。冷箱空气平均温度设定范围为－20℃±0.5℃，温度波动幅度不应大于±0.3K。与试件冷侧表面距离符合GB/T 13475规定平面内的平均风速为3.0m/s±0.2m/s。试件冷侧总压力与热侧静压力之差在0Pa±10Pa范围内。

5. 检测步骤

(1) 试件安装。如图4-11所示，试件安装在距外表面应距试件框冷侧表面50mm处。试件与试件洞口周边之间的缝隙宜用聚苯乙烯泡沫塑料条填塞并密封，使之不能漏气、漏风，试件开启缝应采用透明塑料胶带两面密封，以避免冷、热室间空气的流动。当试件面积小于试件洞口面积时，应用与试件厚度相近，已知热导率κ值的聚苯乙烯泡沫塑料板填堵。在聚苯乙烯泡沫塑料板两侧表面粘贴适量的铜一康铜热电偶，测量两表面的平均温差，计算通过该板的热损失，当进行传热系数检测时，宜在试件热侧表面适当部位布置热电偶，作为参考温度点。当进行抗结露系数检测时，应在试件窗框和玻璃热侧表面共布置20个热电偶，测量数据供计算使用。

图4-11 试件安装及传感器布置

(2) 传热系数检测：检查电偶是否完好，启动检测装置，设定冷、热箱和环境空气温度。当冷、热箱空气温度达到设定值后，每隔30min测量各控温点温度，检查是否稳定。如果逐时测量得到热箱和冷箱的空气平均温度t_h和t_c每小时变化的绝对值分别不大于0.1℃和0.3℃；温差$\Delta\theta_1$和$\Delta\theta_2$每小时变化的绝对值分别不大于0.1K和0.3K，且上述温度和温差的变化不是单相变化，则表示传热过程已达到稳定过程。传热过程稳定之后，每隔30min测量一次参数t_h、t_c、

$\Delta\theta_1$、$\Delta\theta_2$、$\Delta\theta_3$、Q 共测六次。测量结束之后，记录热箱内空气相对湿度 φ，试件热侧表面及玻璃夹层结露或结霜状况。

(3) 抗结露因子检测：检查电偶是否完好，启动检测设备和冷热箱的温度自控系统，设定冷热箱和环境空气温度。调节压力控制装置，使热箱静压力和冷箱总压力之间的净压差在 0Pa±10Pa 范围内。当冷热箱空气温度达到设定值后，每隔 30min 测量各控温点温度，检查是否稳定。如果逐时测量得到热箱和冷箱的空气平均温度、每小时变化的绝对值与标准条件相比不超过±0.3℃，总热量输入变化不超过±2%，则表示抗结露因子检测已经处于稳定状态。当冷热箱空气温度达到稳定后，启动热箱控湿装置，保证热箱内的空气相对湿度 φ 不大于 20%。热箱内的空气相对湿度 φ 满足要求后，每隔 5min 测量一次参数 t_h、t_c、t_1、t_2、t_3、…、t_{20}、温度 φ 共 6 次。测量结束之后，记录试件热侧表面结露或结霜状况。

6. 数据处理

(1) 传热系数：各参数取六次测量的算术平均值，时间传热系数 K 值按下式计算：

$$K=\frac{Q-M_1\Delta\theta_1-M_2\Delta\theta_2-S\kappa\Delta\theta_3}{A(t_h-t_c)}$$

式中 Q——加热器功率，W；

M_1——由标定试验确定的热箱外壁热流系数，W/K；

M_2——由标定试验确定的热箱外壁热流系数，W/K；

$\Delta\theta_1$——热箱外壁内外面面积加权平均温度之差，K；

$\Delta\theta_2$——试件框热侧冷侧表面面积加权平均温度之差，K；

S——填充板的面积，m^2；

κ——填充板的热导率，W/(m·K)；

$\Delta\theta_3$——填充板热侧表面与冷侧表面的平均温差，K；

A——试件面积，m^2；按试件外缘尺寸计算，如果试件为采光罩，其面积按采光罩水平投影面积计算；

t_h——热箱空气平均温度，℃；

t_c——冷箱空气平均温度，℃。

如果试件面积小于试件洞口面积时，式中分子 $S\kappa\Delta\theta_3$ 为聚苯乙烯泡沫塑料填充板的热损失，试件传热系数 K 值取两位有效数字。

(2) 抗结露因子：各参数取六次测量的算术平均值，试件抗结露因子 CRF 值按下式计算：

$$CRF_g=\frac{t_g-t_c}{t_h-t_c}\times 100 \qquad CRF_f=\frac{t_f-t_c}{t_h-t_c}\times 100$$

式中 CRF_g——试件玻璃的抗结露因子；

CRF_f——试件框的抗结露因子；

t_h——热箱空气平均温度，℃；

t_c——冷箱空气平均温度，℃；

t_g——试件玻璃热侧表面平均温度，℃；

t_f——试件框热侧表面平均温度，℃。

试件抗结露因子CRF值取CRF_g与CRF_f中的较低值，试件抗结露因子CRF取两位有效数字。

抗结露因子及建筑外门窗传热系数分级依据表4-7和表4-8。

表4-7 建筑外门窗传热系数分级表

分级	1	2	3	4	5
分级指标值	$K \geqslant 5.0$	$5.0 > K \geqslant 4.0$	$4.0 > K \geqslant 3.5$	$3.5 > K \geqslant 3.0$	$3.0 > K \geqslant 2.5$
分级	6	7	8	9	10
分级指标值	$2.5 > K \geqslant 2.0$	$2.0 > K \geqslant 1.6$	$1.6 > K \geqslant 1.3$	$1.3 > K \geqslant 1.1$	$K < 1.1$

表4-8 玻璃门窗抗结露因子分级表

分级	1	2	3	4	5
分级指标值	CRF≤35	35<CRF≤40	40<CRF≤45	45<CRF≤50	50<CRF≤55
分级	6	7	8	9	10
分级指标值	55<CRF≤60	60<CRF≤65	65<CRF≤70	70<CRF≤75	CRF>75

7. 注意事项

（1）严格按照标准要求安装感温元件。

（2）测试过程注意观察感温元件温度显示是否正常。

（3）安装试件时应按照试件室内、室外的标注进行安放，尤其是对贴有Low－E膜等镀膜的试件要严格注意室内、室外的热冷箱空间朝向。

（4）试件的密封，要充分密封试件上的可开启部分缝隙。填充试件与试件洞口周边缝隙时，填充物不可覆盖试件表面。当冷室温度降低到一定温度时，检查密封是否完好，有无漏气。

（5）检测外窗时，窗洞口平台板至少应高于加热器顶部50mm。

（6）试验时保温设备内的灯要全部关闭。

（7）做玻璃传热系数时，应注意试件保护，玻璃角部脆弱，易磕碰碎裂。

第三节 建筑门窗主要组成材料

门窗的主要组成材料包括玻璃、隔热型材、密封胶、五金件等，其性能均应符合现行国家标准和相应规范的规定。其中玻璃和型材对整体构件的节能效果影响很大，因此在国家和天津市的相关节能标准中，对这些材料的相关性能指标作出了明确规定，如中空玻璃的光学性能、密封性能，隔热型材的抗拉、抗剪等。本节对上述检测项目作逐一介绍。

一、中空玻璃密封性能检测

中空玻璃的密封性与其保温能力密切相关，密封性的验证通过中空玻璃是否在低温下结露来实现，若中空玻璃密封性能较差，空气进入其夹气层中，空气中含有一定量的水蒸气，在较低温的条件下，水蒸气就会在中空玻璃与检测设备制冷端相接处的玻璃内表面凝聚结露，结露越容易，中空玻璃的密封性就越差，反之，若试验时玻璃内表面不结露，说明中空玻璃具有较好的密封性。

1. 检测依据

《天津市民用建筑围护结构节能检测技术规程》(DB/T 29－88—2014)

《天津市建筑节能门窗技术标准》(DB 29－164—2013)

2. 检测设备

露点仪：测量管的高度为300mm，测量面为铜质材料，直径为50mm±1mm；温度计：温度测量范围可以达到－60 ℃，精度小于或等于1 ℃。

3. 样品制备及养护

样品应从进入工程现场的门窗中随机抽取，共抽取4块。将样品放置在温度23℃±2℃、相对湿度30%～75%的环境中至少24h。

4. 试验步骤

(1) 向露点仪的容器中注入深约25mm的乙醇或丙酮，再加入干冰，使其温度降低到－40～－43 ℃，并在试验中保持该温度。

(2) 将样品水平放置，在上表面涂一层乙醇或丙酮，使露点仪与该表面紧密接触，停留时间按表4-9的规定执行。

表4-9　不同原片玻璃厚度露点仪测试时间

原片玻璃厚度/mm	接触时间/min	原片玻璃厚度/mm	接触时间/min
≤4	3	8	6
5	4	≥10	8
6	5		

(3) 移开露点仪，立刻观察玻璃样品的内表面有无结露或结霜，以中空玻璃内表面不出现结露或结霜现象为判定合格的依据。

(4) 对于三玻两腔及以上的中空玻璃应分别测试中空玻璃的两个表面。

5. 结果处理

三樘样品中的所有中空玻璃均应合格。

6. 注意事项

(1) 中空玻璃测试表面应干净、无划痕。

(2) 接触干冰时应佩戴相应的防护用具。

二、玻璃光学性能检测

玻璃的光学性能参数较多，目前最为关注的是玻璃的可见光透射性能和遮蔽性能，可见光透射性能用可见光透射比来衡量，是检测玻璃能够透过太阳光中可见光的比例，所以玻璃的可见光透射比影响门窗整体的采光性。遮蔽能力常用遮蔽系数来衡量，有的标准中也称遮阳系数，遮阳系数的检测透过玻璃太阳光光能的大小。两个参数都需进行复杂的测试并最终通过计算得到。下面主要对玻璃的可见光透射比和遮蔽系数的检测方法进行介绍。

1. 检测依据

《建筑玻璃 可见光透射比、太阳光直接透射比、太阳能总透射比、紫外线透射比及有光窗玻璃参数的测定》（GB/T 2680—1994）

《建筑门窗玻璃幕墙热工计算规程》（JGJ/T 151—2008）

2. 检测设备

（1）分光光度计，用于在紫外区、可见区、近红外区透射光谱、反射光谱的检测，如图4-12所示。

（2）红外光谱仪，用于远红外区反射光谱的扫描检测，配有镜面反射装置，如图4-13所示。

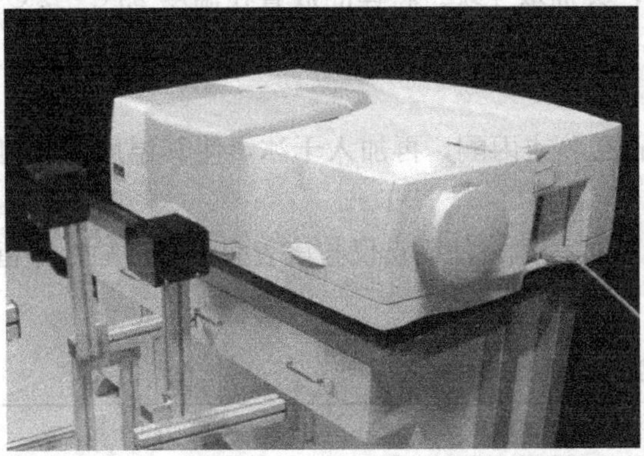

图4-12 紫外-可见-近红外分光光度计

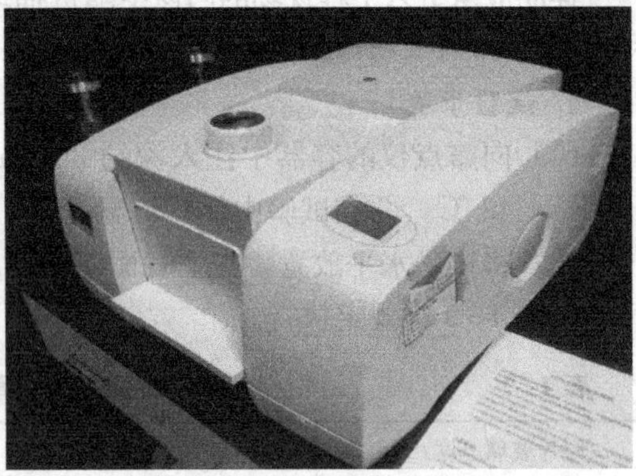

图4-13 傅立叶变换红外光谱仪

各个光区的波长范围：紫外区280～380nm，可见区380～780nm，太阳光区350～1800nm，远红外区4.5～25μm。

3. 试样制备及养护

一般建筑玻璃和单层窗玻璃构建的试样，均采用同材质玻璃的切片。多层窗玻璃构建的试样，采用同材质单片玻璃切片的组合体。玻璃材质为钢化玻璃的试样，采用整块玻璃。

样品数量为1块，对试样的室内外侧进行标记。当送检试样为多层玻璃时，应先拆分成单片玻璃并分别标记，试样被测区域表面应洁净无污损。当试样为非钢化玻璃时，可将其切割成尺寸大于光斑面积，同时不大于设备测量区域的矩形，也可不进行切割，将分光光度计的光路外引，在人造暗室环境下进行检测；当试样为钢化玻璃且样品大小超过仪器测量区域范围时，应将分光光度计的光路外引，在人造暗室环境下进行检测，不得对样品进行其他加工处理。

4. 试验步骤

（1）远红外反射比的测定。将整窗的窗框和玻璃拆开，对室外侧进行标记。

1）打开电脑，双击“红外”图标，运行软件，如图4-14所示。

2）安装上用于检测玻璃红外反射的附件。

3）将参比镜面水平覆盖于附件的通光孔上，点击“扫描背景”，待背景扫描完毕后，将待测试样的室外侧替换镜面水平覆盖于通光孔上，点击“扫描”，开始扫描试样室外侧，如图4-15所示。

4）试样扫描完毕，出现红外反射谱图，将此图存为＊.ASC文件类型。将存储的图谱文件的波长间隔调整为0.5μm并存储。

5）将待测试样的室内侧替换室外侧盖于通光孔上，继续扫描试样室内侧，如图4-16所示。

（2）紫外-可见-近红外透射比、反射比的测定。将整窗的玻璃分别拆开，将各个玻璃面按顺序标记，若玻璃试样为可切割玻璃，则将其切割为90mm×100mm的玻璃切片；若玻璃试样为不可切割玻璃，则采用整块玻璃进行检测。

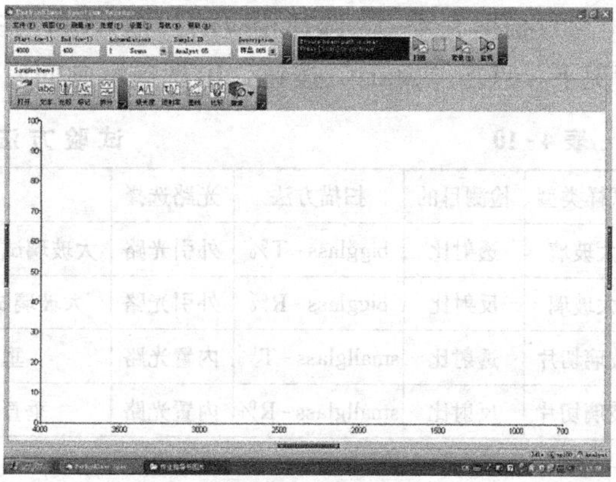

图4-14　红外光谱仪运行开启

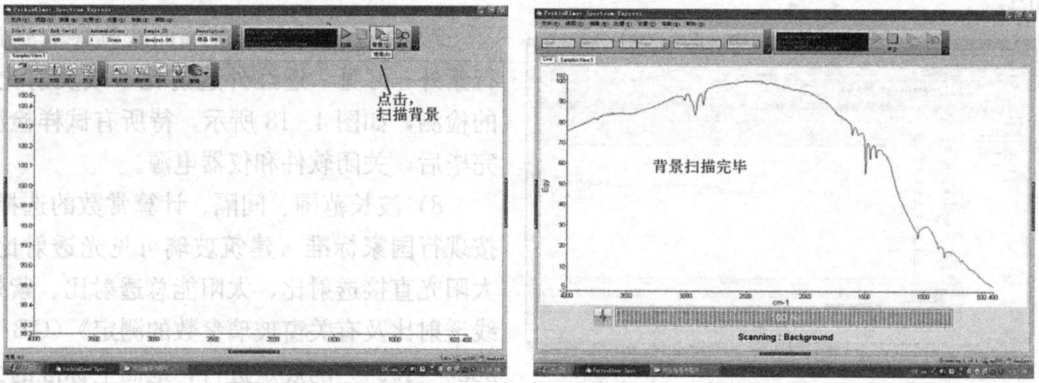

图4-15　背景扫描前后界面

1）打开仪器电源，预热30min以上。

2）打开电脑，运行软件，查看软件与仪器是否连接。

3）点击“Instrument”，显示仪器光路示意图，点击“Aligment Mode”，调出白光，用白纸片观察各个光斑是否全部进入各个反射镜面，使光路通畅，如图4-17所示。

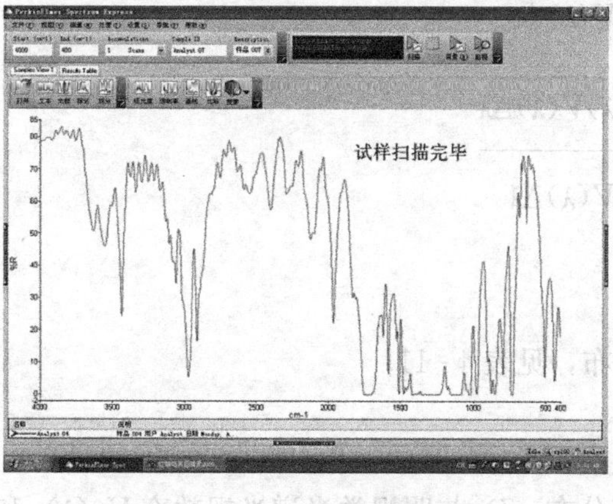

图4-16　红外反射谱图

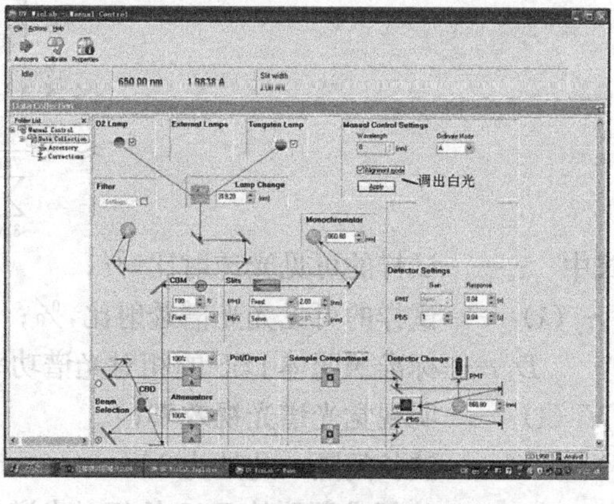

图4-17　调整光路界面

4）根据表4-10选择相应的扫描方法，在保证仪器光路处于密闭（不受其他光源干扰）情况下，点击“Start”按钮，出现提示画面后，撤出试样，调整基线。

表4-10　　试验方法选择表

试样类型	检测目的	扫描方法	光路选择	试样位置	密闭方法
大玻璃	透射比	bigglass-T%	外引光路	大玻璃试架固定两反射镜面之间	关闭暗室内所有光源
大玻璃	反射比	bigglass-R%	外引光路	大玻璃试架固定积分球后盖处	关闭暗室内所有光源
玻璃切片	透射比	smallglass-T%	内置光路	垂直放入样品仓内	盖上样品仓盖及积分球后盖
玻璃切片	反射比	smallglass-R%	内置光路	垂直放入积分球后盖内	盖上样品仓盖及积分球后盖

5）基线调整完毕，按顺序装入试样，点击确定，开始扫描试样。

6）试样扫描完毕，出现紫外-可见-近红外透射比（或反射比）光谱图，将此图存为二元图。

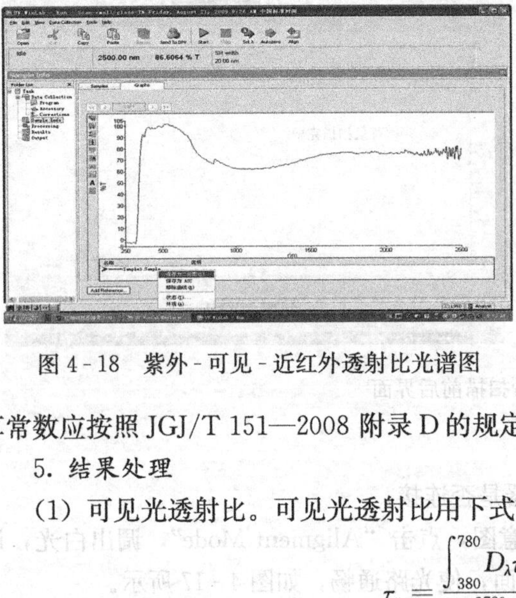

图4-18　紫外-可见-近红外透射比光谱图

7）将标记的各个玻璃面按顺序分别进行紫外-可见-近红外透射比（或反射比）的检测，如图4-18所示，待所有试样检测完毕后，关闭软件和仪器电源。

8）波长范围、间隔、计算常数的选择。按现行国家标准《建筑玻璃可见光透射比、太阳光直接透射比、太阳能总透射比、紫外线透射比及有关窗玻璃参数的测定》（GB/T 2680—1994）的规定进行，地面上标准的太阳辐射相对光谱分布的波长范围、间隔、计算常数应按照JGJ/T 151—2008附录D的规定进行选取。

5. 结果处理

（1）可见光透射比。可见光透射比用下式计算：

$$\tau_v=\frac{\int_{380}^{780}D_\lambda\tau(\lambda)V(\lambda)\mathrm{d}\lambda}{\int_{380}^{780}D_\lambda V(\lambda)\mathrm{d}\lambda}\approx\frac{\sum_{380}^{780}D_\lambda\tau(\lambda)V(\lambda)\Delta\lambda}{\sum_{380}^{780}D_\lambda V(\lambda)\Delta\lambda}$$

式中　τ_v——试样的可见光透射比，%；

$\tau(\lambda)$——试样的可见光光谱透射比，%；

D_λ——标准照明体D65的相对光谱功率分布，见表4-11；

$V(\lambda)$——明视觉光谱光视效率；

λ——波长间隔，此处为10nm。

表4-11为标准照明体D65的相对光谱功率分布，D_λ与明视觉光谱光视效率$V(\lambda)$和

波长间隔 $\Delta\lambda$ 相乘数据。

表 4-11　标准照明体 D65 的视见函数、光谱间隔乘积

λ/nm	$D_\lambda V(\lambda)\Delta\lambda$	λ/nm	$D_\lambda V(\lambda)\Delta\lambda$
380	0.0000	590	8.3306
390	0.0005	600	5.3542
400	0.0030	610	4.8491
410	0.0103	620	3.1502
420	0.0352	630	2.0812
430	0.0948	640	1.3810
440	0.2274	650	0.8070
450	0.4192	660	0.4612
460	0.6663	670	0.2485
470	0.9850	680	0.1255
480	1.5189	690	0.0536
490	2.1336	700	0.0276
500	3.3491	710	0.0146
510	6.1393	720	0.0057
520	7.0523	730	0.0035
530	8.7990	740	0.0021
540	9.4427	750	0.0008
550	9.8077	760	0.0001
560	9.4306	770	0.0000
570	8.6891	780	0.0000
580	7.8994		

$$\sum_{380}^{780} D_\lambda V(\lambda)\Delta(\lambda) = 100$$

1）单片玻璃或单层窗玻璃构件。

$\tau(\lambda)$ 是实测可见光光谱透射比。

2）双层窗玻璃构件。

$\tau(\lambda)$ 用下式计算：

$$\tau(\lambda) = \frac{\tau_1(\lambda)\tau_2(\lambda)}{1-\rho_1'(\lambda)\rho_2(\lambda)}$$

式中　$\tau(\lambda)$ ——双层窗玻璃构件的可见光光谱透射比，%；

$\tau_1(\lambda)$ ——第一片（室外侧）玻璃的可见光光谱透射比，%；

$\tau_2(\lambda)$ ——第二片（室内侧）玻璃的可见光光谱透射比，%；

$\rho_1'(\lambda)$ ——第一片玻璃，在光由室内侧向室外侧条件下，所测定的可见光谱反

射比,%;

ρ_2 (λ) ——第二片玻璃，在光由室内侧向室外侧条件下，所测定的可见光谱反射比,%。

3）三层窗玻璃构件：

τ (λ) 用下式计算：

$$\tau(\lambda)=\frac{\tau_1(\lambda)\tau_2(\lambda)\tau_3(\lambda)}{[1-\rho_1'(\lambda)\rho_2(\lambda)][1-\rho_2'(\lambda)\rho_3(\lambda)]-\tau_2^2(\lambda)\rho_1'(\lambda)\rho_3(\lambda)}$$

式中 τ (λ) ——三层窗玻璃构件的可见光光谱透射比,%;

τ_3 (λ) ——第三片（室内侧）玻璃的可见光光谱透射比,%;

ρ_2'(λ) ——第二片（中间）玻璃，在光由室内侧向室外侧条件下，所测定的可见光谱反射比,%;

ρ_3 (λ) ——第三片（室内侧）玻璃，在光由室内侧向室外侧条件下，所测定的可见光谱反射比,%。

（2）可见光反射比。可见光反射比，用下式计算：

$$\rho_v=\frac{\int_{380}^{780}D_\lambda\rho(\lambda)V(\lambda)\mathrm{d}\lambda}{\int_{380}^{780}D_\lambda V(\lambda)\mathrm{d}\lambda}\approx\frac{\sum_{380}^{780}D_\lambda\rho(\lambda)V(\lambda)\Delta\lambda}{\sum_{380}^{780}D_\lambda V(\lambda)\Delta\lambda}$$

式中 ρ_v——试样的可见光反射比,%;

ρ (λ) ——试样的可见光光谱反射比,%。

1）单片玻璃或单层窗玻璃构件。

$\rho(\lambda)$ 是实测可见光光谱反射比。

2）双层窗玻璃构件。

$\rho(\lambda)$ 用下式计算：

$$\rho(\lambda)=\rho_1(\lambda)+\frac{\tau_1^2(\lambda)\rho_2(\lambda)}{1-\rho_1'(\lambda)\rho_2(\lambda)}$$

式中 $\rho(\lambda)$ ——双层窗玻璃构件的可见光光谱反射比,%;

$\rho_1(\lambda)$ ——第一片（室外侧）玻璃，在由室外侧射入室内侧条件下，所测定的可见光光谱反射比,%;

$\tau_1(\lambda)$ ——第一片（室外侧）玻璃的可见光光谱透射比,%;

$\rho_1'(\lambda)$ ——第一片玻璃，在光由室内侧向室外侧条件下，所测定的可见光光谱反射比,%;

$\rho_2(\lambda)$ ——第二片玻璃，在光由室内侧向室外侧条件下，所测定的可见光光谱反射比,%。

3）三层窗玻璃构件。

ρ (λ) 用下式计算：

$$\rho(\lambda)=\rho_1(\lambda)+\frac{\tau_1^2(\lambda)\rho_2(\lambda)[1-\rho_2'(\lambda)\rho_3(\lambda)]+\tau_1^2(\lambda)\tau_2^2(\lambda)\rho_3(\lambda)}{[1-\rho_1'(\lambda)\rho_2(\lambda)][1-\rho_2'(\lambda)\rho_3(\lambda)]-\tau_2^2(\lambda)\rho_1'(\lambda)\rho_3(\lambda)}$$

式中　$\rho(\lambda)$——三层窗玻璃构件的可见光光谱反射比,%；

$\tau(\lambda)$——三层窗玻璃构件的可见光光谱透射比,%；

$\tau_3(\lambda)$——第三片（室内侧）玻璃的可见光光谱透射比,%；

$\rho_2'(\lambda)$——第二片（中间）玻璃，在光由室内侧向室外侧条件下，所测定的可见光谱反射比,%；

$\rho_3(\lambda)$——第三片（室内侧）玻璃，在光由室内侧向室外侧条件下，所测定的可见光谱反射比,%。

（3）入射太阳光的分布。太阳光是指近紫外线、可见光和近红外线组成的辐射光，波长范围为 300～2500nm。

太阳辐射光照射到窗玻璃上，入射部分为 ϕ_e，ϕ_e 又分成三部分：透射部分 $\tau_e\phi_e$，反射部分 $\rho_e\phi_e$，吸收部分 $\alpha_e\phi_e$。

三者关系如下：

$$\tau_e+\rho_e+\alpha_e=1$$

式中　τ_e—太阳光直接透射比；

ρ_e——太阳光直接反射比；

α_e——太阳光直接吸收比。

窗玻璃吸收部分 $\alpha_e\phi_e$ 以热对流方式通过窗玻璃向室外侧传递部分为 $q_o\phi_e$，向室内侧传递部分为 $q_i\phi_e$，其中：

$$\alpha_e=q_o+q_i$$

式中　q_o——窗玻璃向室外侧的二次热传递系数,%；

q_i——窗玻璃箱室内侧的二次热传递系数,%。

（4）太阳光直接透射比。太阳光直接透射比用下式计算：

$$\tau_e=\frac{\int_{300}^{2500}S_\lambda\tau(\lambda)\mathrm{d}\lambda}{\int_{300}^{2500}S_\lambda\mathrm{d}\lambda}\approx\frac{\sum_{350}^{1800}S_\lambda\tau(\lambda)\Delta\lambda}{\sum_{350}^{1800}S_\lambda\Delta\lambda}$$

式中　S_λ——太阳光辐射相对光谱分布，见表 4-12；

$\Delta\lambda$——波长间隔，nm；

$\tau(\lambda)$——试样的太阳光光谱透射比,%，其测定和计算方法同可见光透射比中 $\tau(\lambda)$,仅波长范围不同。

表 4-12 为大气质量为 1 时，太阳光球辐射相对光谱分布 S_λ 和波长间隔 $\Delta\lambda$ 相乘数据（CIE 1972 年公布）。

表 4-12　　标准太阳光相对光谱

λ/nm	$S_\lambda\Delta\lambda$	λ/nm	$S_\lambda\Delta\lambda$
350	0.026	700	0.046
380	0.032	740	0.041
420	0.050	780	0.037
460	0.065	900	0.139
500	0.063	1100	0.097
540	0.058	1300	0.058
580	0.054	1500	0.039
620	0.055	1700	0.026
66	0.049	1800	0.022

$$\sum_{350}^{1800} S_\lambda \Delta\lambda = 0.954$$

表 4-13 为大气质量为 2 时，太阳光直接辐射相对光谱分布 S_λ 乘以波长间隔 $\Delta\lambda$ 的数据。

表 4-13　　标准太阳光相对光谱

λ/nm	$S_\lambda\Delta\lambda$	λ/nm	$S_\lambda\Delta\lambda$
350	0.0128	1100	0.0199
400	0.0353	1150	0.0146
450	0.0665	1200	0.0256
500	0.0812	1250	0.0247
550	0.0802	1300	0.0185
600	0.0788	1350	0.0026
650	0.0791	1400	0.0001
700	0.0694	1450	0.0016
750	0.0595	1500	0.0103
800	0.0566	1550	0.0148
850	0.0564	1600	0.0136
900	0.0303	1650	0.0118
950	0.0291	1700	0.0089
1000	0.0426	1750	0.0051
1050	0.0377	1800	0.0003

$$\sum_{350}^{1800} S_\lambda \Delta\lambda = 0.9756$$

（5）太阳光直接反射比。太阳光直接反射比用下式计算：

$$\rho_e=\frac{\int_{300}^{2500}S_\lambda\rho(\lambda)\mathrm{d}\lambda}{\int_{300}^{2500}S_\lambda\mathrm{d}\lambda}\approx\frac{\sum_{350}^{1800}S_\lambda\rho(\lambda)\Delta\lambda}{\sum_{350}^{1800}S_\lambda\Delta\lambda}$$

式中　ρ_e ——试样的太阳光直接反射比，%；

$\rho(\lambda)$ ——试样的太阳光光谱反射比，其测定和计算方法同可见光反射比中 $\rho(\lambda)$，仅波长范围不同，%；

S_λ——太阳光辐射相对光谱分布，见表 4-12；

$\Delta\lambda$——波长间隔，nm。

（6）太阳光直接吸收比。

1）单片玻璃或单层窗玻璃构件。单片玻璃或单层窗玻璃构件的太阳光直接吸收比，必须首先测定出它们的太阳光直接透射比和太阳光直接吸收比，然后用下式计算。

$$\tau_e+\rho_e+\alpha_e=1$$

式中　τ_e——太阳光直接透射比；

ρ_e——太阳光直接反射比；

α_e——太阳光直接吸收比。

2）双层窗玻璃构件第一或第二片玻璃的太阳光直接吸收比。双层窗玻璃构件第一、二片玻璃的太阳光直接吸收比用式下计算。

$$\alpha_{e_{1(2)}}=\frac{\int_{300}^{2500}S_\lambda\alpha_{\dot{1}2(1\dot{2})}(\lambda)\mathrm{d}\lambda}{\int_{300}^{2500}S_\lambda\mathrm{d}\lambda}\approx\frac{\sum_{350}^{1800}S_\lambda\alpha_{\dot{1}2(1\dot{2})}(\lambda)\Delta\lambda}{\sum_{350}^{1800}S_\lambda\Delta\lambda}$$

$$\alpha_{\dot{1}2}(\lambda)=\alpha_1(\lambda)+\frac{\alpha_1'(\lambda)\tau_1(\lambda)\rho_2(\lambda)}{1-\rho_1'(\lambda)\rho_2(\lambda)}$$

$$\alpha_1(\lambda)=1-\tau_1(\lambda)-\rho_1(\lambda)$$

$$\alpha_1'(\lambda)=1-\tau_1(\lambda)-\rho_1'(\lambda)$$

$$\alpha_{1\dot{2}}(\lambda)=\frac{\alpha_2(\lambda)\tau_1(\lambda)}{1-\rho_1'(\lambda)\rho_2(\lambda)}$$

$$\alpha_2(\lambda)=1-\tau_2(\lambda)-\rho_2(\lambda)$$

式中　$\alpha_{e_{1(2)}}$ ——双层窗玻璃构件第一或第二片玻璃的太阳光直接吸收比，%；

$\alpha_{\dot{1}2}(\lambda)$ ——双层窗玻璃构件第一片玻璃的太阳光光谱吸收比，%；

$\alpha_{1\dot{2}}(\lambda)$ ——双层窗玻璃构件第二片玻璃的太阳光光谱吸收比，%；

$\alpha_1(\lambda)$——第一片玻璃，在光由室外侧射入室内侧条件下，测定的太阳光光谱吸收比，%；

$\alpha_1'(\lambda)$——第一片玻璃，在光由室内侧射向室外侧条件下，测定的太阳光光谱吸收比，%；

$\alpha_2(\lambda)$——第二片玻璃，在光由室外侧射入室内侧条件下，测定的太阳光光谱吸收比，%；

$\tau_1(\lambda)$——第一片玻璃的太阳光光谱透射比，%；

$\rho_1(\lambda)$——第一片玻璃，在光由室外侧射入室内侧条件下，测定的太阳光光谱反射比，%；

$\tau_2(\lambda)$——第二片玻璃的太阳光光谱透射比，%；

$\rho_1'(\lambda)$——第一片玻璃，在光由室内侧射向室外侧条件下，测定的太阳光光谱反射比，%；

$\rho_2(\lambda)$——第二片玻璃，在光由室外侧射入室内侧条件下，测定的太阳光光谱反射比，%。

3）三层窗玻璃构件第一、第二、第三片玻璃的太阳光直接吸收比。三层窗玻璃构件第一片玻璃的太阳光直接吸收比用下式计算：

$$\alpha_{1(2,3)}=\frac{\int_{300}^{2500}S_\lambda\alpha_{\dot{1}23(1\dot{2}3,12\dot{3})}(\lambda)\mathrm{d}\lambda}{\int_{300}^{2500}S_\lambda\mathrm{d}\lambda}\approx\frac{\sum_{350}^{1800}S_\lambda\alpha_{\dot{1}23(1\dot{2}3,12\dot{3})}(\lambda)\Delta\lambda}{\sum_{350}^{1800}S_\lambda\Delta\lambda}$$

$$\alpha_{\dot{1}23}(\lambda)=\alpha_1(\lambda)+\frac{\tau_1(\lambda)\alpha_1'(\lambda)\rho_2(\lambda)[1-\rho_2'(\lambda)\rho_3(\lambda)]+\tau_1(\lambda)\tau_2^2(\lambda)\alpha_1'(\lambda)\rho_3(\lambda)}{[1-\rho_1'(\lambda)\rho_2(\lambda)]\cdot[1-\rho_2'(\lambda)\rho_3(\lambda)]-\tau_2^2(\lambda)\cdot\rho_1'(\lambda)\rho_3(\lambda)}$$

$$\alpha_{1\dot{2}3}(\lambda)=\frac{\tau_1(\lambda)\alpha_2(\lambda)[1-\rho_2'(\lambda)\rho_3(\lambda)]+\tau_1(\lambda)\tau_2(\lambda)\alpha_2'(\lambda)\rho_3(\lambda)}{[1-\rho_1'(\lambda)\rho_2(\lambda)]\cdot[1-\rho_2'(\lambda)\rho_3(\lambda)]-\tau_2^2(\lambda)\cdot\rho_1'(\lambda)\rho_3(\lambda)}$$

$$\alpha_2'(\lambda)=1-\tau_2(\lambda)-\rho_2'(\lambda)$$

$$\alpha_{12\dot{3}}(\lambda)=\frac{\tau_1(\lambda)\tau_2(\lambda)\alpha_3(\lambda)}{[1-\rho_1'(\lambda)\rho_2(\lambda)]\cdot[1-\rho_2'(\lambda)\rho_3(\lambda)]-\tau_2^2(\lambda)\rho_1'(\lambda)\rho_3(\lambda)}$$

$$\alpha_3(\lambda)=1-\tau_3(\lambda)-\rho_3(\lambda)$$

式中 $\alpha_{1(2,3)}$——三层窗玻璃构件，第一（第二、第三）片玻璃的太阳光直接吸收比，%；

$\alpha_{\dot{1}23}(\lambda)$、$\alpha_{1\dot{2}3}(\lambda)$、$\alpha_{12\dot{3}}(\lambda)$——三层窗玻璃构件第一、第二、第三片玻璃的太阳光光谱吸收比，%；

$\alpha_2'(\lambda)$——三层窗玻璃第二片玻璃，在光由室内侧射向室外侧条件下，测定的太阳光光谱吸收比，%；

$\alpha_3(\lambda)$——三层窗玻璃构件，第三片玻璃，在光由室外侧射入室内侧条件下，测定的太阳光光谱吸收比，%；

$\tau_3(\lambda)$——三层窗玻璃构件，第三片玻璃的太阳光光谱透射比，%；

$\rho_2'(\lambda)$——第二片玻璃，在光由室内侧射向室外侧条件下，测定的太阳光光谱反射比，%；

$\rho_3(\lambda)$——第三片玻璃，在光由室外侧射入室内侧条件下，测定的太阳光光谱反射比，%。

（7）半球辐射率。半球辐射率等于垂直辐射率乘以下面相应玻璃表面的系数：

未涂抹的平板玻璃表面，0.94；

涂金属氧化物膜的玻璃表面，0.94；

涂金属膜或含有金属膜的多层涂膜的玻璃表面，1.0。

垂直辐射率。对于垂直入射的热辐射，其热辐射吸收率 α_h 定为垂直辐射率，按下式计算：

$$\alpha_h = 1 - \tau_h - \rho_h \approx 1 - \rho_h$$

$$\rho_h \approx \sum_{4.5}^{25} G_{(\lambda)}\rho_{(\lambda)}$$

式中　α_h——试样的热辐射吸收率，即垂直辐射率，%；

ρ_h——试样的热辐射反射率，%；

$\rho_{(\lambda)}$——试样实测热辐射光谱反射率，%；

G_λ——绝对温度 293K 下，热辐射相对光谱分布，见表 4-14。

表 4-14　293K 热辐射相对光谱分布

波长/μm	G_λ	波长/μm	G_λ
4.5	0.0053	12.5	0.0356
5.0	0.0094	13.0	0.0342
5.5	0.0143	13.5	0.0327
6.0	0.0194	14.0	0.0311
6.5	0.0244	14.5	0.0296
7.0	0.0290	15.0	0.0281
7.5	0.0328	15.5	0.0266
8.0	0.0358	16.0	0.0252
8.5	0.0379	16.5	0.0238
9.0	0.0393	17.0	0.0225
9.5	0.0401	17.5	0.0212
10.0	0.0402	18.0	0.0200
10.5	0.0399	18.5	0.0189
11.0	0.0392	19.0	0.0179
11.5	0.0382	19.5	0.0168
12.0	0.0370	20.0	0.0159

续表

波长/μm	G_λ	波长/μm	G_λ
20.5	0.0150	23.0	0.0113
21.0	0.0142	23.5	0.0107
21.5	0.0134	24.0	0.0101
22.0	0.0126	24.5	0.0096
22.5	0.0119	25.0	0.0091

(8) 太阳能总透射比。太阳能总透射比用下式计算：

$$g = \tau_e + q_i$$

式中 g——试样的太阳能总透射比，%；

τ_e——试样的太阳光总透射比，%；

q_i——试样向室内侧的二次热传递系数，%。

1) 单片玻璃或单层窗玻璃构件。τ_e 为单片玻璃或单层窗玻璃构件的太阳光直接透射比，其 q_i 用下式计算：

$$q_i = \alpha_e \times \frac{h_i}{h_i + h_e}$$

$$h_i = 3.6 + \frac{4.4\varepsilon_i}{0.83}$$

式中 q_i——单片玻璃或单层窗玻璃构件向室内侧的二次热传递系数，%；

α_e——太阳光直接吸收比；

h_i——试样构件内侧表面的热传递系数，W/（m^2·K）；

h_e——试样构件外侧表面的热传递系数，h_e=23 W/（m^2·K）；

ε_i——半球辐射率。

2) 双层窗玻璃构件。τ_e 为双层窗玻璃构件的太阳光直接透射比，其 q_i 用下式计算：

$$q_i = \frac{\dfrac{\alpha_{e_1} + \alpha_{e_2}}{h_e} + \dfrac{\alpha_{e_2}}{G}}{\dfrac{1}{h_i} + \dfrac{1}{h_e} + \dfrac{1}{G}}$$

式中 q_i——双层窗玻璃构件，向室内侧的二次热传递系数，%；

G——双层窗两片玻璃之间的热导，W/（m^2·K）；$G=1/R$，R 为热阻；

α_{e_1}、α_{e_2}——双层窗玻璃构件第一和第二片玻璃的太阳光直接吸收比，%；

h_i、h_e——内外表面的换热系数。

3) 三层窗玻璃构件。τ_e 为三层窗玻璃构件的太阳光直接透射比，其 q_i 用下式计算：

$$q_i = \frac{\dfrac{\alpha_{e_3}}{G_{23}} + \dfrac{\alpha_{e_3} + \alpha_{e_2}}{G_{12}} + \dfrac{\alpha_{e_1} + \alpha_{e_2} + \alpha_{e_3}}{h_e}}{\dfrac{1}{h_i} + \dfrac{1}{h_e} + \dfrac{1}{G_{12}} + \dfrac{1}{G_{23}}}$$

式中 q_i——三层窗玻璃构件，向室内侧的二次热传递系数，%；

G_{12}——三层窗第一、第二片玻璃之间的热导，W/（$m^2 \cdot K$）；

G_{23}——三层窗第二、第三片玻璃之间的热导，W/（$m^2 \cdot K$）；

α_{e_1}、α_{e_2}、α_{e_3}——三层玻璃的太阳光直接吸收比，%；

h_i、h_e——内外表面的换热系数。

（9）遮蔽系数。建筑玻璃遮阳系数应依据现行国家行业标准《建筑门窗玻璃幕墙热工计算规程》（JGJ/T 151—2008），用下式计算：

$$SC = \frac{g}{0.87}$$

式中 SC——试样的遮阳系数；

g——试样的太阳光总透射比（太阳得热系数），%。

遮阳系数计算中所需边界条件应满足下列规定：

室内空气温度 $T_{in}=25℃$；

室外空气温度 $T_{out}=30℃$；

室内对流换热系数 $h_{c,in}=2.5$ W/（$m^2 \cdot K$）；

室外对流换热系数 $h_{c,out}=16$ W/（$m^2 \cdot K$）；

室内平均辐射温度 $T_{rm,in}=T_{in}$；

室外平均辐射温度 $T_{rm,out}=T_{out}$；

太阳辐射照度 $I_s=500$ W/m^2。

（10）紫外线透射比。紫外线透射比用下式计算：

$$\tau_{uv} = \frac{\int_{280}^{380} U_\lambda \tau(\lambda) d\lambda}{\int_{280}^{380} U_\lambda d\lambda} \approx \frac{\sum_{280}^{380} U_\lambda \tau(\lambda) \Delta\lambda}{\sum_{280}^{380} U_\lambda \Delta\lambda}$$

式中 τ_{uv}——试样的紫外线透射比，%；

U_λ——紫外线辐射相对光谱分布，见表 4-15；

$\Delta\lambda$——波长间隔，$\Delta\lambda=5$nm；

$\tau(\lambda)$——试样的紫外线光谱透射比，测定及计算方法同可见光透射比 $\tau(\lambda)$，仅波长范围不同，%。

表 4-15 紫外线球辐射相对光谱分布 U_λ 乘以波长间隔 $\Delta\lambda$

λ/nm	$U_\lambda \Delta\lambda$	λ/nm	$U_\lambda \Delta\lambda$
297.5	0.00082	312.5	0.02746
302.5	0.00461	317.5	0.04120
307.5	0.01373	322.5	0.05591

续表

λ/nm	$U_\lambda\Delta\lambda$	λ/nm	$U_\lambda\Delta\lambda$
327.5	0.06572	357.5	0.07896
332.5	0.07062	362.5	0.08043
337.5	0.07258	367.5	0.08337
342.5	0.07454	372.5	0.08631
347.5	0.07601	377.5	0.09073
352.5	0.07700		

$$\sum_{280}^{380} U_\lambda \Delta\lambda = 1$$

（11）紫外线反射比。紫外线反射比用下式计算：

$$\rho_{uv} = \frac{\int_{280}^{380} U_\lambda \rho(\lambda)\mathrm{d}\lambda}{\int_{280}^{380} U_\lambda \mathrm{d}\lambda} \approx \frac{\sum_{280}^{380} U_\lambda \rho(\lambda)\Delta\lambda}{\sum_{280}^{380} U_\lambda \Delta\lambda}$$

式中 ρ_{uv}——试样的紫外线反射比，%；

$\rho(\lambda)$——试样的紫外线光谱反射比，其测定及计算方法同第二部分、第5项中可见光反射比中 $\rho(\lambda)$，仅波长范围不同，%；

U_λ——同上式。

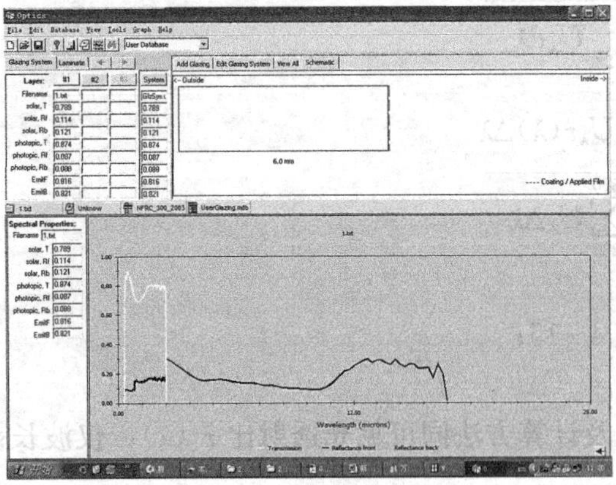

图 4-19 数据导入界面

6. 计算方法

（1）导入光谱。

1）将玻璃各个面的光谱数据拷入模板，将模板另存为 * *. txt 文件。

2）将 * *. txt 文件导入到 optical 软件中，形成相应光谱图，从而生成新玻璃，如图 4-19 所示。

（2）光学参数的计算。

1）将 optical 软件中新生成的玻璃导入 window 软件中，如图 4-20 所示。

2）在玻璃系统库中新建一个 ID，输入该玻璃系统的各个参数，选入相应的各层玻璃和气体层，点击“Calc (F9)”按钮，经计算后得出玻璃系统的各个光学参数，如图 4-21 所示。

7. 注意事项

（1）使用紫外-可见-近红外分光光度计时，提前将仪器预热 30min 以上方可运行软件，否则造成仪器不可识别，在调整基线和试样扫描过程中应严格避免其他光源干扰。

（2）严格控制实验室内湿度，保证湿度维持在 40%以下。

（3）保持红外光谱仪常开，定期更换仪器内的分子筛，防止仪器受潮。

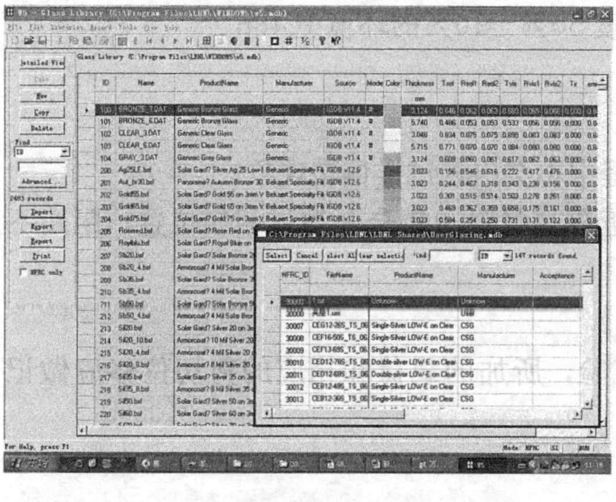

图 4-20 数据导入 Window 软件

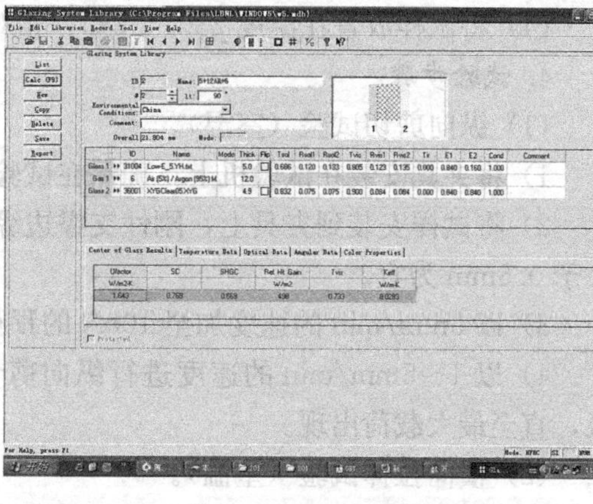

图 4-21 光学参数最终计算

（4）不可用手触摸光路中的各个反射镜面。

（5）光谱透射比、反射比测定中，照明光束的光轴与试样表面法线的夹角不超过 10°，照明光束中任一光线与光轴的夹角不超过 5°。

（6）不可用手触摸光路中的各个反射镜面。

（7）扫描过程应保证试样与光路垂直。

（8）注意用电安全及人身安全。

三、铝合金隔热型材抗拉、抗剪性能检测

铝合金型材是目前在门窗生产中应用最广泛，与塑料型材相比，其力学性能、耐久性优异，对于铝合金型材，最应关注的是其的力学性能，特别是隔热型材抗拉、抗剪性能，因为铝合金型材中隔热条以及隔热条与铝合金啮合部分是受力最薄弱的部分，在拉力和剪切力的作用下，隔热条容易断裂和脱出，所以对隔热型材抗拉、抗剪性能检测非常必要。

1. 检测依据

《铝合金隔热型材复合型能试验方法》（GB/T 28289—2012）

《铝合金建筑型材 第六部分：隔热型材》（GB 5237.6—2012）

2. 检测设备

拉力试验机，检测力精度为Ⅰ级。

3. 样品制备及养护

（1）试样应从符合产品标准规定的型材上切取，应保留其原始表面，清除试样上加工后的毛刺。

（2）切取试样时应预防因加工受热而影响试样的性能测试结果。

（3）纵向剪切试验试样尺寸为 100mm±2mm，在每根型材两端各切取 1 个试样，中部切取 3 个试样，共制备 10 个试样；横向拉伸试验试样尺寸为 100mm±2mm，最短允许缩至 18mm，但仲裁时应采用 100mm±2mm。穿条型材试样在每根型材两端各切取 2 个试样，中部切取 1 个试样，浇注型材试样在每根型材两端各切取 1 个试样，中部切取 3 个试样，共制备 10 个试样。

(4) 将试样放置在温度 23℃±2℃，相对湿度 50%±10%的环境中 48h。

4. 试验步骤

(1) 纵向剪切试验（室温）。

1) 将夹具安装在试验机上，确保在试验过程中不会出现试样偏转现象。

2) 将试样安装到夹具上，刚性支撑边缘靠近隔热材料与铝合金型材相接位置，距离不大于 0.5mm 为宜。

3) 以 5mm/min 的速度加至 100N 的预荷载。

4) 以 1～5mm/min 的速度进行纵向剪切试验，所加的载荷和相应的剪切位移应做记录，直至最大载荷出现。

(2) 横向拉伸试验（室温）。

1) 穿条式隔热型材应先进行纵向剪切试验，再进行横向拉伸试验；浇注式隔热型材直接进行横向拉伸试验。

2) 将横向拉伸试验夹具安装在试验机上，使上、下夹具的中心线与试样受力轴线重合，紧固好连接部位，确保在试验过程中不会出现试样偏转现象。

3) 根据试样空腔尺寸选择适当的刚性支撑条，并将试样装在夹具上。

4) 以 5mm/min 的速度加至 200N 的预荷载。

5) 以 1～5mm/min 的速度进行拉伸试验，并记录所加的荷载，直至最大荷载出现，或出现铝型材撕裂。

5. 结果处理

(1) 纵向剪切试验（室温）。

1) 按下式计算各试样单位长度上所能承受的最大剪切力，结果保留两位小数。

$$T = F_{T\max}/L$$

式中 T——试样单位长度上所能承受的最大剪切力，N/mm；

L——试样长度，mm；

F_{Tma}——最大剪切力，N。

2) 按下式计算 10 个试样单位长度上所能承受的最大剪切力的标准差，保留两位小数。

$$S_T = \sqrt{\frac{1}{10-1}\sum_{i=1}^{10}(T_i - \bar{T})^2}$$

式中 S_T——10 个试样单位长度上所能承受的最大剪切力的标准差，N/mm；

T——第 i 个试样单位长度上所能承受的最大剪切力，N/mm；

$\bar{T}$——10 个试样单位长度上所能承受的最大剪切力的平均值，保留两位有效数字，N/mm。

3) 按下式计算纵向抗剪特征值，计算结果修约到个位数。

$$T_c = -2.02S_T$$

式中 T_c——纵向抗剪特征值，N/mm。

(2) 横向拉伸试验（室温）。

1) 按下式计算试样单位长度上所能承受的最大拉伸力，保留两位小数。

$$Q = F_{Q\max}/L$$

式中 Q——试样单位长度上所能承受的最大拉伸力，N/mm；

$F_{Q\max}$——最大拉伸力，N；

L——试样长度，mm。

2）按下式计算 10 个试样单位长度上所能承受最大拉伸力的标准差，保留两位小数。

$$S_Q=\sqrt{\frac{1}{10-1}\sum_{i=1}^{10}(Q_i-\overline{Q})^2}$$

式中 S_Q——10 个试样单位长度上所能承受最大拉伸力的标准差，N/mm；

Q_i——第 i 个试样单位长度上所能承受的最大拉伸力，N/mm；

$\overline{Q}$——10 个试样单位长度上所能承受的最大拉伸力的平均值，N/mm。

3）按下式计算横向抗拉特征值，计算结果修约到个位数。

$$Q_c=\overline{Q}-2.02S_Q$$

式中 Q_c——横向抗拉特征值，N/mm。

6. 注意事项

试验时应配有相应的防护措施。

四、建筑门窗节能性能标识

1. 门窗标识概述

建筑门窗节能性能标识（简称“门窗标识”）是指表示标准规格门窗的传热系数、遮阳系数、空气渗透率、可见光透射比等节能性能指标的一种信息性标识，是对企业某品种的标准规格门窗产品与建筑能耗相关的性能指标的客观描述。

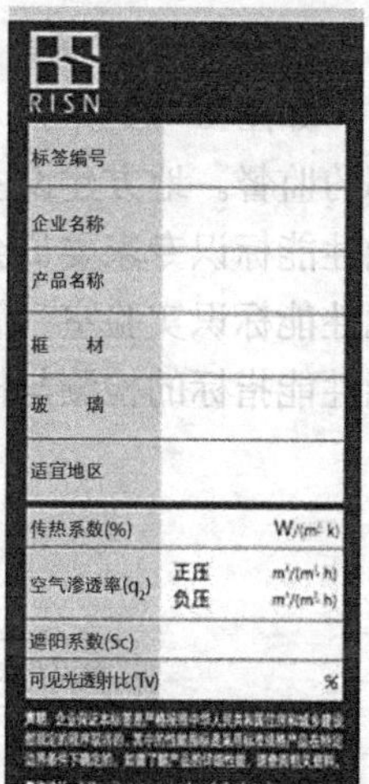

图 4 - 22 标识标签样式

门窗标识包括标识证书和标签，如图 4 - 22、图 4 - 23 所示。其中，标识证书由住房城乡建设部标准定额研究所印制、颁发并统一编号；标签由企业按照规定的样式、规格以及标注自行印制，其内容与标识证书的内容一致，应包括以下信息和性能指标：标签编号、企业名称、产品名称、产品描述（框材、玻璃）、适宜地区（推荐使用的地区）、标准规格产品的节能性能指标（传热系数、空气渗透率、

图 4 - 23 标识证书

遮阳系数、可见光透射比)、查询网址及声明等。

2. 实施标识制度的意义

建筑门窗节能性能标识工作是建设主管部门以政府的信用与权威，为推广节能门窗产品的发展，为社会与节能门窗市场的有序竞争，做的一件非常有意义的事情。门窗节能性能标识项工作的目的与作用包括：

(1) 建筑门窗节能性能标识将与门窗节能关系密切传热系数、遮阳系数、空气渗透率、可见光透射比等4个性能参数标识出来，可为相关的设计人员、门窗用户提供产品选型的技术依据。

(2) 标识可以提升产品的质量与等级，便于门窗节能质量的检查、监督、追溯，促进生产企业进行产品优化设计，并对高质量的产品进行宣传与推广，从而提升门窗产品市场的整体水平。

(3) 根据此项工作，政府主管部门制订的一些相关政策，如：门窗标识产品可简化门窗节能验收、标识数据可作为建筑能效测评的数据依据，等等，该工作可推动其他建筑节能工作的进展。

3. 标识工作组织分工

如图4-24所示，住房和城乡建设部标准定额研究所负责组织实施标识工作，接受建设部的监督。地方建设主管部门负责本行政区域的标识工作的推广、实施与监督。建筑门窗节能性能标识专家委员会负责承担标识工作中技术性的评审、指导、咨询等工作。建筑门窗节能性能标识实验室（简称“标识实验室”）负责企业生产条件现场调查、产品抽样和样品节能性能指标的检测与模拟计算，出具《建筑门窗节能性能标识测评报告》。

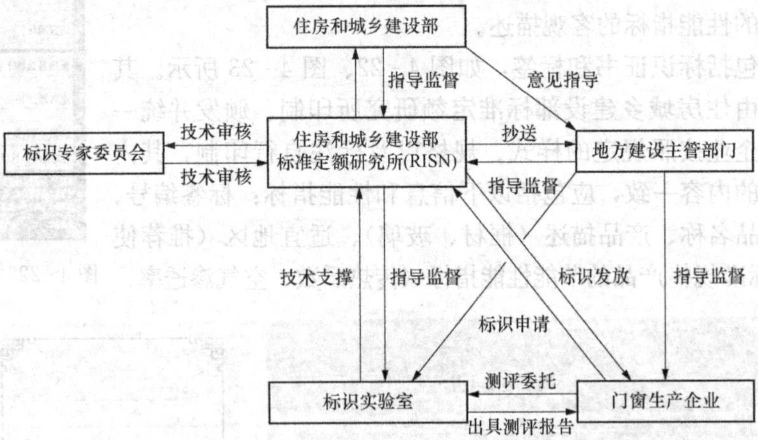

图4-24 标识工作组织分工图

4. 门窗标识申请与测评流程

如图4-25所示，企业应首先与标识实验室联系，提供委托单和有关委托材料。标识实验室接受委托后，开展生产条件现场调查、现场抽样、检测和模拟计算，并出具测评报告。企业获得测评报告后，向住房和城乡建设部标准定额研究所提交门窗标识申请表和相关材料。标准定额研究所组织专家进行审查，并按要求进行公示、发证。

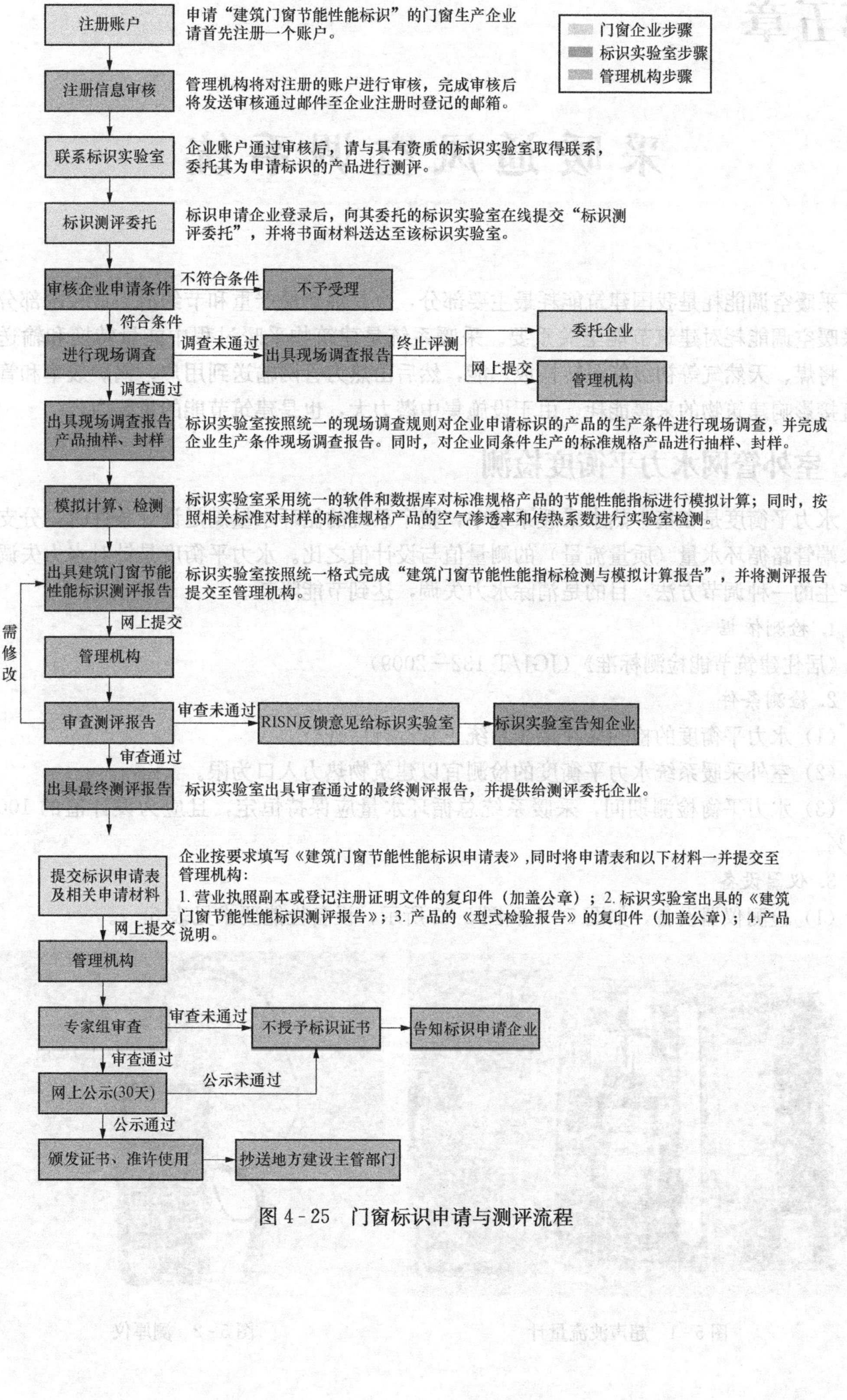

门窗企业步骤
标识实验室步骤
管理机构步骤
注册账户
申请“建筑门窗节能性能标识”的门窗生产企业请首先注册一个账户。
注册信息审核
管理机构将对注册的账户进行审核，完成审核后将发送审核通过邮件至企业注册时登记的邮箱。
联系标识实验室
企业账户通过审核后，请与具有资质的标识实验室取得联系，委托其为申请标识的产品进行测评。
标识测评委托
标识申请企业登录后，向其委托的标识实验室在线提交“标识测评委托”，并将书面材料送达至该标识实验室。
审核企业申请条件
不符合条件
不予受理
符合条件
进行现场调查
调查未通过
出具现场调查报告
终止评测
委托企业
网上提交
管理机构
调查通过
出具现场调查报告
产品抽样、封样
标识实验室按照统一的现场调查规则对企业申请标识的产品的生产条件进行现场调查，并完成企业生产条件现场调查报告。同时，对企业同条件生产的标准规格产品进行抽样、封样。
模拟计算、检测
标识实验室采用统一的软件和数据库对标准规格产品的节能性能指标进行模拟计算；同时，按照相关标准对封样的标准规格产品的空气渗透率和传热系数进行实验室检测。
出具建筑门窗节能
性能标识测评报告
标识实验室按照统一格式完成“建筑门窗节能性能指标检测与模拟计算报告”，并将测评报告提交至管理机构。
网上提交
需修改
管理机构
审查测评报告
审查未通过
RISN反馈意见给标识实验室
标识实验室告知企业
审查通过
出具最终测评报告
标识实验室出具审查通过的最终测评报告，并提供给测评委托企业。
提交标识申请表
及相关申请材料
企业按要求填写《建筑门窗节能性能标识申请表》，同时将申请表和以下材料一并提交至管理机构：
1. 营业执照副本或登记注册证明文件的复印件（加盖公章）；2. 标识实验室出具的《建筑门窗节能性能标识测评报告》；3. 产品的《型式检验报告》的复印件（加盖公章）；4.产品说明。
网上提交
管理机构
专家组审查
审查未通过
不授予标识证书
告知标识申请企业
审查通过
网上公示(30天)
公示未通过
公示通过
颁发证书、准许使用
抄送地方建设主管部门

图 4-25　门窗标识申请与测评流程

第五章

采暖通风空调系统

采暖空调能耗是我国建筑能耗最主要部分，也是浪费最严重和节约潜力最大的部分，降低采暖空调能耗对建筑节能至关重要。采暖系统是建筑物采暖过程中能量转换和输送的部分，将煤、天然气等初级能源转换成热能，然后由热力管网输送到用户，锅炉效率和管网效率直接影响建筑物的采暖能耗，由于设施集中潜力大，也是建筑节能的重要内容。

一、室外管网水力平衡度检测

水力平衡度是在集中热水采暖系统中，整个系统的循环水量满足设计条件时，分支管路或末端管路循环水量（质量流量）的测量值与设计值之比。水力平衡度是针对水力失调问题而产生的一种调节方法，目的是消除水力失调，达到节能降耗。

1. 检测依据

《居住建筑节能检测标准》（JGJ/T 132—2009）

2. 检测条件

（1）水力平衡度的检测应在采暖系统正常运行后进行。

（2）室外采暖系统水力平衡度的检测宜以建筑物热力入口为限。

（3）水力平衡检测期间，采暖系统总循环水量应保持恒定，且应为设计值的 100%～110%。

3. 仪器设备

（1）检测仪器设备，如图 5-1 和图 5-2 所示，设备性能要求见表 5-1。

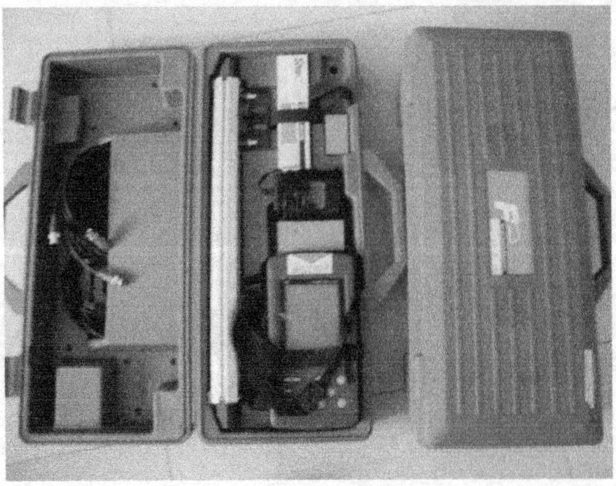

图 5-1　超声波流量计

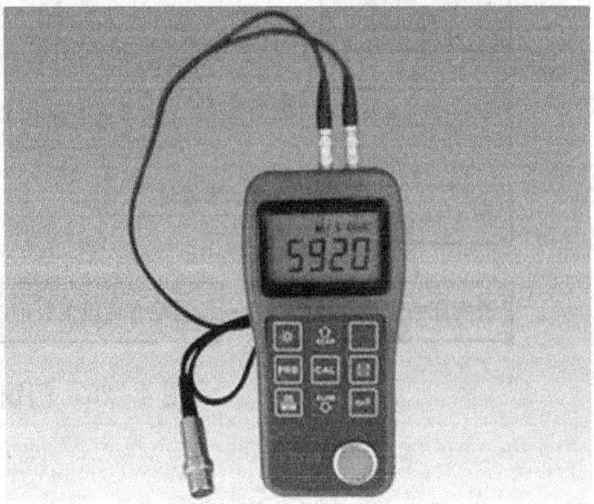

图 5-2　测厚仪

表 5-1 检测仪器设备的性能要求

序号	检测设备	检测参数	功 能	量程	精度
1	测厚仪	管壁厚度	应能显示管壁厚度	0.75～30mm	≤0.3mm
2	超声波流量计	循环水量	应能显示瞬时流量或累计流量或能自动存储、打印数据或可以和计算机接口	≤32m/s	≤2%(测量值)

(2) 期间核查（方式、频次、结果的确认）。仪器每年应送往计量检定部门检定，检测合格后出具仪器检定合格报告。

(3) 维护保养（方法）。严禁磕碰，存放于干燥通风处，流量计如长时间不使用应定期完成充电、放电；传感器应擦拭干净，发信部位应退回夹器以内，避免划伤。

4. 检测方法

(1) 接受委托进入现场，查看室外管网系统图纸，根据各热力入口热负荷确定各热力入口循环水量设计值。

(2) 受检热力入口位置和数量的确定应符合下列规定：

1) 当热力入口总数不超过 6 个时，应全数检测。

2) 当热力入口总数超过 6 个时，应根据各个热力入口距热源距离的远近，按近端 2 处，远端 2 处，中间区域 2 处的原则确定受检热力入口。

3) 受检热力入口的管径不应小于 DN40。

(3) 流量计量装置宜安装在建筑物相应的热力入口处，且宜符合相应产品的使用要求。

(4) 拆除受检管道保温层，清理管道表面，应使其与流量计传感器接触部位洁净，涂抹耦合剂，固定传感器。

(5) 记录热力入口名称，设计热负荷，供回水温度，记录管道位置名称并编号，记录检测时间、流量读数。

(6) 循环水量的测量值应以相同检测持续时间内各热力入口处测得的结果为依据进行计算。检测持续时间宜取 10min。现场实际检测操作如图 5-3 所示。

图 5 3 室外管网水力平衡度现场检测图

5. 结果处理

水力平衡度计算依据下式进行：

$$G_{wd,j} = 0.86 \times \frac{q_{qj}}{\Delta t}$$

式中 $G_{wd,j}$——第 j 个热力入口处循环水量的设计值，kg/s；

q_{qj}——第 j 个热力入口供热设计热负荷指标，W/m²；

Δt——采暖热源设计供、回水温差，℃。

$$HB_j = \frac{G_{wm,j}}{G_{wd,j}}$$

式中 HB_j——第 j 个热力入口处的水力平衡度；

$G_{wm,j}$——第 j 个热力入口处循环水量的测量值，kg/s；

$G_{wd,j}$——第 j 个热力入口处循环水量的设计值，kg/s；

j——热力入口的序号。

进行结果判定时，采暖系统室外管网热力入口处的水力平衡度应为 0.9～1.2。在所有受检的热力入口中，各热力入口水力平衡度均满足该范围的规定时，应判为合格，否则应判为不合格。

6. 注意事项

(1) 超声波流量计安装方式上，主要有 V 法和 Z 法两种。通常情况下：如果管径小于 300mm 时，采用 V 法安装；如果管径大于 300mm 时，采用 Z 法安装。如图 5-4 所示。

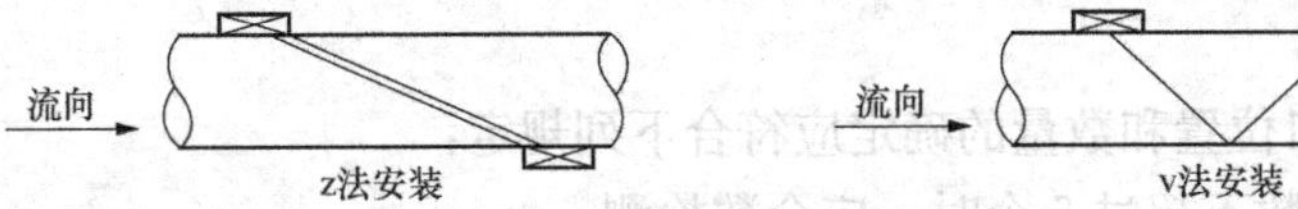

图 5-4 超声波流量计安装方式

(2) 安装及调试时应注意的问题。

1) 要保证有一定的直管段长度，最低要有上游 10D，下游 5D。见表 5-2。

表 5-2 超声波流量计安装位置的选择

分类	上游侧直管长	下游侧直管长
90°管弯头	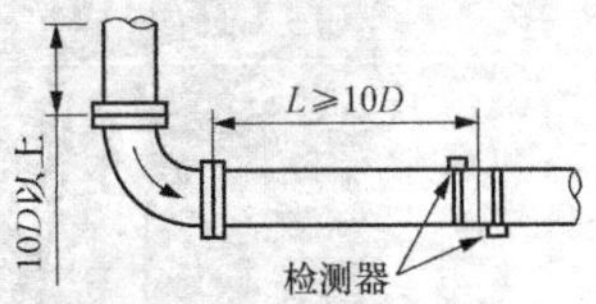	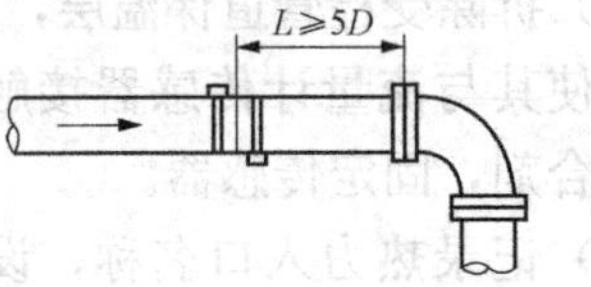
T形管	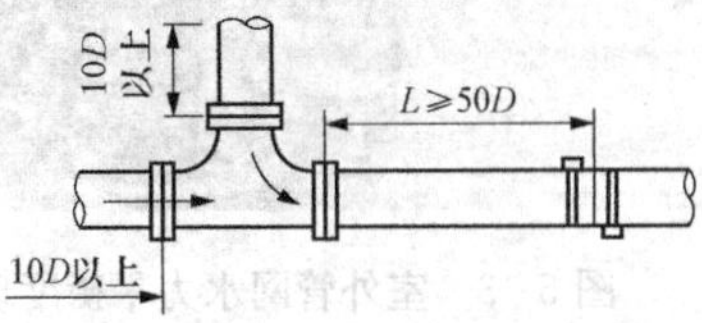	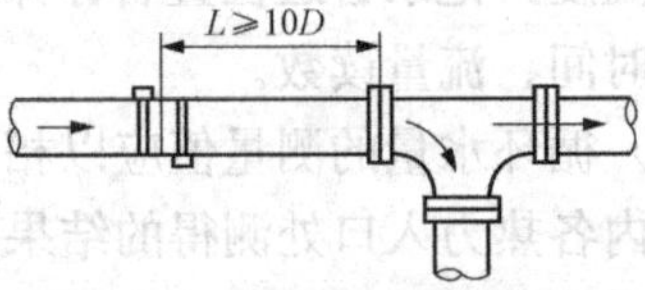
扩大管	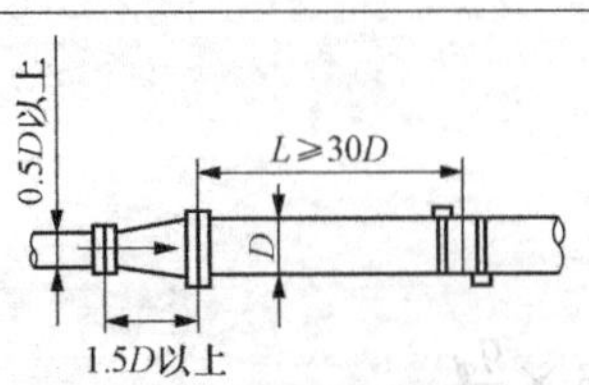	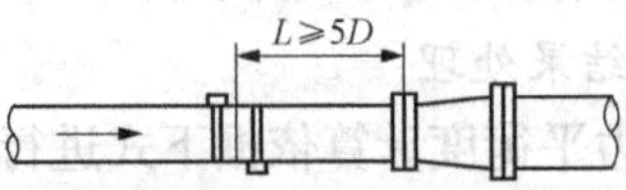
收缩管	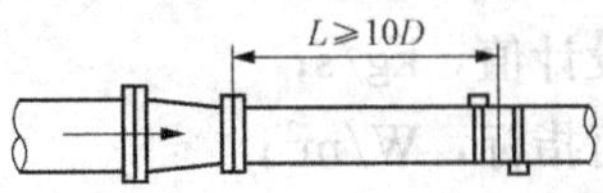	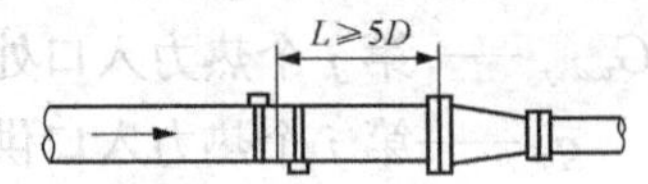

续表

分类	上游侧直管长	下游侧直管长
各种阀	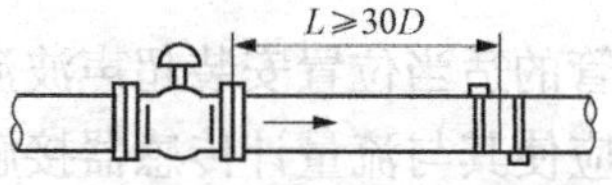 用上游侧阀进行流量调节时	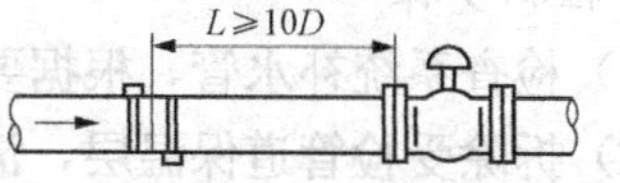 用下游侧阀进行流量调节时
泵	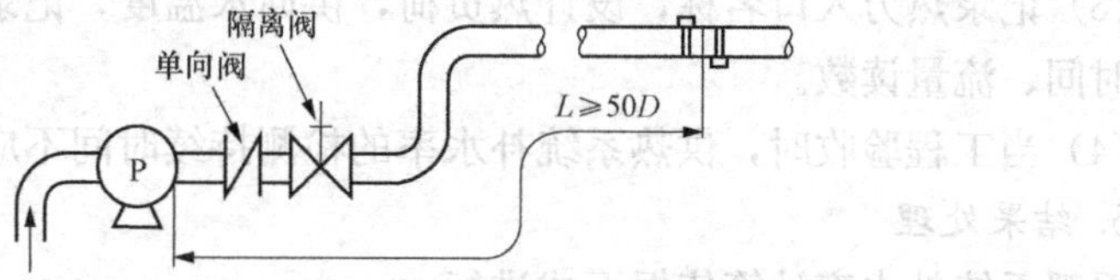	

2）安装传感器时，根据现场状况安装流量计，当热力入口的有效直管段太短；井内积水较深，淤泥堆积；管道锈蚀严重。可以根据采暖图纸系统图寻找其他位置。要将管道外壁打磨干净，避免凹陷，管道内壁垢层不能太厚。

3）检测水平管段流量时，为避开管内的空气和滞留杂物，应将传感器安装在与水平面成±45°角的范围以内，如图 5-5 所示。

4）夹装式传感器工作面与管壁之间保持有足够的耦合剂，不能有空气和固体颗粒。

5）在调试时若接收信号不好，要查看参数是否设置正确，对于插入式传感器安装时，两只传感器的工作面是否对正，也会影响信号的接收。

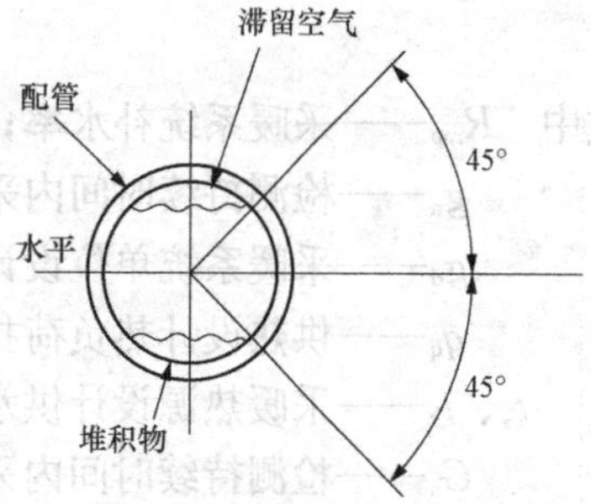

图 5-5　传感器安装角度的选择

二、补水率检测

供热系统补水率是指集中热水采暖系统在正常运行情况下，检测持续时间内，该系统单位建筑面积单位时间内的补水量与该系统单位建筑面积单位时间设计循环水量的比值。导致失水的原因有管道及供热设施密封不严，系统漏水；系统检修放水；事故冒水；系统泄压等。这一指标是设计选用供水设施、补水设备和输送管道的依据。

1. 检测依据

《居住建筑节能检测标准》（JGJ/T 132—2009）

2. 检测条件

①补水率的检测应在采暖系统正常运行后进行；②检测持续时间宜为整个采暖期。

3. 仪器设备

（1）检测仪器设备。超声波流量计、测厚仪如图 5-1、图 5-2 所示，其性能要求，见表5-1。

（2）期间核查（方式、频次、结果的确认）。

仪器每年应送往计量检定部门检定，检测合格后出具仪器检定合格报告。

(3) 维护保养（方法）。严禁磕碰，存放于干燥通风处，流量计如长时间不使用应定期完成充电、放电；传感器应擦拭干净，探头应妥善保管避免划伤。

4. 检测步骤

(1) 检查系统补水管，根据要求在系统补水管的适当位置安装超声波流量计。

(2) 拆除受检管道保温层，清理管道表面，应使其与流量计传感器接触部位洁净，涂抹耦合剂，固定传感器。

(3) 记录热力入口名称，设计热负荷，供回水温度，记录补水管位置名称并编号，记录检测时间、流量读数。

(4) 当工程验收时，供热系统补水率的检测持续时间不应少于72h。

5. 结果处理

采暖系统补水率计算依据下式进行：

$$R_{mp}=\frac{g_a}{g_d}\times 100\%$$

$$g_d=0.861\times\frac{q_q}{t_s-t_r}$$

$$g_a=\frac{G_a}{A_o}$$

式中 R_{mp}——采暖系统补水率；

g_a——检测持续时间内采暖系统单位补水量，kg/（m^2·h）；

g_d——采暖系统单位设计循环水量，kg/（m^2·h）；

q_q——供热设计热负荷指标，W/m^2；

t_s、t_r——采暖热源设计供水、回水温度，℃；

G_a——检测持续时间内采暖系统平均单位时间内的补水量，kg/h；

A_o——居住小区内所有采暖建筑物的总建筑面积，应按各层外墙轴线围成面积的总和计算，m^2。

结果判定时，采暖系统补水率不应大于0.5%。当采暖系统补水率满足不应大于0.5%规定时，应判为合格，否则应判为不合格。

6. 注意事项

(1) 检测期间供热系统运行工况应正常。

(2) 各热力入口管径、壁厚测量正确。

(3) 超声波流量计传感器安装注意事项参见本章的“一、室外管网水力平衡度检测”中“6. 注意事项”的内容。

三、室外管网热损失率检测

室外管网热损失率是指集中供热系统室外管网的热损失与管网输入总热量（热源或热力站输出的总热值）的比值。

1. 检测依据

《居住建筑节能检测标准》(JGJ/T 132—2009)

《建筑节能工程施工质量验收规范》(GB 50411—2007)

《采暖通风与空气调节工程检测技术规程》（JGJ/T 260—2011）

2. 检测条件

（1）采暖系统室外管网热损失率的检测应在采暖系统正常运行 120h 进行，检测持续时间不应少于 72h。

（2）检测期间，供热系统应处于正常运行状态，热源供水温度的逐时值不应低于 35℃。

（3）采暖系统室外管网供水温降应采用温度自动检测仪进行同步检测，温度传感器的安装应符合标准规定，数据记录时间间隔不应大于 60min。

3. 仪器设备

（1）检测仪器设备需应用超声波流量计、测厚仪、温度热流巡检仪，如图 5-1、图5-2 及图 5-6 所示，性能要求，见表 5-3。

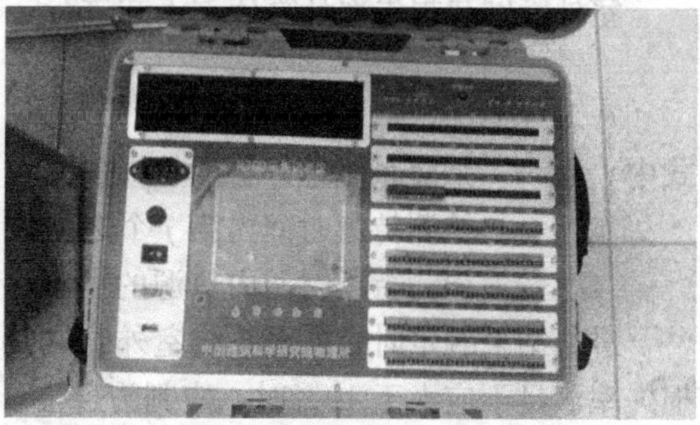

图 5-6　温度热流巡检仪

表 5-3　检测仪器设备的性能要求

序号	检测设备	检测参数	功能	量程	精度
1	温度热流巡检仪	供回水温度	用于温度、热流密度等参数的现场测试，集测量、显示、键盘、打印、通信等功能于一体	−40～100℃	≤0.3℃
2	测厚仪	管壁厚度	应能显示管壁厚度	0.75～30mm	≤0.3mm
3	超声波流量计	循环水量	应能显示瞬时流量或累计流量或能自动存储、打印数据或可以和计算机接口连接	≤32m/s	≤2%（测量值）

（2）期间核查（方式、频次、结果的确认）。仪器每年应送往计量检定部门检定，检测合格后出具仪器检定合格报告。

（3）维护保养（方法）。严禁磕碰，存放于干燥通风处，流量计如长时间不使用应定期完成充电、放电；传感器应擦拭干净，探头应妥善保管避免划伤。

4. 检测方法

（1）接受委托进入现场，查看室外管网系统图纸，根据各热力入口热负荷确定各热力入口循环水量设计值。

1）当从热源或热力站只分出 1 个供热系统时，应对热源或热力站及其所覆盖的建筑物热力入口全数检测；

2）当从热源或热力站分出 2 个级以上供热系统时；应至少对 1 个较大的供热系统输出口及其所覆盖的建筑物热力入口全数检测。

（2）各个热力（包括锅炉房或热力站）入口的热量应同时测量，其检测方法应对建筑物的供热量应采用热量计量装置在建筑物热量入口处测量。供回水温度测点宜位于外墙外侧且距外墙轴线 2.5m 以内。

（3）拆除受检管道保温层，清理管道表面，应使其与流量计传感器接触部位洁净，涂抹耦合剂，固定传感器。

(4) 记录热力入口名称，设计热负荷，供回水温度，记录管道位置名称并编号，记录检测时间、流量读数数据记录时间间隔不应大于 60min。

5. 结果处理

室外管网热损失率计算依据下式进行：

$$\alpha_{ht} = (1 - \sum_{j=1}^{n} Q_{a,j}/Q_{a,t}) \times 100\%$$

式中 α_{ht}——采暖系统室外管网热损失率；

$Q_{a,j}$——检测持续时间内第 j 个热力入口处的供热量，MJ；

$Q_{a,t}$——检测持续时间内热源的输出热量，MJ。

进行结果判定时，采暖系统室外管网热损失率不应大于 10%。当采暖系统室外管网热损失率满足不应大于 10%时，应判为合格，否则应判为不合格。

6. 注意事项

(1) 各个热力（包括锅炉房或热力站）入口的热量应同时测量，建筑物的采暖供热量应采用热量计量装置在建筑物热力入口处测量。计量装置中温度计和流量计的安装应符合相关产品的使用规定。供回水温度测点宜位于外墙外侧且距外墙外表面 2.5m 以内。

(2) 其他注意事项同本章的“一、室外管网水力平衡度检测”的“6. 注意事项”的内容。

四、冷水（热泵）机组实际性能系数检测

1. 检测依据

《公共建筑节能检测标准》(JGJ/T 177—2009)

《采暖通风与空气调节工程检测技术规程》(JGJ/T 260—2011)

2. 仪器设备

(1) 检测仪器设备如图 5-1、图 5-2、图 5-6、图 5-7 所示，性能要求，见表 5-4。

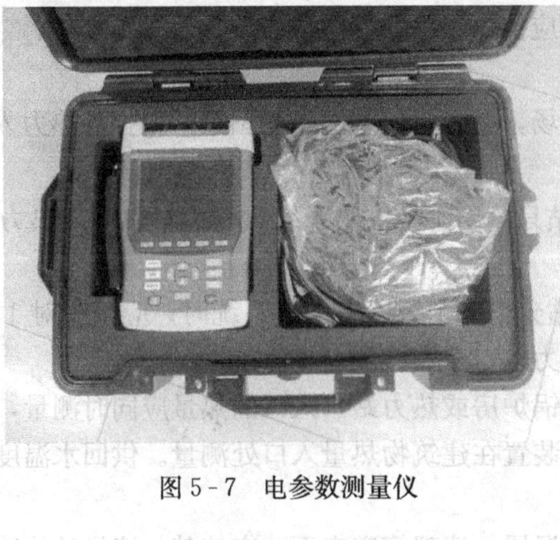

图 5-7 电参数测量仪

表 5-4　　检测仪器设备的性能要求

序号	检测设备	检测参数	功　能	量程	精度
1	温度热流巡检仪	供回水温度	用于温度、热流密度等参数的现场测试，集测量、显示、键盘、打印、通信等功能于一体	−40～100℃	⩽0.3℃
2	测厚仪	管壁厚度	应能显示管壁厚度	0.75～30mm	⩽0.3mm
3	电参数测量仪	电流	同时测量单、三相用电设备的电压、电流、功率、功率因数、频率、电能、谐波等参数，测量精确，显示直观，测量内容丰富，具有量程范围宽，预置报警、打印、锁存和通信等功能	0～6000A	⩽1.5%
4	超声波流量计	循环水量	应能显示瞬时流量或累计流量或能自动存储、打印数据或可以和计算机接口连接	⩽32m/s	⩽2%（测量值）

（2）期间核查（方式、频次、结果的确认）。要求每年定期到有资质的检定中心进行定期校准，并根据其出具的法定校准证书对仪器各方面进行调整以获得最佳工作状态。

（3）维护保养（方法）。严禁磕碰，存放于干燥通风处，流量计如长时间不使用应定期完成充电、放电；传感器应擦拭干净，探头应妥善保管避免划伤，不要放置在高温、高湿、多尘和阳光直射的地方。

3. 检测步骤

（1）检测条件。

1）冷源系统能效系数检测应在系统实际运行状态下进行。

2）冷水（热泵）机组及其水系统性能检测工况应符合以下规定：① 冷水（热泵）机组运行正常，系统负荷不宜小于实际运行最大负荷的 60%，且运行机组负荷不宜小于其额定负荷的 80%，并处于稳定状态；② 冷水出水温度应在 6～9℃；③ 水冷冷水（热泵）机组冷却水温度应在 29～32℃；风冷冷水（热泵）机组要求室外干球温度 32～35℃。

3）锅炉及其水系统各项性能检测工况应符合以下规定：① 锅炉运行正常；② 燃煤锅炉的日平均运行负荷率不应小于 60%，燃油和燃气锅炉瞬时运行负荷率不应小于 30%。

（2）检测数量。

1）对于 2 台及以下（含 2 台）同型号机组，应至少抽取 1 台。

2）对于 3 台及以上（含 3 台）同型号机组，应至少抽取 2 台。

（3）检测方法。冷水（热泵）机组实际性能系数的检测方法应符合下列规定：

1）检测工况下，应每隔 5min 读数 1 次，连续测量 60min，并应取每次读数的平均值作为检测值。

2）供冷（热）量检测方法如下：水系统供冷（热）量应按《蒸气压缩循环冷水（热泵）机组性能试验方法》（GB/T 10870—2014）规定的液体载冷剂法进行检测。① 检测时应同时分别对冷水（热水）的进、出口水温和流量进行检测，根据进、出口温差和流量检测值计算得到系统的供冷（热）量。检测过程中应同时对冷却侧的参数进行监测，并保证检测工况符合检测要求。② 水系统供冷（热）量测点布置应符合下列规定：a. 温度计应设在靠近机组的进出口处；b. 流量传感器应设在设备进口或出口的直管段上，并应符合产品要求；

c. 冷水（热泵）机组的供冷（热）量应按下式计算：

$$Q_0 = V\rho c\Delta t/3600$$

式中 Q_0——冷水（热泵）的供冷（热）量，kW；

V——冷水平均流量，m^3/h；

Δt——冷水平均进、出口温差，℃；

ρ——冷水平均密度，kg/m^3；

c——冷水平均定压比热，kJ/（kg·℃）。

3）电驱动压缩机的蒸汽压缩循环冷水（热泵）机组的输入功率应在电动机输入线端测量，方法如下：① 电机输入功率检测宜采用两表（两台单相功率表）法测量，也可采用一台三相功率表或三台单相功率表测量。② 当采用两表（两台单相功率表）法测量时，电机输入功率应为两表检测功率之和。

4）电驱动压缩机的蒸汽压缩循环冷水（热泵）机组的实际性能系数应按下式计算：

$$COP_d = Q_0/N$$

式中 COP_d——电驱动压缩机的蒸汽压缩循环冷水（热泵）机组的实际性能参数；

N——检测工况下机组平均输入功率。

5）溴化锂吸收式冷水机组的实际性能参数应按下式计算：

$$COP_x = Q_0/[Wq/3600 + p]$$

式中 COP_x——溴化锂吸收式冷水机组的实际性能参数；

W——检测工况下机组平均燃气消耗量，m^3/h，或燃油消耗量，kg/h；

q——燃料发热值，kJ/m^3 或 kJ/kg；

p——检测工况下机组平均电力消耗量，折算成一次能，kW。

4. 结果处理

（1）检测工况下，冷水（热泵）机组实际性能系数应不低于表 5-5 和表 5-6 的规定。

表 5-5　冷水（热泵）机组制冷性能系数

类型		额定制冷量/kW	性能系数（W/W）
水冷	活塞式/涡旋式	<528	3.8
		528～1163	4.0
		>1163	4.2
	螺杆式	<528	4.10
		528～1163	4.30
		>1163	4.60
	离心式	<528	4.40
		528～1163	4.70
		>1163	5.10
风冷或蒸发冷却	活塞式/涡旋式	≤50	2.40
		>50	2.60
	螺杆式	≤50	2.60
		>50	2.80

表 5-6　　溴化锂吸收式机组性能系数

机型	名义工况			性能参数		
	冷（温）水进/出口温度/℃	冷却水进/出口温度/℃	蒸汽压力/MPa	单位制冷量蒸汽耗气量/[kg/(kW·h)]	性能系数/(W/W)	
					制冷	供热
蒸汽双效	18/13	30/35	0.25	≤1.40		
	12/7		0.4			
			0.6	≤1.31		
			0.8	≤1.28		
直燃	供冷 12/7	30/35			≥1.10	
	供热出口 60					≥0.90

注：直燃机的性能系数为：制冷量（供热量）/［加热源消耗量（以低位热值计）＋电力消耗量（折算成一次能）］。

（2）当检测结果符合以上的规定时，应判为合格，否则应判为不合格。

五、采暖空调水系统回水温度一致性检测

1. 检测依据

《公共建筑节能检测标准》（JGJ/T 177—2009）

《采暖通风与空气调节工程检测技术规程》（JGJ/T 260—2011）

2. 仪器设备

（1）检测仪器设备如图 5-6 所示，其性能要求见表 5-3。

（2）期间核查（方式、频次、结果的确认）。要求每年定期到有资质的检定中心进行定期校准，并根据其出具的法定校准证书对仪器各方面进行调整以获得最佳工作状态。

（3）维护保养（方法）。严禁磕碰，定期擦拭仪器；不要放置在高温、高湿、多尘和阳光直射的地方。

3. 检测步骤

与水系统集水器相连的一级支管路均应进行水系统回水温度一致性检测。

（1）检测条件。水系统回水温度一致性检测应在系统实际运行状态下进行。

1）冷水（热泵）机组及其水系统性能检测工况应符合以下规定：① 冷水（热泵）机组运行正常，系统负荷不宜小于实际运行最大负荷的 60%，且运行机组负荷不宜小于其额定负荷的 80%，并处于稳定状态。② 冷水出水温度应在 6～9℃。③ 水冷冷水（热泵）机组冷却水温度应在 29～32℃；风冷冷水（热泵）机组要求室外干球温度在 32～35℃。

2）锅炉及其水系统各项性能检测工况应符合以下规定：① 锅炉运行正常；② 燃煤锅炉的日平均运行负荷率不应小于 60%，燃油和燃气锅炉瞬时运行负荷率不应小于 30%。

（2）检测方法。

1）检测位置应在系统集水器处，且将温度计安装好。

2）检测持续时间不应少于 24h，检测数据记录间隔不应大于 1h。

4. 结果判定

检测持续时间内，冷水系统各一级支管路回水温度间的允许偏差为 1℃；热水系统各一

级支管路回水温度间的允许偏差为2℃。当检测结果符合以上规定时，应判为合格，否则应判为不合格。

六、采暖空调水系统供、回水温差检测

1. 检测依据

《公共建筑节能检测标准》(JGJ/T 177—2009)

《采暖通风与空气调节工程检测技术规程》(JGJ/T 260—2011)

2. 仪器设备

(1) 检测仪器设备，如图5-6所示，性能要求见表5-3。

(2) 期间核查（方式、频次、结果的确认）。要求每年定期到有资质的检定中心进行定期校准，并根据其出具的法定校准证书对仪器各方面进行调整以获得最佳工作状态。

(3) 维护保养（方法）。严禁磕碰，定期擦拭仪器；不要放置在高温、高湿、多尘和阳光直射的地方。

3. 检测步骤

与水系统集水器相连的一级支管路均应进行水系统回水温度一致性检测。

(1) 检测条件。

1) 水系统回水温度一致性检测应在系统实际运行状态下进行。

2) 冷水（热泵）机组及其水系统性能检测工况应符合以下规定：① 冷水（热泵）机组运行正常，系统负荷不宜小于实际运行最大负荷的60%，且运行机组负荷不宜小于其额定负荷的80%，并处于稳定状态。② 冷水出水温度应在6～9℃。③ 水冷冷水（热泵）机组冷却水温度应在29～32℃；风冷冷水（热泵）机组要求室外干球温度在32～35℃。

3) 锅炉及其水系统各项性能检测工况应符合以下规定：① 锅炉运行正常。② 燃煤锅炉的日平均运行负荷率不应小于60%，燃油和燃气锅炉瞬时运行负荷率不应小于30%。

(2) 检测方法。

1) 冷水机组或热源设备供、回水温度应同时进行检测。

2) 测点应布置在靠近被测机组的进、出口处，测量时应采取减少测量误差的有效措施。

3) 检测工况下，应每隔5min读数1次，连续测量60min，并应取每次读数的平均值作为检测值。

4. 结果判定

(1) 检测工况下，水系统供、回温差检测值不应小于设计温差的80%。

(2) 当检测结果符合以上规定时，应判为合格，否则应判为不合格。

七、水泵效率检测

1. 检测依据

《公共建筑节能检测标准》(JGJ/T 177—2009)

《采暖通风与空气调节工程检测技术规程》(JGJ/T 260—2011)

2. 仪器设备

(1) 检测仪器设备，如图5-1、图5-7所示，性能要求，见表5-3。

(2) 期间核查（方式、频次、结果的确认）。要求每年定期到有资质的检定中心进行定期校准，并根据其出具的法定校准证书对仪器各方面进行调整以获得最佳工作状态。

(3) 维护保养（方法）。严禁磕碰，存放于干燥通风处，流量计如长时间不使用应定期完成充电、放电；传感器应擦拭干净，探头应妥善保管，避免划伤，不要放置在高温、高湿、多尘和阳光直射的地方。

3. 检测步骤

检测工况下启用的循环水泵均应进行效率检测。

(1) 检测条件。水泵效率检测应在系统实际运行状态下进行。

(2) 检测方法。

1) 检测工况下，应每隔 5～10min 读数 1 次，连续测量 60min，并应取每次读数的平均值作为检测值。

2) 流量测点宜设在距上游局部阻力构件 10 倍管径，且距下游局部阻力构件 5 倍管径处。压力测点应设在水泵进、出口压力表处。

3) 风机的输入功率应在电动机输入线端同时测量，方法如下：① 电机输入功率检测宜采用两表（两台单相功率表）法测量，也可采用一台三相功率表或三台单相功率表测量。② 当采用两表（两台单相功率表）法测量时，电机输入功率应为两表检测功率之和。③ 电功率测量仪表宜采用数字功率表。功率表精度等级宜为 1.0 级。

4) 水泵效率应按下式计算：

$$\eta = V\rho g \Delta H / 3.6P$$

式中 η——水泵效率；

V——水泵平均水流量，m^3/h；

ρ——水的平均密度，kg/m^3，可根据水温由物性参数表查取；

g——自由落体加速度，取 $9.8m/s^2$；

ΔH——水泵进、出口平均压差，m；

P——水泵平均输入功率，kW。

4. 结果判定

(1) 在进行结果判定时，检测工况下，水泵效率检测值应大于设备铭牌值的 80%。

(2) 当检测结果符合以上规定时，应判为合格，否则应判为不合格。

八、冷源系统能效系数检测

1. 检测依据

《公共建筑节能检测标准》(JGJ/T 177—2009)

《采暖通风与空气调节工程检测技术规程》(JGJ/T 260—2011)

2. 仪器设备

(1) 检测仪器设备如图 5-1、图 5-6、图 5-7 所示，性能要求，见表 5-3。

(2) 期间核查（方式、频次、结果的确认）。要求每年定期到有资质的检定中心进行定期校准，并根据其出具的法定校准证书对仪器各方面进行调整以获得最佳工作状态。

(3) 维护保养（方法）。严禁磕碰，存放于干燥通风处，流量计如长时间不使用应定期完成充电、放电；传感器应擦拭干净，探头应妥善保管，避免划伤，不要放置在高温、高湿、多尘和阳光直射的地方。

3. 检测步骤

所有独立冷源系统均应进行冷源系统能效系数检测。

(1) 检测条件。

冷源系统能效系数检测应在系统实际运行状态下进行。

(2) 检测方法。

1) 检测工况下，应每隔 5～10min 读数 1 次，连续测量 60min，并应取每次读数的平均值作为检测值。

2) 供冷量测量方法如下：① 水系统供冷量应按 GB/T 10870—2014 规定的液体载冷剂法进行检测。② 检测时应同时分别对冷水的进、出口水温和流量进行检测，根据进、出口温差和流量检测值计算得到系统的供冷量。检测过程中应同时对冷却侧的参数进行监测，并保证检测工况符合检测要求。

3) 冷水机组或热源设备供、回水温度应同时进行检测。

4) 测点应布置在靠近被测机组的进、出口处，测量时应采取减少测量误差的有效措施。

5) 检测工况下，应每隔 5min 读数 1 次，连续测量 60min，并应取每次读数的平均值作为检测值。

6) 冷源系统的供冷量应按下式计算：

$$Q_0 = V\rho c \Delta t / 3600$$

式中 Q_0——冷源系统的供冷量，kW；

V——冷水平均流量，m^3/h；

Δt——冷水平均进、出口温差，℃；

ρ——冷水平均密度，kg/m^3；

c——冷水平均定压比热，kJ/(kg℃)。

ρ、c 可根据介质进、出口平均温度由物性参数表查取。

7) 冷水机组、冷水泵、冷却水泵和冷却塔风机的输入功率应在电动机输入线端同时测量，输入功率检测方法如下：① 电机输入功率检测宜采用两表（两台单相功率表）法测量，也可采用一台三相功率表或三台单相功率表测量。② 当采用两表（两台单相功率表）法测量时，电机输入功率应为两表检测功率之和。③ 电功率测量仪表宜采用数字功率表。功率表精度等级宜为 1.0 级。④ 检测期间各用电设备的输入功率应进行平均累加。

8) 冷源系统能效系数应按下式计算：

$$EER_{sys} = Q_0 / \sum N_i$$

式中 EER_{sys}——冷源系统能效系数，kW/kW；

$\sum N_i$——冷源系统各用电设备的平均输入功率之和，kW。

4. 结果判定

冷源系统能效系数检测值不应小于表 5-7 的规定。当检测结果符合以上的规定时，应判为合格，否则应判为不合格。

表 5-7 冷源系统能效系数限值

类型	单台额定制冷量/kW	冷源系统能效系数/(kW/kW)
水冷冷水机组	<528	2.3
	528~1163	2.6
	>1163	3.1
风冷或蒸发冷却	≤50	1.8
	>50	2.0

九、通风与空调系统总风量检测

1. 检测依据

《组合式空调机组》(GB/T 14294—2008)

《公共建筑节能检测标准》(JGJ/T 177—2009)

《采暖通风与空气调节工程检测技术规程》(JGJ/T 260—2011)

2. 检测设备

(1) 检测仪器设备如图 5-8、图 5-9 所示，性能要求见表 5-8。

表 5-8 检测仪器设备的性能要求

序号	检测设备	检测参数	功 能	量程	精度
1	风速仪	风速	具有多个传感器的探头同时测量和记录空气中的多个参数	≤30m/s	±3%
2	皮托管和微压计	压力	检测风速、空气动压、静压等参数	−3700~3700Pa	±1Pa

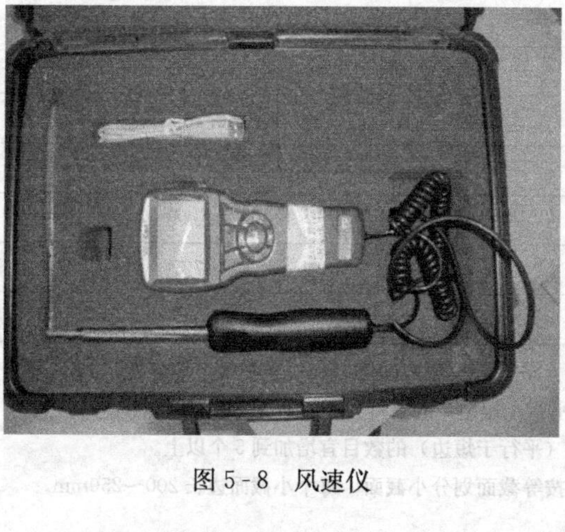

图 5-8 风速仪

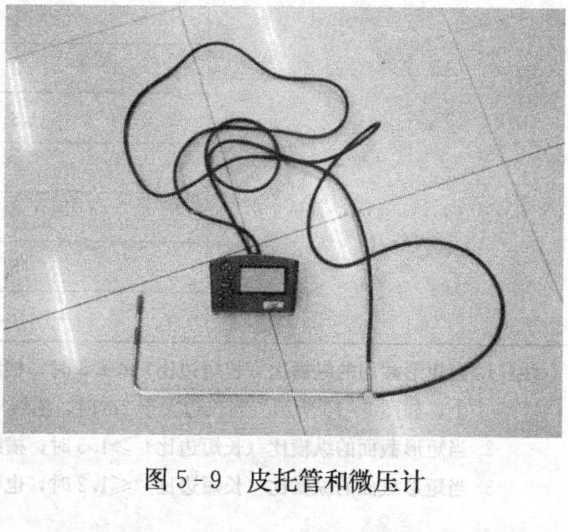

图 5-9 皮托管和微压计

(2) 期间核查（方式、频次、结果的确认）。每年定期到国家空调设备质量监督检验中心或者有资质的检定中心进行定期校准，并根据其出具的法定校准证书对仪器各方面进行调整以获得最佳工作状态。

(3) 维护保养（方法）。定期擦拭风速仪时，应采用柔软的织物和中性洗涤剂来擦拭，不要用挥发性液体擦拭风速仪。不要触摸探头内部传感器部位；长期不使用时，请取出内部的电池；不要将风速仪放置在高温、高湿、多尘和阳光直射的地方。

3. 检测步骤

(1) 测量截面应选择在机组入口或出口直管段上，且宜距上游局部阻力部件大于或等于5倍管径（或矩形风管长边尺寸），并距下游局部阻力构件大于或等于2倍管径（或矩形风管长边尺寸）的位置。

(2) 矩形断面测点数及布置方法应符合表5-9和图5-10的规定；圆形断面测点数及布置方法应符合表5-10和图5-11的规定。

表5-9　矩形断面测点位置

横线数或每条横线上的测点数目	每条线上点数	测点距离 X/L 或 X/H
5	1	0.074
	2	0.288
	3	0.500
	4	0.712
	5	0.926
6	1	0.061
	2	0.235
	3	0.437
	4	0.563
	5	0.765
	6	0.939
7	1	0.053
	2	0.203
	3	0.366
	4	0.500
	5	0.634
	6	0.797
	7	0.947

注：1. 当矩形截面的纵横比（长短边比）<1.5时，横线（平行于短边）的数目和每条横线上测点数目均不少于5个，如图5-10所示。当长边大于2m时，横线（平行于短边）的数目宜增加到5个以上。

2. 当矩形截面的纵横比（长短边比）≥1.5时，横线（平行于短边）的数目宜增加到5个以上。

3. 当矩形截面的纵横比（长短边比）≤1.2时，也可按等截面划分小截面，每个小截面边长200～250mm。

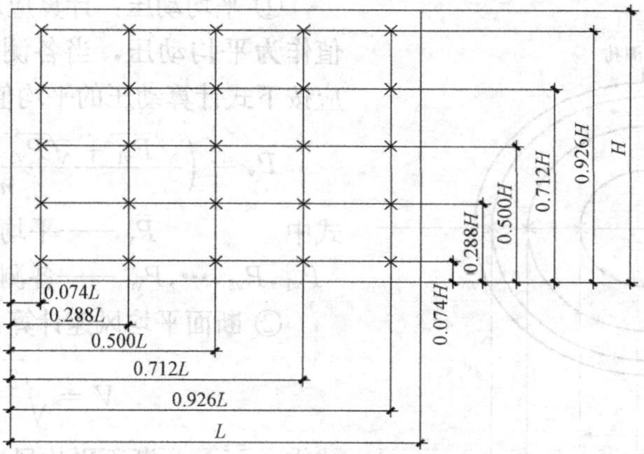

图 5-10　矩形风管 25 点时的布置

表 5-10　　圆形截面测点布置

圆管直径	≤200mm	200～400mm	400～700mm	≥700mm
圆环个数	3	4	5	6
测点编号	测点到管壁的距离（r 的倍数）			
1	0.10	0.10	0.05	0.05
2	0.30	0.20	0.20	0.15
3	0.60	0.40	0.30	0.25
4	1.40	0.70	0.50	0.35
5	1.70	1.30	0.70	0.50
6	1.90	1.60	1.30	0.70
7	—	1.80	1.50	1.30
8	—	1.90	1.70	1.50
9	—	—	1.80	1.65
10	—	—	1.95	1.75
11	—	—	—	1.85
12	—	—	—	1.95

4. 数据处理

（1）断面上的平均速度用下式计算：

1）使用风速仪时：

$$V=(V_1+V_2+\cdots+V_n)/n$$

式中　V——断面平均速度，m/s；

$V_1,V_2,\cdots,V_n$——各测点的速度，m/s；

n——测点数。

2）使用皮托管和微压计时：

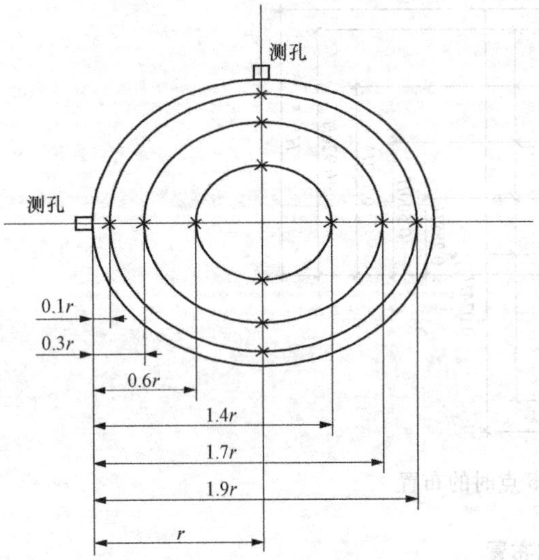

图 5-11 圆形风管三个圆环时的测点布置

① 平均动压：计算应取各测点的算术平均值作为平均动压，当各测点数据变化较大时，应按下式计算动压的平均值。

$$P_v = \left(\frac{\sqrt{P_{v1}} + \sqrt{P_{v2}} + \cdots + \sqrt{P_{vn}}}{n}\right)^2$$

式中 $\overline{P}_v$——平均动压，Pa；

$P_{v1}, P_{v2}, \cdots, P_{vn}$——各测点的动压，Pa。

② 断面平均风速计算：

$$\overline{V} = \sqrt{\frac{2\overline{P}_v}{\rho}}$$

式中 $\overline{V}$——断面平均风速，m/s；

ρ——空气密度，kg/m^3，按下式计算：

$\rho = 0.00349P/(273.15 + t)$；

P——大气压力，hPa；

t——空气温度，℃。

（2）检测机组的实测风量：

$$L = 3600VF$$

式中 L——机组或系统风量，m^3/h；

V——断面平均速度，m/s；

F——断面面积，m^2。

5. 注意事项

（1）通风机出口的测定截面积位置应靠近风机，测点截面应选在气流均匀稳定的地方。

（2）测点截面应选在气流均匀稳定的地方。一般都选在局部阻力之后大于或等于 5 倍管径（或矩形风管大边尺寸）和局部阻力之前大于或等于 2 倍管径（或矩形风管大边尺寸）的直管段上，当条件受到限制时，距离可适当缩短，且应适当增加测点数量。

（3）皮托管测风口对准送风方向，皮托管垂直于风道受测面。

6. 结果判定

（1）检测工况下，通风与空调系统总风量检测值允许偏差应为±10%。

（2）当检测结果符合以上的规定时，应判为合格，否则应判为不合格。

十、风口风量检测

1. 检测依据

《公共建筑节能检测标准》JGJ/T 177—2009

《建筑节能工程施工质量验收规范》GB 50411—2007

《采暖通风与空气调节工程检测技术规程》JGJ/T 260—2011

2. 仪器设备

（1）检测仪器设备如图 5-8、图 5-12 所示，性能要求，见表 5-11。

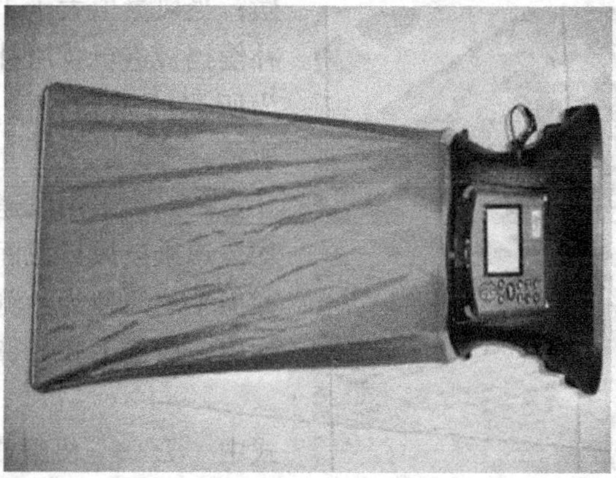

图 5-12 电子风量罩

表 5-11 检测仪器设备的性能要求

序号	检测设备	检测参数	功能	量程	精度
1	电子风量罩	风量	可由数字显示屏直接读出进风或排风量	50～3500m³/h	±3%
2	风速仪	风速	具有多个传感器的探头同时测量和记录空气中的多个参数	≤30m/s	±3%

（2）期间核查（方式、频次、结果的确认）。每年定期到国家空调设备质量监督检验中心或者有资质的检定中心进行定期校准，并根据其出具的法定校准证书对仪器各方面进行调整以获得最佳工作状态。

（3）维护保养（方法）。定期擦拭风速仪时，应采用柔软的织物和中性洗涤剂来擦拭，不要用挥发性液体擦拭风速仪。不要触摸探头内部传感器部位；长期不使用时，请取出内部的电池；不要将风速仪放置在高温、高湿、多尘和阳光直射的地方。

3. 检测步骤

（1）采用风量罩法测量风口风量。

1）应根据设计图纸绘制风口平面布置图，并对各风机风口进行统一编号。

2）根据待测风口的尺寸、面积，选择与风口的面积较接近的风量罩罩体，且罩体的长边长度不得超过风口长边长度的 3 倍；风口的面积不应小于罩体边界面积的 15%；确定罩体的摆放位置来罩住风口，风口宜位于罩体的中间位置；保证无漏风。

（2）采用风速仪法测量风口风量。

1）根据风口的尺寸，制作辅助风管。

2）辅助风管的截面尺寸应与风口内截面尺寸相同，长度不小于 2 倍风口边长；利用辅助风管将待测风口罩住，保证无漏风。

3）在辅助风管出口平面上，应按测点不少于 6 点均匀布置测点。

4. 数据处理

（1）采用风量罩法时，观察仪表的显示值，待显示值趋于稳定后，读取风量值，依据读取的风量值，考虑是否需要进行背压补偿；当风量值不大于 1500 m^3/h 时，无需进行背压补

图 5-13　风口风量现场检测

偿；当风量值大于 1500 m^3/h 时，使用背压补偿挡板进行背压补偿，读取仪表显示值即为所测的风口补偿后风量值，如图 5-13 所示。

(2) 当采用风速仪法时，以风口截面平均风速乘以风口截面积计算风口风量，风口截面平均风速为各测点风速测量值的算术平均值，应按下式计算：

$$L = 3600VF$$

式中　L——机组或系统风量，m^3/h；

V——断面平均速度，m/s；

F——断面面积，m^2。

5. 注意事项

(1) 使用风量罩时要注意设备接口尺寸与风口尺寸匹配，应将待测风口罩住，不得漏风。

(2) 风量罩安装应避免产生紊流。安装位置应位于检测风口的居中位置。

(3) 应在显示值稳定后记录数值。

6. 结果判定

(1) 检测工况下，风口风量检测值允许偏差应为±15%。

(2) 当检测结果符合以上的规定时，应判为合格，否则应判为不合格。

十一、风机单位风量耗功率检测

1. 检测依据

《公共建筑节能检测标准》(JGJ/T 177—2009)

《采暖通风与空气调节工程检测技术规程》(JGJ/T 260—2011)

2. 仪器设备

(1) 检测仪器设备如图 5-7～图 5-9 所示，性能要求，见表 5-3 和表 5-5。

(2) 期间核查（方式、频次、结果的确认）。每年定期到国家空调设备质量监督检验中心或者有资质的检定中心进行定期校准，并根据其出具的法定校准证书对仪器各方面进行调整以获得最佳工作状态。

(3) 维护保养（方法）。定期擦拭风速仪时，应采用柔软的织物和中性洗涤剂来擦拭，不要用挥发性液体擦拭风速仪。不要触摸探头内部传感器部位；长期不使用时，请取出内部的电池；不要将风速仪放置在高温、高湿、多尘和阳光直射的地方。

3. 检测步骤

(1) 选择测量截面，通风机出口的测定截面积位置应靠近风机。

(2) 风量检测方法：

1) 测量截面应选择在机组入口或出口直管段上，且宜距上游局部阻力部件大于或等于 5 倍管径（或矩形风管长边尺寸），并距下游局部阻力构件大于或等于 2 倍管径（或矩形风管长边尺寸）的位置。

2）矩形断面测点数及布置方法应符合表 5-9 和图 5-10 的规定；圆形断面测点数及布置方法应符合表 5-10 和图 5-11 的规定。

3）风机的输入功率应在电动机输入线端同时测量，如图 5-14 所示。

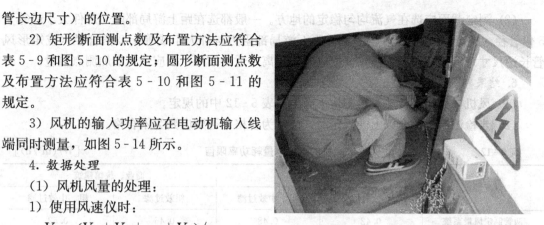

图 5-14　风机输入功率检测

4. 数据处理

（1）风机风量的处理：

1）使用风速仪时：

$$V=(V_1+V_2+\cdots+V_n)/n$$

式中　V——断面平均速度，m/s；

$V_1,V_2,\cdots,V_n$——各测点的速度，m/s；

n——测点数。

2）使用皮托管和微压计时：

① 平均动压：

$$P_v=\left(\frac{\sqrt{P_{v1}}+\sqrt{P_{v2}}+\cdots+\sqrt{P_{vn}}}{n}\right)^2$$

式中　$\overline{P}_v$——平均动压，Pa；

P_{v1}、P_{v2},…,P_{vn}——各测点的动压，Pa。

② 断面平均风速计算：

$$\overline{V}=\sqrt{\frac{2\,\overline{P}_v}{\rho}}$$

式中　$\overline{V}$——断面平均风速，m/s；

P——大气压力，kPa；

ρ——空气密度，kg/m³，按下式计算：$\rho=0.00349P/(273.15+t)$

t——空气温度，℃。

（2）检测机组的实测风量：

$$L=3600VF$$

式中　L——机组或系统风量，m³/h；

V——断面平均速度，m/s；

F——断面面积，m²。

（3）风机单位风量耗功率按下式计算

$$W_s=N/L$$

式中　W_s——风机单位风量耗功率，W/(m³/h)；

N——风机的输入功率，W；

L——风机的实测风量，m³/h。

5. 注意事项

（1）通风机出口的测定截面积位置应靠近风机，测定截面应选在气流均匀稳定的地方。

(2) 测定截面应选在气流均匀稳定的地方。一般都选在距上游局部阻力部件大于或等于5倍管径（或矩形风管长边尺寸），并距下游局部阻力构件大于或等于2倍管径（或矩形风管长边尺寸）的直管段上，当条件受限时，距离可适当缩短，且应适当增加测点数量。

6. 结果判定

(1) 风机单位风量耗功率检测值不应大于表5-12中的规定。

(2) 当检测结果符合以上的规定时，应判为合格，否则应判为不合格。

表5-12 风机的单位风量耗功率限值 [W/(m³/h)]

系统型式	建筑办公		商业、旅馆建筑	
	粗效过滤	粗、中效过滤	粗效过滤	粗、中效过滤
两管制定风量系统	0.42	0.48	0.46	0.52
四管制定风量系统	0.47	0.53	0.51	0.58
两管制变风量系统	0.58	0.64	0.62	0.68
四管制变风量系统	0.63	0.69	0.67	0.74
普通机械通风系统	0.32			

注：1. 普通机械通风系统中不包括厨房等需要特定过滤装置的房间的通风系统。
2. 严寒地区增设预热盘管时，单位风量耗功率可增加0.035[W/(m³/h)]。
3. 当空气调节机组内采用湿膜加湿方法时，单位风量耗功率可增加0.053[W/(m³/h)]。

十二、新风量检测

1. 检测依据

《公共建筑节能检测标准》(JGJ/T 177—2009)

2. 检测设备

(1) 检测仪器设备如图5-8所示，性能要求，见表5-5。

(2) 期间核查（方式、频次、结果的确认）。每年定期到国家空调设备质量监督检验中心或者有资质的检定中心进行定期校准，并根据其出具的法定校准证书对仪器各方面进行调整以获得最佳工作状态。

(3) 维护保养（方法）。定期擦拭风速仪时，应采用柔软的织物和中性洗涤剂来擦拭，不要用挥发性液体擦拭风速仪。不要触摸探头内部传感器部位；长期不使用时，请取出内部的电池；不要将风速仪放置在高温、高湿、多尘和阳光直射的地方。

3. 检测步骤

(1) 测量截面应选择在新风机组入口或出口直管段上，且宜距上游局部阻力部件大于或等于5倍管径（或矩形风管长边尺寸），并距下游局部阻力构件大于或等于2倍管径（或矩形风管长边尺寸）的位置。

(2) 矩形断面测点数及布置方法应符合表5-6和图5-10的规定；圆形断面测点数及布置方法应符合表5-7和图5-11的规定。

4. 数据处理

(1) 断面上的平均速度用下式计算：

$$V=(V_1+V_2+\cdots+V_n)/n$$

式中　V——断面平均速度，m/s；

V_1、V_2、…、V_n——各测点的速度，m/s；

n——测点数。

（2）检测机组的实测风量：

$$L=3600VF$$

式中　L——机组或系统风量，m^3/h；

V——断面平均速度，m/s；

F——断面面积，m^2。

5. 注意事项

（1）测定截面积位置应靠近新风机组，测点截面应选在气流均匀稳定的地方。

（2）测点截面应选在气流均匀稳定的地方。一般都选在局部阻力部件之后大于或等于5倍管径（或矩形风管大边尺寸）和局部阻力部件之前大于或等于2倍管径（或矩形风管大边尺寸）的直管段上，当条件受到限制时，距离可适当缩短，且应适当增加测点数量。

6. 结果判定

（1）新风量检测值应符合设计要求，且允许偏差应为±10%。

（2）当检测结果符合以上的规定时，应判为合格，否则应判为不合格。

十三、空调定风量系统平衡度检测

1. 检测依据

《公共建筑节能检测标准》（JGJ/T 177—2009）

《采暖通风与空气调节工程检测技术规程》（JGJ/T 260—2011）

2. 仪器设备

（1）检测仪器设备如图5-8、图5-12所示，性能要求，见表5-8。

（2）期间核查（方式、频次、结果的确认）。每年定期到国家空调设备质量监督检验中心或者有资质的检定中心进行定期校准，并根据其出具的法定校准证书对仪器各方面进行调整以获得最佳工作状态。

（3）维护保养（方法）。定期擦拭风速仪时，应采用柔软的织物和中性洗涤剂来擦拭，不要用挥发性液体擦拭风速仪。不要触摸探头内部传感器部位；长期不使用时，请取出内部的电池；不要将风速仪放置在高温、高湿、多尘和阳光直射的地方。

3. 检测步骤

（1）检测数量。

1）每个一级支管均应进行风系统平衡度检测。

2）当其余支路小于或等于5个时，宜全数检测。

3）当其余支路大于5个时，宜按照近端2个，中间区域2个，远端2个的原则进行检测。

（2）检测方法。

风量检测方法可采用风管风量检测方法，也可采用风量罩风量检测方法。

1）测量截面应选择在新风机组入口或出口直管段上，且宜距上游局部阻力部件大于或等于5倍管径（或矩形风管长边尺寸），并距下游局部阻力构件大于或等于2倍管径（或矩形风管长边尺寸）的位置。

2）矩形断面测点数及布置方法应符合表5-6和图5-10的规定；圆形断面测点数及布置方法应符合表5-7和图5-11的规定。

3）风量罩风量检测方法具体操作：① 风量罩安装应避免产生紊流，安装位置应位于检测风口的居中位置。② 风量罩应将待测风口罩住，并不得漏风。③ 应在显示值稳定后记录读数。

4. 数据处理

风系统平衡度应按下式计算：

$$FHB_j = G_{a,j}/G_{d,j}$$

式中 FHB_j ——第 j 个支路的风系统平衡度；

$G_{a,j}$ ——第 j 个支路的实际风量，m^3/h；

$G_{d,j}$ ——第 j 个支路的设计风量，m^3/h；

j ——支路编号。

5. 注意事项

（1）应在系统正常运行后进行，且所有风口应处于正常开启状态。

（2）风系统检测期间，受检风系统的总风量应维持恒定且宜为设计值的100%～110%。

（3）使用风量罩时要注意设备接口尺寸与风口尺寸匹配，应将待测风口罩住，不得漏风；且应避免产生紊流。

6. 结果判定

（1）90%的受检支路平衡度应为0.9～1.2。

（2）当检测结果符合以上的规定时，应判为合格，否则应判为不合格。

十四、风机盘管机组热工及噪声检测

该检测方法适用于外供冷水、热水由风机和盘管组成的机组，对房间直接送风，具有供冷、供热或分别供冷和供热功能，其送风量在2500 m^3/h 以下，出口静压小于100Pa的机组。不适用于自带冷、热源和直接蒸发盘管、蒸汽盘管、电加热等的风机盘管机组。

1. 检测依据

《风机盘管机组》（GB/T 19232—2003）

2. 样品要求

（1）风机盘管机组种类，如图5-15～图5-20所示。

图5-15 卧式明装机组

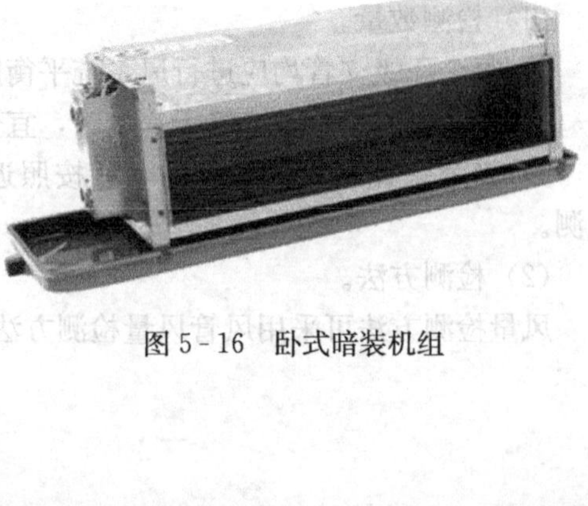

图5-16 卧式暗装机组

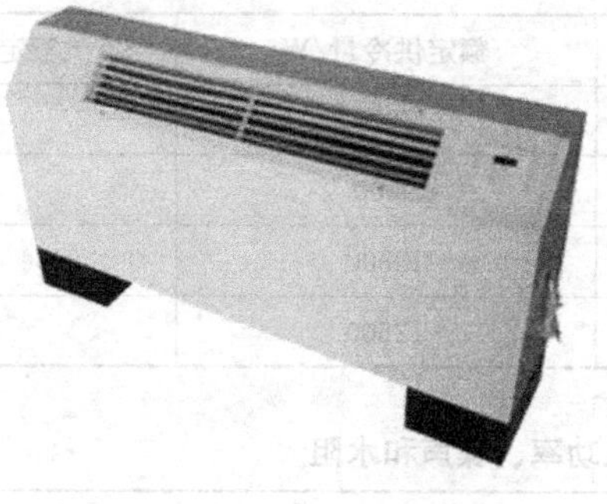

图 5 - 17　立式明装机组

图 5 - 18　立式暗装机组

图 5 - 19　卡式机组

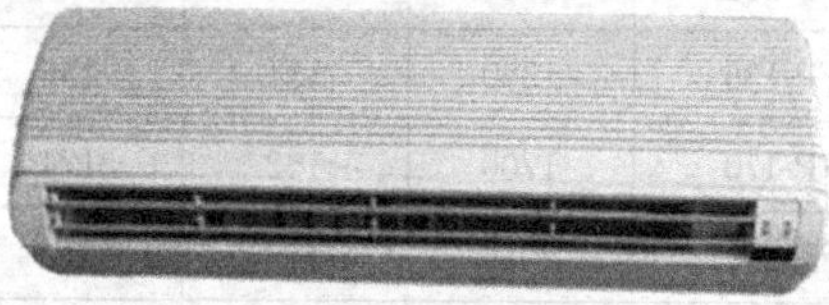

图 5 - 20　壁挂式机组

(2) 机组应按《风机盘管机组》(GB/T 19232—2003) 标准的规定，并按经规定程序批准的图纸和技术文件制造。

(3) 机组在高挡转速下的基本规格应符合表 5 - 13 和表 5 - 14 的规定。

1) 机组的电源为单相 220V，频率为 50Hz。

2) 机组的供冷量的空气焓降一般为 15.9kJ/kg。

3) 单盘管机组的供热量一般为供冷量的 1.5 倍。

表 5 - 13　　基 本 规 格

规格	额定风量/(m^3/h)	额定供冷量/W	额定供热量/W
FP-34	340	1800	2700
FP-51	510	2700	4050
FP-68	680	3600	5400
FP-85	850	4500	6750
FP-102	1020	5400	8100

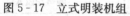

续表

规格	额定风量/(m³/h)	额定供冷量/W	额定供热量/W
FP-136	1360	7200	10800
FP-170	1700	9000	13500
FP-204	2040	10800	16200
FP-238	2380	12600	18900

表 5-14　基本规格的输入功率、噪声和水阻

规格	风量/(m³/h)	输入功率/W			噪声/dB(A)			水阻/kPa
		低静压机组	高静压机组		低静压机组	高静压机组		
			30Pa	50Pa		30Pa	50Pa	
FP-34	340	37	44	49	37	40	42	30
FP-51	510	52	59	66	39	42	44	30
FP-68	680	62	72	84	41	44	46	30
FP-85	850	76	87	100	43	46	47	30
FP-102	1020	96	108	118	45	47	49	40
FP-136	1360	134	156	174	46	48	50	40
FP-170	1700	152	174	210	48	50	52	40
FP-204	2040	189	212	250	50	52	54	40
FP-238	2380	228	253	300	52	54	56	50

（4）机组的结构应满足下列要求：

1）机组应有足够的强度和刚度，所有钣金件、零配件等应有良好的防锈措施。

2）机组的隔热保温材料应具有无毒、无异味、吸湿性小并符合建筑防火规范的要求，粘贴应平整牢固。

3）凝结水盘应有足够长度和坡度，确保凝结水排除通畅和机组凝露水滴入盘内。

4）机组应在盘管管路能有效排除管内滞留空气处设置放气阀。

（5）机组应能进行风量调节，设高、中、低三挡风量调节时，三挡风量宜按额定风量的1∶0.75∶0.5设置。

3. 仪器设备

各类测量仪器的准确度应符合表5-15。试验测量精度允许偏差应符合表5-16。

表 5-15　各类测量仪器的准确度

测量参数	测量仪表	测量项目	单位	仪表准确度
温度	玻璃水银温度计 电阻温度计 热电偶	空气进、出口干、湿球温度、水温	℃	0.1
		其他温度		0.3

续表

测量参数	测量仪表	测量项目	单位	仪表准确度
压力	倾斜式微压计 补偿式微压计	空气动压、静压	Pa	1.0
	U型水银压力计、水压表	水阻力	hPa	1.5
	大气压力计	大气压力	hPa	2.0
水量	各类流量计	冷、热水量	%	1.0
风量	各类计量器具	风量	%	1.0
时间	秒表	测时间	s	0.2
重量	各类台秤	称重量	%	0.2
电特性	功率表	测量电器特性	级	0.5
	电压表			
	电流表			
	频率表			
噪声	声级计	机组噪声	dB（A）	0.5

表 5-16　试验读数的允许偏差

项　　目		单次读数与规定试验工况最大偏差	读数平均值与规定试验工况的偏差
进口空气状态	干球温度/℃	±0.5	±0.3
	湿球温度/℃	±0.3	±0.2
水温	供冷/℃	±0.2	±0.1
	供热/℃	±1.0	±0.5
	进出口水温差/℃	±0.2	—
出口静压/Pa		±2.0	—
电源电压（%）		±2.0	—

4. 检测步骤

风机盘管机组热工测试如图 5　21 所示。

(1) 风机盘管机组风量测量。试验仪器装置由静压室、流量喷嘴、穿孔板、排气室（包括风机）组成，见图 5-22。空气流量测量装置中流量喷嘴应符合下列要求：

1）喷嘴喉部速度必须在 15～35m/s。

2）多个喷嘴应按图 5-22 所示方式布置，即两个喷嘴之间的中心距离不得小于 3 倍最大喷嘴喉部直径 D_{max}，喷嘴距箱体距离不得小于 1.5 倍最大喷嘴喉部直径。

3）喷嘴加工应按图 5-23 的要求，喷嘴的出口边缘应呈直角，不得有毛刺、凹痕或圆角。

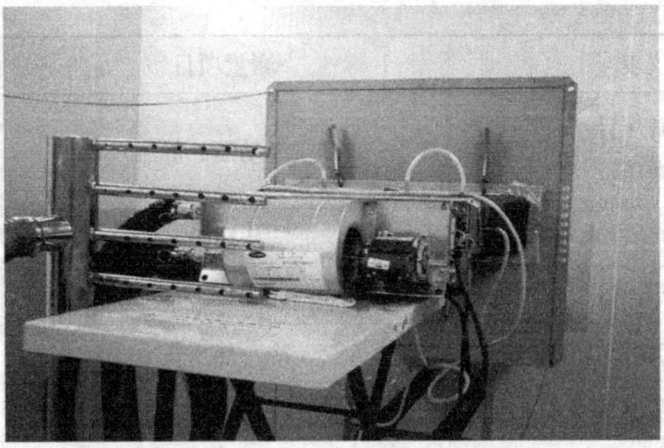

图 5 - 21　热工测试试验

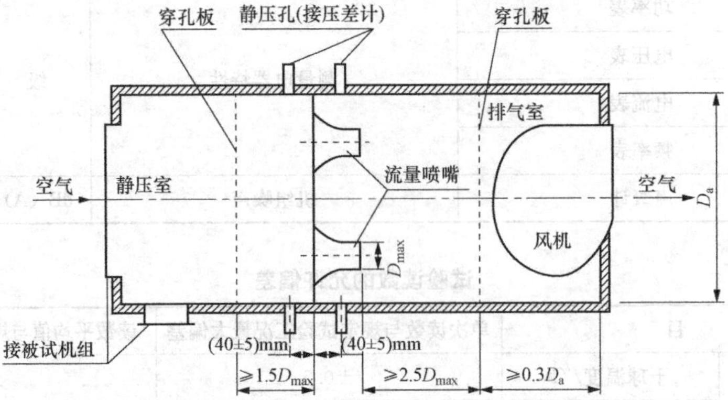

图 5 - 22　空气流量测量装置

注：D_a 为箱体当量直径。

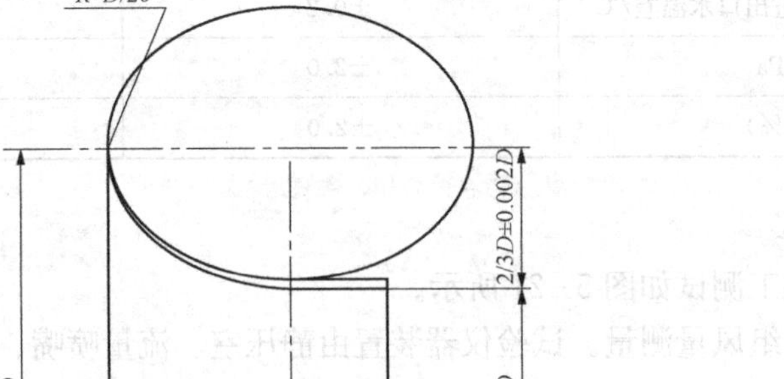

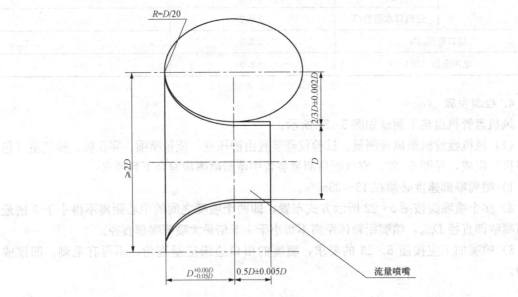

图 5 - 23　流量喷嘴示意图

穿孔板的穿孔率约为40%。各类测量仪器应有计量检定有效期内的合格证，其准确度应符合表5-13的规定。检测设备定期到国家空调设备质量监督检验中心或者有资质的检定中心进行定期校准，并根据其出具的法定校准证书对仪器各方面进行调整以获得最佳工作状态，定期通电运行、擦拭，对机组定期维护保养。

4）被测机组安装方法：

①卧式、立时风机盘管机组按图5-24（a）方式安装，也可将机组出口直接与静压箱相连。

②卡式风机盘管机组按图5-24（b）方式安装。

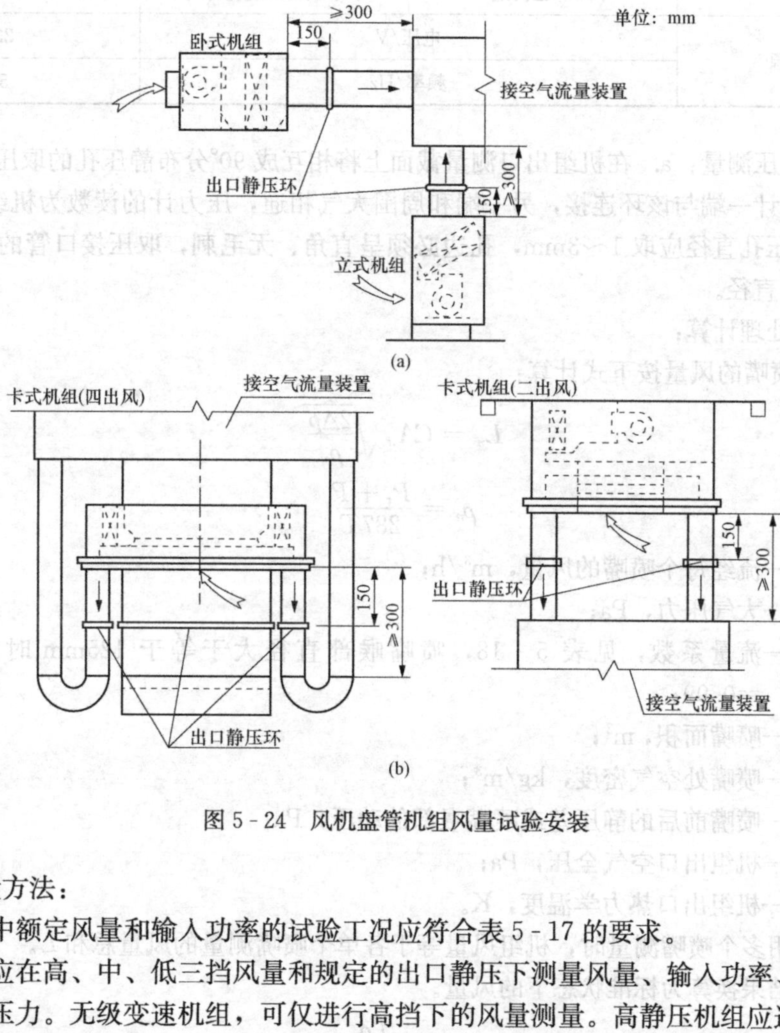

图5-24　风机盘管机组风量试验安装

5）测量方法：

①测量中额定风量和输入功率的试验工况应符合表5-17的要求。

②机组应在高、中、低三挡风量和规定的出口静压下测量风量、输入功率、出口静压和温度、大气压力。无级变速机组，可仅进行高挡下的风量测量。高静压机组应进行风量和出口静压关系的测量，得出高、中、低三挡风量时的出口静压值，或按下式进行计算：

$$P_M = (L_M/L_H)^2 P_H \quad P_L = (L_L/L_H)^2 P_H$$

式中　P_H、P_M、P_L——高、中、低三挡的出口静压，Pa；

L_H、L_M、L_L——高、中、低三挡风量，m^3/h。

表 5-17　额定风量和输入功率的试验参数

项　　目			试验参数
机组进口空气干球温度/℃			14～27
供水状态			不供水
风机转速			高挡
出口静压/Pa	低静压机组	带风口和过滤器等	0
		不带风口和过滤器等	12
	高静压机组	不带风口和过滤器等	30 或 50
机组电源	电压/V		220
	频率/Hz		50

③出口静压测量：a. 在机组出口测量截面上将相互成 90°分布静压孔的取压口连接成静压环，将压力计一端与该环连接，另一端和周围大气相通，压力计的读数为机组出口静压。b. 管壁上静压孔直径应取 1～3mm，孔边必须呈直角、无毛刺，取压接口管的内径应不小于两倍静压孔直径。

6）数据处理计算：

① 单个喷嘴的风量按下式计算：

$$L_n = CA_n\sqrt{\frac{2\Delta p}{\rho_n}}$$

$$\rho_n = \frac{P_t + P}{287T}$$

式中　L_n——流经每个喷嘴的风量，m^3/h；

P——大气压力，Pa；

C——流量系数，见表 5-18，喷嘴喉部直径大于等于 125mm 时，可设定 $C=0.99$；

A_n——喷嘴面积，m^2；

ρ_n——喷嘴处空气密度，kg/m^3；

ΔP——喷嘴前后的静压差或喷嘴喉部的动压，Pa；

P_t——机组出口空气全压，Pa；

T——机组出口热力学温度，K。

② 若采用多个喷嘴测量时，机组风量等于各单个喷嘴测量的风量总和 L。

③ 试验结果换算为标准状态下的风量。

$$L_s = \frac{L\rho_n}{1.2}$$

7）结果判定：

风量实测值应不低于额定值的 95%，输入功率实测值应不大于表 5-28 定值的 110%。当检测结果符合以上的规定时，应判为合格，否则应判为不合格。

8）注意事项如下：

①测得的风量、出口静压应进行标准工况的换算。

表 5-18　喷嘴流量系数

雷诺数 Re	流量系数 C	雷诺数 Re	流量系数 C	备注
40 000	0.973	150 000	0.988	$Re = \omega D/\upsilon$ 式中　ω——喷嘴喉部速度，m/s； υ——空气的运动黏性系数，m^2/s
50 000	0.977	200 000	0.991	
60 000	0.979	250 000	0.993	
70 000	0.981	300 000	0.994	
80 000	0.983	350 000	0.994	
100 000	0.985			

②测量静压的静压环不应漏风。

(2) 风机盘管机组供冷量和供热量测量。风机盘管机组供冷量和供热量试验采用图5-25所示试验装置进行测量。试验装置由空气预处理设备、风路系统、水路系统及控制系统组成。整个试验装置应保温。

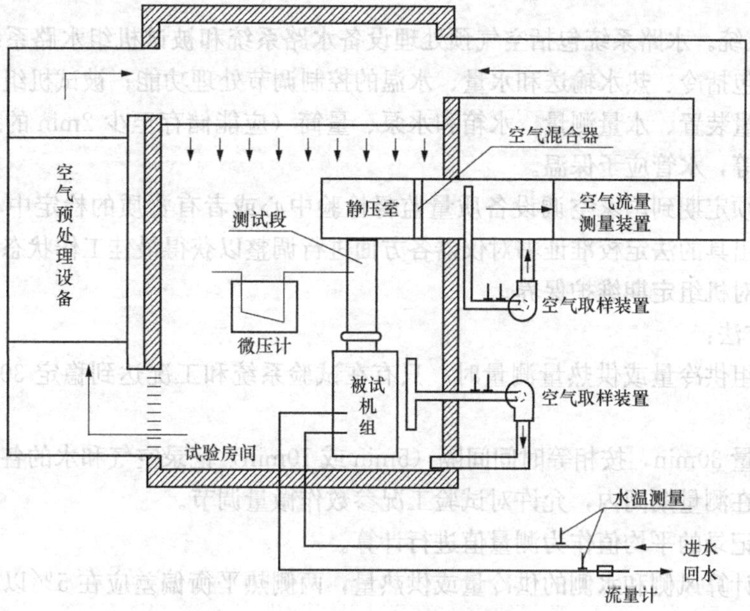

图 5-25　房间空气焓值法测量装置

1) 空气预处理设备。

① 空气预处理设备应包括加热器、加湿器、冷却器及制冷设备等。

② 空气预处理设备要有足够的容量，应能确保被试机组入口空气状态参数的要求。

2) 风路系统。

① 风路系统由测试段、静压室、空气混合室、空气流量测量装置、静压环和空气取样装置组成。测试段截面尺寸应与被试机组出口尺寸相同。

② 风路系统应便于调节机组测量所需的风量，并能满足机组出口所要求的静压值；保证空气取样处的温度、湿度、速度平均分布。

③ 机组出口至流量喷嘴段之间的漏风量应小于被试机组风量1%。

④ 测试段和静压室至排气室之间应隔热，其漏风量应小于被试机组换热量的2%。

⑤ 空气取样装置和该装置前的混合器如图5-26、图5-27所示。

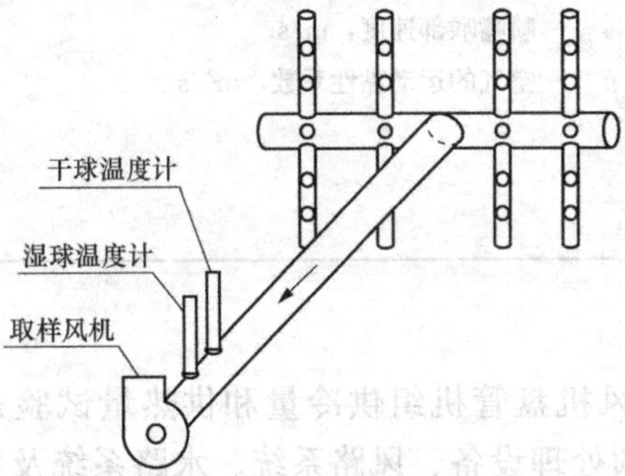

图5-26 空气取样装置图

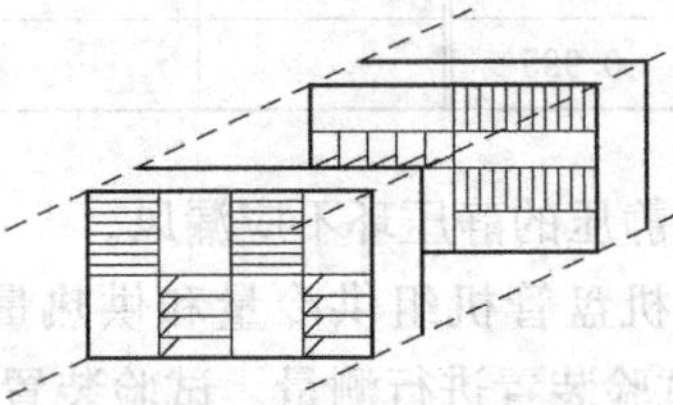

图5-27 空气混合器

3）水路系统。水路系统包括空气预处理设备水路系统和被试机组水路系统。预处理设备水路系统应包括冷、热水输送和水量、水温的控制调节处理功能；被试机组水系统应包括水温、水阻测量装置、水量测量、水箱和水泵、量筒（应能储存至少2min的水量）及称重设备、调节阀等，水管应予保温。

检测设备须定期到国家空调设备质量监督检验中心或者有资质的检定中心进行定期校准，并根据其出具的法定校准证书对仪器各方面进行调整以获得最佳工作状态。并定期通电运行、擦拭，对机组定期维护保养。

4）测量方法：

①进行机组供冷量或供热量测量时，只有在试验系统和工况达到稳定30min后，才能进行测量记录。

②连续测量30min，按相等时间间隔（5min或10min）记录空气和水的各参数，至少记录4次数值。在测量期间内，允许对试验工况参数作微量调节。

③取每次记录的平均值作为测量值进行计算。

④应分别计算风侧和水侧的供冷量或供热量，两侧热平衡偏差应在5%以内有效。取风侧和水侧的算术平均值为机组的供冷量或供热量。

5）数据处理计算：

①湿工况风量计算。

标准空气状态下湿工况的风量计算：

$$L_z = CA_n\sqrt{\frac{2\Delta P}{\rho}}$$

$$L_s = \frac{L_z\rho}{1.2}$$

其中

$$\rho=\frac{(B+P_t)(1+d)}{461T(0.622+d)}$$

②供冷量计算。

风侧供冷量和显冷量：

$$Q_a=L_s\rho(I_1-I_2)$$

$$Q_{se}=L_s\rho C_{pa}(t_{a1}-t_{a2})$$

水侧供冷量：

$$Q_w=GC_{pw}(t_{w2}-t_{w1})-N$$

实测供冷量：

$$Q_L=\frac{1}{2}(Q_a+Q_w)$$

两侧供冷量平衡误差：

$$\left|\frac{Q_a-Q_w}{Q_L}\right|\times100\%\leqslant5\%$$

③供热量计算。

风侧供热量：

$$Q_{ah}=L_s\rho C_{pa}(t_{a2}-t_{a1})$$

水侧供热量：

$$Q_{wh}=GC_{pw}(t_{w1}-t_{w2})+N$$

实测供热量：

$$Q_h=\frac{1}{2}(Q_{ah}+Q_{wh})$$

两侧供热量平衡误差：

$$\left|\frac{Q_{ah}-Q_{wh}}{Q_h}\right|\times100\%\leqslant5\%$$

式中　L_z——湿工况风量，m^3/s；

A_n——喷嘴面积，m^2；

L_s——标准状态下湿工况的风量，m^3/s；

C——喷嘴数量系数由表5-33查得；

ΔP——喷嘴前后静压差或喷嘴喉部处的动压，Pa；

B——大气压力，Pa；

P_t——在喷嘴进口处空气的全压，Pa；

ρ——湿空气密度，kg/m^3；

d——喷嘴处湿空气的含量，kg/kg（干空气）；

G——供水量，kg/s；

T——被试机组出口空气绝对温度，K，$T=273+t_{a2}$；

t_{a1}、t_{a2}——被试机组进、出口空气温度，℃；

C_{pa}——空气定压比热，kJ/(kg℃)；

t_{w1}、t_{w2}——被试机组进、出口水温，℃；

C_{pw}——水的定压比热，kJ/(kg℃)；

N——输入功率，kW；

Q_a——风侧供冷量，kW；

Q_{se}——风侧显热供冷量，kW；

I_1、I_2——被试机组进、出口空气焓值，kJ/kg（干空气）；

Q_w——水侧供冷量，kW；

Q_{ah}——风侧供热量，kW；

Q_{wh}——水侧供热量，kW；

Q_L——被试机组实测供冷量，kW；

Q_h——被试机组实测供热量，kW。

6）结果判定：

机组在表 5-19 规定的试验工况下按照上述方法试验，供冷量和供热量实测值应不低于额定值的 95%。当检测结果符合以上的规定时，应判为合格，否则应判为不合格。

表 5-19　　额定供冷量、供热量试验工况参数

<table>
<tr><th colspan="3">项　　目</th><th>供冷工况</th><th>供热工况</th></tr>
<tr><td colspan="2" rowspan="2">进口空气状态</td><td>干球温度/℃</td><td>27.0</td><td>21.0</td></tr>
<tr><td>湿球温度/℃</td><td>19.5</td><td>—</td></tr>
<tr><td colspan="2" rowspan="3">供水状态</td><td>供水温度/℃</td><td>7.0</td><td>60.0</td></tr>
<tr><td>供回水温差/℃</td><td>5.0</td><td>—</td></tr>
<tr><td>供水量/（kg/h）</td><td>按水温差得出</td><td>与供冷工况同</td></tr>
<tr><td colspan="3">风机转速</td><td colspan="2">高挡</td></tr>
<tr><td rowspan="3">出口静压/Pa</td><td rowspan="2">低静压机组</td><td>带风口和过滤器等</td><td colspan="2">0</td></tr>
<tr><td>不带风口和过滤器等</td><td colspan="2">12</td></tr>
<tr><td colspan="2">高静压机组</td><td colspan="2">30 或 50</td></tr>
</table>

7）注意事项：

①水路系统应便于调节水量，并确保测量时水量稳定。

②确保测量时所规定的水温。

③流经湿球温度计的空气流速在 3.5～10m/s，最佳保持在 5m/s。

④湿球温度计的纱布应洁净，并与温度计紧密贴住，不应有气泡。用蒸馏水使其保持湿润。

⑤湿球温度计应安装在干球温度计的下游。

（3）风机盘管机组水阻测量。水阻应按图 5-28 给定装置测量风机盘管机组进出口水压降。

检测设备需定期到国家空调设备质量监督检验中心或者有资质的检定中心进行定期校准，并根据其出具的法定校准证书对仪器各方面进行调整以获得最佳工作状态。并定期通电运行、擦拭，对机组定期维护保养。

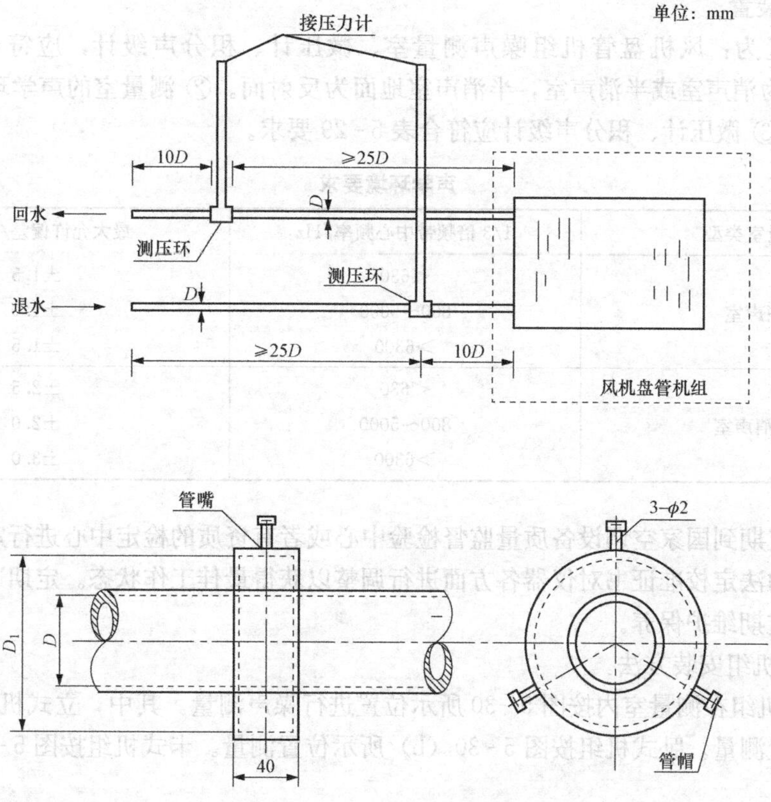

测压环

D/mm	15	20	25	32	40
D/mm	25	32	40	50	50

图 5-28　水阻测量装置

1）测量方法如下：

①水温可用低于 12℃，至少进行 5 组水量下的水阻试验，其水量应包括机组使用时的最大和最小流量值。

②将试验结果列表或绘制水量与水阻曲线。

2）结果判定如下：

机组按照上述方法试验，水阻实测值应不大于表 5-14 规定值的 110%。

3）注意事项：

①测量水阻可在供冷量试验后进行，从而使水温低于 12℃。

②与压力计相连的连接管内不应有气泡。

（4）风机盘管噪声测量。风机盘管噪声测量如图 5-29 所示。

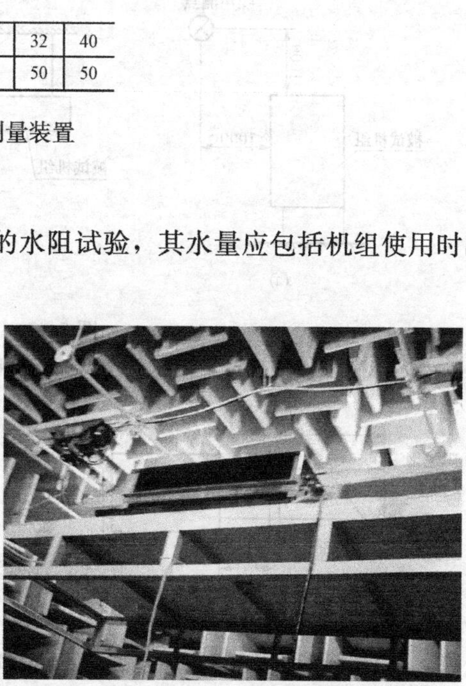

图 5-29　噪声测试

1）试验装置。

试验装置为：风机盘管机组噪声测量室、微压计、积分声级计，应符合下列要求：① 测量室应为消声室或半消声室，半消声室地面为反射面。② 测量室的声学环境应符合表 5 - 20 要求。③ 微压计、积分声级计应符合表 5 - 29 要求。

表 5 - 20　　声学环境要求

测量室类型	1/3 倍频带中心频率/Hz	最大允许偏差/dB(A)
消声室	<630	±1.5
	800～5000	±1.0
	>6300	±1.5
半消声室	<630	±2.5
	800～5000	±2.0
	>6300	±3.0

设备需定期到国家空调设备质量监督检验中心或者有资质的检定中心进行定期校准，并根据其出具的法定校准证书对仪器各方面进行调整以获得最佳工作状态。定期通电运行、擦拭，对机组定期维护保养。

2）被试机组安装方法。

① 被试机组在测量室内按图 5 - 30 所示位置进行噪声测量。其中，立式机组按图 5 - 30（a）所示位置测量。卧式机组按图 5 - 30（b）所示位置测量。卡式机组按图 5 - 30（c）所示位置测量。

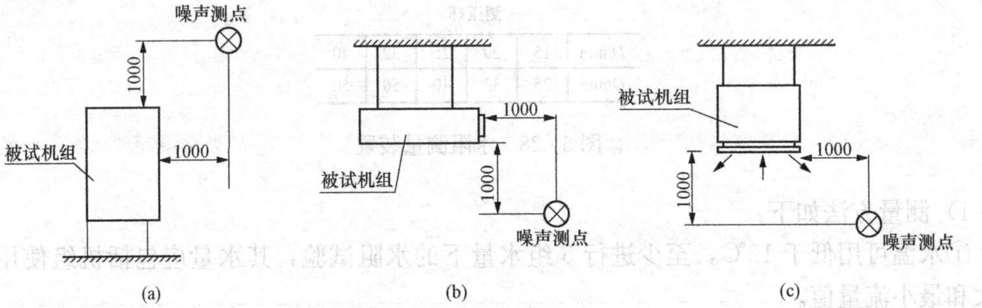

图 5 - 30　风机盘管噪声装置

（a）立式机组；（b）卧式机组；（c）长式机组

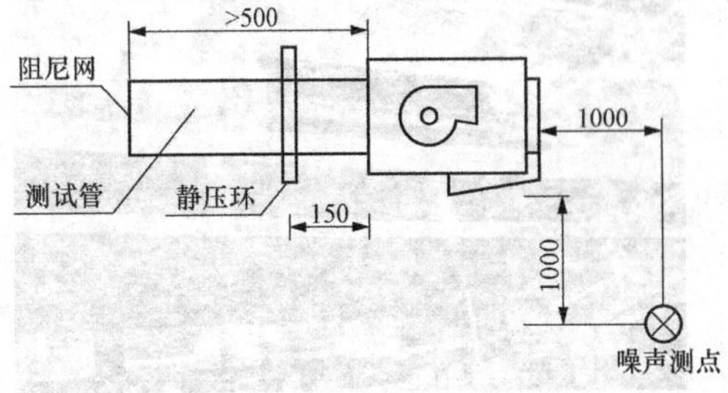

图 5 - 31　有出口静压的机组噪声装置

② 有出口静压的机组按图 5 - 31 所示位置测量。在机组回风口安装测试管段，并在端部安装阻尼网，调节到要求静压值。按图 5 - 31 所示噪声测点进行测量。

③ 被试机组电源输入为额定电压、额定功率，并可进行高、中、低三挡风量运行。

④ 被试机组应按有关技术条件的要求进行安装，所有零部件都应安装完整，不应额外

增加隔声的吸声部件。

3）测量方法。① 被检机组在额定电压和要求静压下运转15min。② 被试机组出口静压值应与风量测量时一致。③ 将声级计调到适当状态，测出机组高、中、低三挡风量时的声压级 dB（A）。一人检测，一人记录。④ 测量时传声器应正对被测机组方向，声级计应采用“慢”时间计权特性测量。当声级计指针摆动不大于 3dB（A）时，用目测法读取平均值，计权观测时间大于 15s。⑤ 对测量结果按表 5-21 进行修正。

表 5-21　机组噪声值修正量

测得机组噪声声压级与背景噪声声压级之差/dB(A)	测得的声压级中减去的修正量/dB(A)
<5	测量无效
5	2
6，7	1
>8	0

4）结果判定。机组在表 5-22 规定的试验工况下按照上述方法试验，实测声压级噪声应不大于表 5-21 规定值。

表 5-22　噪声试验工况参数

项目		噪声试验
进口空气状态	干球温度/℃	常温
	湿球温度/℃	
供水状态	供水温度/℃	—
	水温差/℃	—
	供水量/（kg/h）	不通水
风机转速		高挡
出口静压/Pa	带风口和过滤器机组	0
	不带风口和过滤器机组	12
	高静压机组	30 或 50

5）注意事项。① 测量室应为半消声室时，测点距离反射面大于 1m。② 被试机组测量噪声前要确保盘管内无水，叶轮内无杂物，以免影响检测结果。

十五、采暖散热器

采暖散热器俗称暖气，是供热系统的末端装置。常见的采暖散热器装在室内，承担着将热媒携带的热量传递给房间内的空气，以补偿房间的热耗，达到维持房间一定空气温度的目的，采暖散热器必须具备能够承受热媒输送系统的压力、有良好的传热和散热能力、能够安装在室内和具有必要的使用寿命等条件。采暖散热器在建筑采暖中应用广泛，目前散热器种类众多，设计多样，为了方便区分，可按散热方式、材质和功能进行分类，具体分类如图

5-32所示。

散热器种类繁多，常见散热器种类如图5-33～图5-43所示。

- 材质和功能
  - 钢制
    - 钢制柱型
    - 钢制板型
    - 钢制椭圆管搭接焊型
    - 钢制翅片管对流型
    - 钢制闭式串片对流型
  - 灰铸铁
  - 铝制
  - 复合型
    - 钢铝复合柱翼型
    - 钢铝复合柱翼型
  - 卫浴和装饰型
  - 其他新型
- 散热方式
  - 辐射型
  - 对流型
  - 辐射对流型

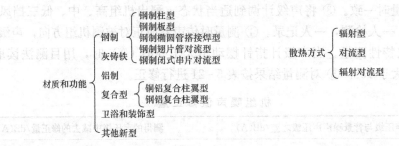

图5-32 采暖散热器分类方式

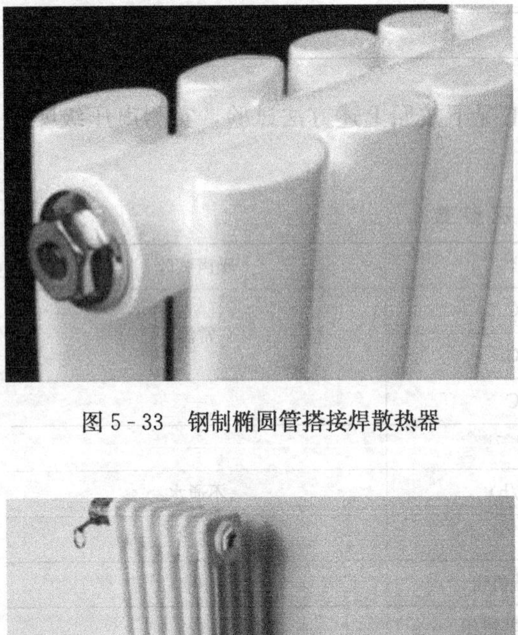

图5-33 钢制椭圆管搭接焊散热器

图5-34 钢制椭圆管双柱散热器

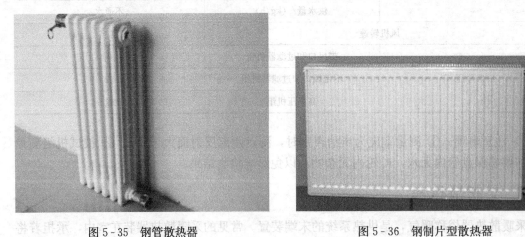

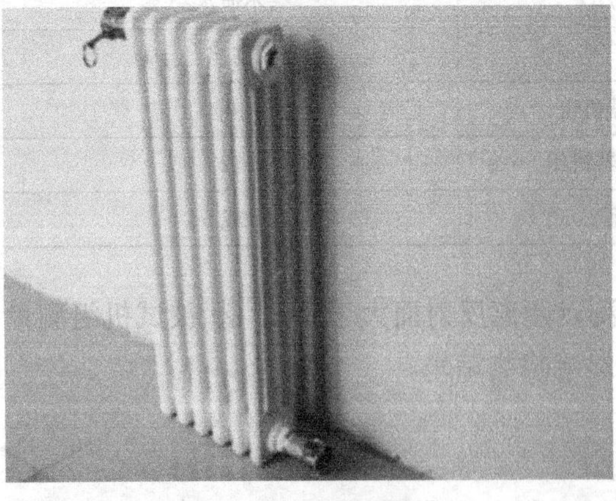

图5-35 钢管散热器

图5-36 钢制片型散热器

由于散热器检测时涉及的相关术语较多，理解起来相对困难，所以在讲解散热器相关参数检测前，首先需要了解散热器检测的相关术语，以便更好地掌握检测方法。

(1) 基准点空气温度。测试小室中心垂直线上距地0.75m处测量到的空气温度。

（2）过余温度。样品进出水平均温度与基准点空气温度的差值。

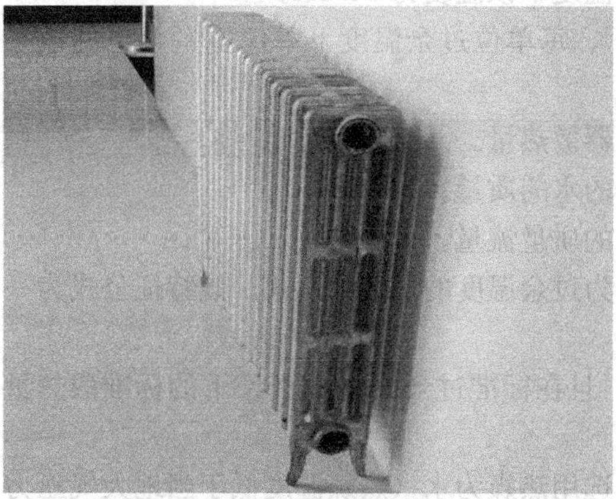

图 5-37 铸铁柱型散热器

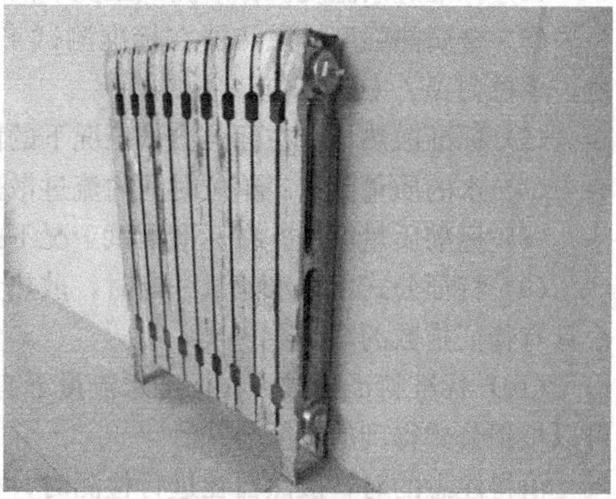

图 5-38 铸铁柱翼型散热器

图 5-39 铝制散热器

图 5-40 压铸铝散热器

图 5-41 铝合金柱翼型散热器

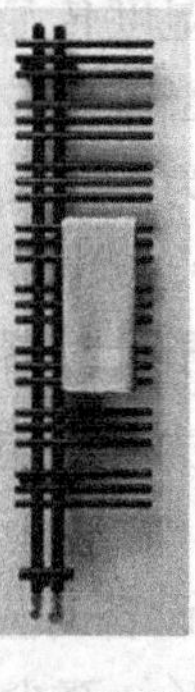

图 5-42 卫浴型散热器

图 5-43 钢制翅片管散热器

（3）标准测试工况。基准点空气温度为 18℃，小室大气压力为标准大气压力；辐射散热器进口水温为 95℃，出口水温为 70℃；对流散热器进口水温为 88.75℃，出口水温为

76.25℃的测试工况，简称标准工况。

(4) 标准过余温度。标准测试工况下的过余温度，该温度为64.5K。

(5) 金属热强度。散热器在标准测试工况下，每单位过余温度下单位质量金属的散热量，单位为W/(kg·K)。

(6) 标准散热量。在标准测试工况下的散热器散热量。

(7) 水的质量流量。单位时间内流过散热器的水的质量。

(8) 标准质量流量。在标准测试工况下的水的质量流量。

(9) 特征公式。在水流量一定时，散热量作为过余温度的函数表达式。该特征公式为一个具有特征指数的幂函数。

(10) 标准特征公式。在标准水流量下有效，且在标准过余温度64.5K下的标准散热量可以根据公式得到的特征公式。

值得注意的时，散热器在进行检测时，样品选用热媒为水（热媒温度低于当地大气压力下水的沸点温度），由远程热源提供热量的散热器；散热器的散热量不应小于700W，且对于每立方米小室体积散热量不大于87W；不可以是自带热源散热器。

(一) 标准散热量检测

1. 检测依据

《采暖散热器散热量测定方法》(GB/T 13754—2008)

2. 检测设备

采暖散热器检测设备配置较为复杂，为方便理解，将设备结构及检测原理简化，设备的简要示意图如图5-44所示。

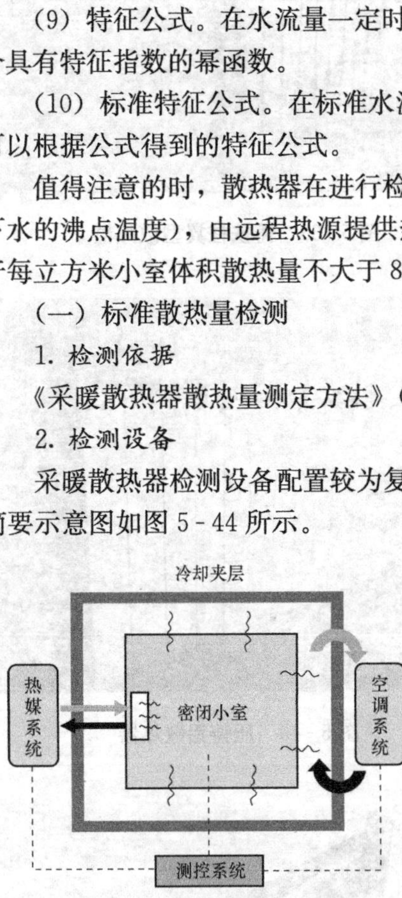

图5-44 检测装置示意图

(1) 设备要求：基准点空气温度传感器：测量误差应为±0.1℃；小室内其他空气点温度传感器、小室内壁温度传感器：测量误差应为±0.2℃；采用空气冷却时夹层内的空气温度传感器，测量误差应为±0.5℃；采用水冷却时夹层内的冷却系统入口处温度传感器，测量误差应为±0.2 ℃；小室内空气的相对湿度传感器，测量误差应为±5%；大气压力计，测量误差应为±0.1 kPa；电子天平（流量）测量误差为每10kg测量误差不应大于2g；台秤（散热器质量）测量精度为0.01kg；钢卷尺测量精度为1mm；电子计时器测量误差不大于0.01s。

(2) 检定要求：温度传感器、大气压力计、电子天平、台秤、钢卷尺、电子计时器检定周期均为一年。

(3) 期间核查：检测实验室验收检测设备时应使用自己的标准散热器进行散热量测试，连续五次测试结果的相对偏差不应超过2%。至少每六个月应使用自己的标准散热器进行散热量测试。测试结果与初始时连续五次测试结果的相对偏差不应超过2%。

(4) 维护保养：在水箱注满水之前，严禁开启加热功能，避免加热管烧毁。在确定安装好散热器之前，严禁开启循环泵，避免循环泵烧毁。水箱及管路注意防锈，长期不使用时，将存水放空，避免长期浸泡产生锈渍，定期检查线路，是否连接牢靠，排除短路故障。

3. 试验步骤

(1) 安装前准备工作。注意将散热器上污渍清洁干净，避免影响散热量；测量散热器外形尺寸及相关尺寸，测量散热器质量。

(2) 安装时注意事项。尽量选用直径相同或接近的管件进行连接，散热器平行于小室中某一面墙，并对称于墙的中心线；安装散热器的墙面与散热器最近表面之间的距离为 0.05m ±0.005m；散热器应水平安装，其底部与地面之间的距离应为 0.10～0.12m；散热器与支管的连接采用同侧上进下出，并应有一定坡度；支撑及固定散热器的构件不应影响散热器的散热量；注意散热器上跑风门的安装，要便于操作，保证在水系统中不发生气堵。如果委托方委托的安装条件与以上任一标准安装条件不同，散热器应按委托方的规定安装，相关安装元件由委托方提供。为保证水温在被测散热器与水系统连接点处直接测量，尽可能选用合适的管件，如不能在该处测量时，测温点与散热器进（出）口之间的距离不得大于 0.3m，此时，这段管道应严格保温，并在计算散热量时减去这部分散热量，保温层应延伸到测点之外 0.3m 以上。

(3) 稳态条件控制。

1) 测试必须在热媒循环系统和闭式小室的环境全部达到稳态条件后方可进行，并在测试的全过程加以保持。

2) 应通过自动控制系统对相关参数进行定时监测，当在 30min 内至少 12 组连续等时间间隔上的读数与所取平均值的最大偏差小于下列规定的偏差范围时，即认为已达到稳态条件。

3) 热媒循环系统的稳态条件见表 5-23。

表 5-23 热媒循环系统的稳态条件

温度点	与平均值最大偏差
流量	±1%
进口温度	±0.1℃
出口温度	±0.1℃
基准点温度	±0.1℃
各壁面中心点温度	±0.3℃
安装散热器的墙壁内表面温度	±0.5℃

(4) 工况选择。

1) 过余温度分别为 32K±3K、47K±3K、64.5K±1K 三个工况下进行测试，测定进出口热水的温度、流量，见表 5-24。不同工况间基准点空气温度的变化不应超过 1K。不同工况间的水的质量流量应相同，与平均值的相对偏差不超过±1%。

流量按下列要求确定：过余温度为 64.5K±1K；对辐射散热器，散热器进出口温度差为 25K±1K；对对流散热器，散热器进出口温差为 12.5K±1K。

2) 每个工况下，在确定热媒和小室在设定状态达到稳定后，开始在每次不超过 5min

的等时间间隔上连续进行测试，其总时间不少于0.5h，总次数不少于12次。

3）记录热媒和小室要求测量的数据，包括温度、流量。在证实记录值符合要求的偏差范围内之后（包括稳态条件），采用平均值计算散热器的散热量。测量误差满足以下要求：流量波动±0.5%；温度波动±0.1℃。

表5-24　　不同工况下各点温度分布

		第一工况	第二工况	第三工况
进水口温度/℃	辐射型	95±0.5	75±0.5	55±0.5
	对流型	89±0.5	70±0.5	50±0.5
出水口温度/℃	辐射型	70±0.5	—	—
	对流型	76±0.5	—	—
基准点温度/℃		18±0.5		
过余温度/K		64.5±1	47±3	32±3

由于试验条件所限，在试验中应尽量减少室内温度波动。低位水箱内的水由循环水泵打入高位水箱，经电加热器加热并由温控器控制其温度在某一固定温度点，由管道流入散热器中，经其传热将一部分热量散入房间，降低温度后的回水通过转子流量计流入低位水箱。流量计计量出流经每个散热器的体积流量。循环泵打入高位水箱的水量大于散热器回路所需的流量时。多余的水量经溢流管流回低位水箱。

4. 结果处理

通过确定散热器散热量与过余温度的相关值，建立散热器标准特征公式。

称量法：

第一步：散热器的散热量按下式计算：

$$Q = G_m(t_1 - t_2)$$

$$G_m = m/\tau$$

式中　Q——测试样品的散热量，W；

G_m——通过散热器的水的质量流量，kg/s；

t_1——散热器进口处热媒的焓，J/kg；

t_2——散热器出口处热媒的焓，J/kg；

m——集水容器中水的质量，kg；

τ——集水容器收集水的采样时长，s。

第二步：大气压力修正

当测试小室大气压力与标准大气压力 p=101.3kPa有偏离时，应按下式计算散热量：

$$Q = Q_{me}\alpha$$

式中　Q——测试样品的散热量，W；

Q_{me}——根据相应测量值计算得出的散热量，W；

α——标准大气压力条件下的散热量修正系数，$\alpha=1+\beta(P_0-P)/P_0$；

β——系数，辐射散热器为0.3，对流散热器为0.5；

P——测试时的平均大气压力，kPa；

P_0——基准大气压力（101.3kPa）。

第三步：根据3个工况散热量测试结果，建立散热器标准特征公式：

$$Q = K_M \Delta T^n$$

式中　Q——散热器散热量，W；

ΔT——过余温度，K；

n——被测散热器的常数，通过最小二乘法求得，均保留四位小数。

标准散热量按标准特征公式代入标准过余温度 ΔT_s（64.5K）计算求得，结果修约至一位小数。

（二）金属热强度检测

根据上一节检测得到的标准散热量计算金属热强度，计算应按下式：

$$q = \frac{Q_s}{\Delta T_s - G}$$

式中　q——金属热强度，W/(kg·K)；

Q_s——标准散热量，W；

G——散热器未充水时的质量，kg；

ΔT_s——标准过余温度，取64.5K。

第六章

节能建筑现场检测

节能工程现场检测是对节能工程中所用的材料和施工质量控制的重要手段之一，也是节能验收和竣工验收的一项必备条件，它能够将各项节能措施的效果以数据的形式反映出来，使人们能够更直观地了解建筑节能的各项指标，进一步验证建筑节能工程的质量与节能效果，为建筑节能技术的改进和不同节能建筑之间的比较提供支持，为政府决策提供依据。《天津市民用建筑节能工程施工质量验收规范》（DB 29—126—2014）中明确规定了建筑节能工程现场需要进行的检测项目，如墙体节能工程中需要对保温板材与基层进行黏结强度现场检测、后置锚固件进行锚固力现场检测、保护层进行现场抗冲击检测、节能构造取芯检测、门窗节能工程需要进行外窗现场气密及淋水性能检测、围护结构传热系数检测等。

一、保温板与基层黏结强度检测

保温板作为隔热保温材料，目前主要分为有机材料和无机材料两大类，有机材料中以聚苯乙烯为原料的EPS和XPS板最为常见，这类材料具有较好的隔热及物理性能；而无机材料主要指以无机纤维制成的具有出色防火性能的岩棉板材。在施工过程中，保温板被粘贴在建筑物基层墙体表面上，故保温板与基层的黏结强度是判定外保温系统安全与否的重要指标，也是现场检测的重要检测项目。

1. 检测依据

《天津市民用建筑围护结构节能检测技术规程》（DB/T 29—88—2014）

2. 检测设备

（1）黏结强度检测仪。应符合《数显式黏结强度检测仪》（JG 3056—1999）的规定。

（2）黏结标准块。按长、宽、厚尺寸为100mm×100mm×（7～8）mm，用45号钢或铬钢材料制作的标准试件。

（3）辅助工具及材料：手持切割锯、黏结强度大于3.0MPa的胶黏剂、胶带及标记笔。

3. 检测条件及环境

（1）本试验应在保温板材粘贴完工28d后进行。

（2）检测环境温度不得低于5℃，不得在雨雪天气或保护层潮湿的情况下检测。

4. 抽样原则

以每5000m^{2}同类保温体系为一个检验批，不足5000m^{2}按5000m^{2}计，每批应取一组9个试样，每相邻三个楼层应至少取一组试样，试样应随机抽取，取样间距不得小于1m，并应兼顾不同楼层及朝向。

5. 试验步骤

(1) 用标记笔在取样处的保温板表面按标准块长宽尺寸进行标记。

(2) 用切割锯沿标记痕迹进行切割，断缝由保温板表面切割至基层表面，清理保温板表面保持清洁干燥。

(3) 在取样处切割完保温板后，用手轻按取样处，若保温板发生晃动则证明该处试样与基层无可靠连接，应废弃该点另行取样，直至切割后轻按保温板不发生晃动方可继续进行检测。

(4) 将按比例搅拌的胶黏剂均匀涂抹在标准块表面后与已切割好的保温板进行黏结（在温度较低的情况下宜先用吹风机对标准块和胶黏剂预先加热再进行作业），黏结后及时用胶带或卡具进行固定防止标准块移位或滑落。

(5) 在黏结剂彻底硬化后将黏结强度检测仪垂直于墙面放置，转动手柄调整拉力杆末端接头与标准块背面接口对接，保证标准块处于不受力状态。

(6) 将黏结强度检测仪数显屏清零并置于峰值状态后匀速缓慢转动手柄，直至试样完全断开，记录每个检测部位的黏结力值和破坏部位，当破坏部位位于保温板与胶黏剂层界面时，若黏结面积<50%，则该点废弃并另选点重新检测。

6. 结果处理

黏结强度按下列公式计算，结果精确到0.01MPa：

$$P_i = \frac{F_i}{S}$$

式中　P_i——每个点黏结强度，MPa；

F_i——每个点黏结力值，N；

S——黏结面积，mm^2。

在进行结果判定时，判定指标可依据表6-1。

表6-1　　保温板与基层的黏结强度现场检测判定指标

保温材料	判定指标	破坏现象
EPS	≥0.10MPa	破坏在保温板材内部
XPS	≥0.15MPa	
泡沫水泥保温板	≥0.10MPa	
模塑石墨聚苯板	≥0.10MPa	
酚醛泡沫板	≥0.08MPa	
硬泡聚氨酯复合保温板	≥0.12MPa	
其他材料	符合设计要求	

7. 注意事项

(1) 检测人员必须佩戴安全帽，防止高空坠物对检测人员造成的伤害。

(2) 在切割强度较低的保温材料（如岩棉板）时，应小心作业，防止切割力度过大对板材强度造成影响。

（3）如遇到保温板材质地柔软且表面不平整时，宜先在板材表面涂刷一层界面剂，待其固化后再粘贴标准块，以保证试样与标准块粘贴面积达到要求。

（4）在黏结过程中若有胶黏剂溢出应及时拭去，不得使其流入断缝之中。

（5）如果保温材料强度较低，则黏结标准块的重量不得对被测试样检测结果产生影响。

二、基层与胶黏剂拉伸黏结强度检测

胶黏剂是外保温系统中的主要黏结材料，其作用是将保温板材与基层进行连接，其黏结性能关乎整个外保温系统的安全及可靠性。在施工过程中有诸多因素如无法精确控制水灰比、基层的平整与光滑度等都会影响胶黏剂的黏结性能，因此也增加了现场对基层与胶黏剂黏结强度进行检测的必要性。

1. 检测依据

《天津市民用建筑围护结构节能检测技术规程》DB/T 29—88—2014

2. 检测设备

（1）黏结强度检测仪。应符合《数显式黏结强度检测仪》（JG 3056—1999）的规定。

（2）黏结标准块。按长、宽、厚尺寸为 40mm×40mm×（7～8）mm，用 45 号钢或铬钢材料制作的标准试件。

（3）辅助工具及材料：手持切割锯、黏结强度大于 3.0MPa 的胶黏剂、胶带及标记笔。

3. 检测条件及环境

（1）本试验应在保温板材粘贴完工 28d 后进行。

（2）检测环境温度不得低于 5℃，不得在雨雪天气或保护层潮湿的情况下检测。

4. 抽样原则

取样部位选取有代表性的 5 处。

5. 试验步骤

同本章第一部分，去除表面保温板后切割胶黏剂层，断缝切割至基层表面并保持深度一致。

6. 结果处理

计算公式见下式，精确到 0.01MPa。进行判定时，每个点黏结强度要求≥0.3MPa。

$$P_i = \frac{F_i}{S}$$

式中 P_i——每个点黏结强度，MPa；

F_i——每个点黏结力值，N；

S——黏结面积，mm^2。

7. 注意事项

（1）检测人员必须佩戴安全帽，防止高空坠物对检测人员造成伤害。

（2）选取的试样应完全干燥且表面平整。

（3）由于试样体积较小，切割应小心进行，防止发生松动。

三、锚栓抗拉承载力检测

锚栓在外保温系统中起到辅助固定作用，如图 6-1 所示，主要通过膨胀产生的摩擦或机械固定作用来连接保温板材与基层，锚栓有助于加强系统的连接可靠性，但由于大部分的锚栓膨胀件为金属材料，造成锚栓在外保温系统中会成为热桥，对保温节能造成不利影响，因此保温系统中不宜存在过多的锚栓，也就要求每个锚栓有足够的抗拉承载性能来加强系统的可靠性。现场施工过程中对锚栓承载力的影响因素也多种多样，例如不规范的锚栓安装方法、基层墙体材质影响等。

1. 检测依据

《外墙保温用锚栓》(JG/T 366—2012)

2. 检测设备

锚栓拉拔仪，可连续平稳加载。

3. 检测条件及环境

(1) 本试验应在单体建筑锚栓安装完毕后进行。

(2) 检测环境温度不得低于5℃，不得在雨雪天气检测。

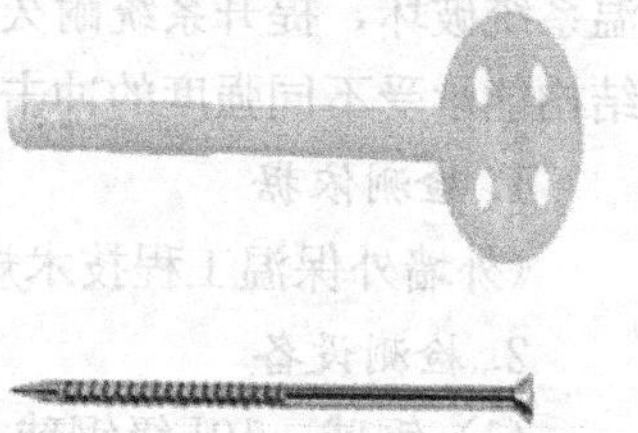

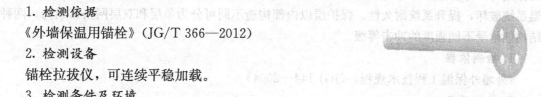

图6-1　常见的旋入式圆盘锚栓

4. 抽样原则

取点位置应兼顾不同朝向、不同楼层，取点间距不得小于500mm，取点数量不少于15个。

5. 试验步骤

(1) 确定检测点位。

(2) 用卡具将锚栓连接在拉拔仪上，保证荷载垂直于墙面，并保证反作用力距锚栓不少于150mm处传递给基层墙体。连续平稳加载约1min后，达到破坏荷载N_1并记录。

6. 结果处理

锚栓现场抗拉承载力标准值N_{Rk1}按下式计算：

$$N_{Rk1}=0.6N_1$$

式中　N_{Rk1}——超过1.5kN的按1.5kN取；

N_1——破坏荷载中5个最小值的平均值。

在进行结果判定时，判定指标可依据表6-2。

表6-2　不同基层墙体材料锚栓抗拉承载力判定指标

基层墙体材料	墙体类型	判定指标/kN
混凝土	A类	≥0.60
实心砌块	B类	≥0.50
多孔砌块	C类	≥0.40
空心砌块	D类	≥0.30
砂加气	E类	≥0.30

7. 注意事项

(1) 检测人员必须佩戴安全帽，防止高空坠物对检测人员造成伤害。

(2) 检查锚栓安装是否正确。

(3) 检测人员应确定待检试样所处墙体类型。

四、系统抗冲击性能检测

保护层在外保温系统中起防裂、防水、防撞击等保护作用，外保温系统在受到外部冲击力作用时，保护层依靠自身强度、韧性及内部所铺设网格布来抵消和分散冲击力，以防止保温系统破坏，提升系统耐久性。保护层以内部构造不同可分为单层和双层网格布结构，两种结构能承受不同强度的冲击等级。

1. 检测依据

《外墙外保温工程技术规程》(JGJ 144—2004)

2. 检测设备

(1) 钢球：10J 级钢球（质量 1000g，直径 6.25cm），3J 级钢球（质量 500g）各一个。

(2) 摆绳：摆长大于 1.50m。

3. 检测条件及环境

(1) 应在保护层施工完成 28d 后进行检测。

(2) 环境温度应高于 5℃，且风力不超过 3 级，无降雨。

4. 抽样原则

应根据抹面层和饰面层性能的不同而选取冲击点，且不要选在局部增强区域和玻纤网搭接区域。

5. 试验步骤

(1) 将摆绳一端与钢球连接，另一端固定于待冲击点上方。

(2) 将钢球抬起并拉直摆绳，使摆绳垂直于墙面。取钢球从开始下落的位置与冲击点之间的高度差等于落差。10J 级钢球落差 1.02m，3J 级钢球落差 0.61m。

(3) 确定落差后松开钢球使其进行自由落体运动，冲击完成后检查冲击点是否破坏。

6. 结果处理

以冲击点及周围开裂作为破坏判定标准，如图 6-2、图 6-3 所示。10J 级试验 10 个冲击点中破坏点不超过 4 个时，判定为 10J 级。3J 级试验 10 个冲击点中破坏点不超过 4 个时，判定为 3J 级。

图 6-2 冲击点破坏

图 6-3 冲击点未破坏

7. 注意事项

(1) 检测人员必须佩戴安全帽，防止高空坠物对检测人员所造成的伤害。

(2) 钢球的重量和直径应进行校准。

(3) 选取冲击点时应避开窗口四角等局部加强及网布翻包部位。

(4) 根据现场网布铺设方法，在冲击点上下或左右方向剖开保护层观察其内部网布层数，即可确定该冲击点是否位于网布翻包区域内。

五、节能构造钻芯检测

保温工程施工完毕后，要验证外保温系统起到的节能效果能否达到相关要求，必须要进行节能构造钻芯检测核实，来检查保温体系的板材种类及其厚度和围护结构做法是否符合设计要求及相关施工规范，此项是节能验收的一项重要检测。

1. 检测依据

《建筑节能工程施工质量验收规范》(GB 50411—2007)

2. 检测设备

(1) 电动取芯机，空心钻头内径为70mm。

(2) 钢直尺，分度值为1mm。

3. 检测条件及环境

(1) 本试验应在保温工程完工后，节能分部工程验收前进行。

(2) 检测环境温度不得低于5℃，无降雨。

4. 抽样原则

(1) 取样部位应由监理、施工方双方确定，不得在外墙施工前预先确定。

(2) 取样部位应选取节能构造具有代表性的外墙上相对隐蔽部位，并兼顾不同楼层及朝向。

(3) 取样数量为一个单位工程每种节能保温做法至少取3个芯样。取样部位宜均匀分布，不宜在同一个房间外墙上取2个或2个以上芯样。

5. 试验步骤

(1) 将空心钻头安装于取芯机上并拧紧，使钻头始终保持垂直于墙面钻入直达基层表面，如图6-4所示（若外墙表层坚硬不易钻透，可局部剔除坚硬面层后钻芯取样）。

(2) 从钻头中取出芯样，当芯样严重破损难以准确判断节能构造或保温层厚度时，应重新取样。

(3) 成功钻芯取样后，应对照施工图纸轴线确定并记录此取样部位所处的确切位置、楼层及朝向。

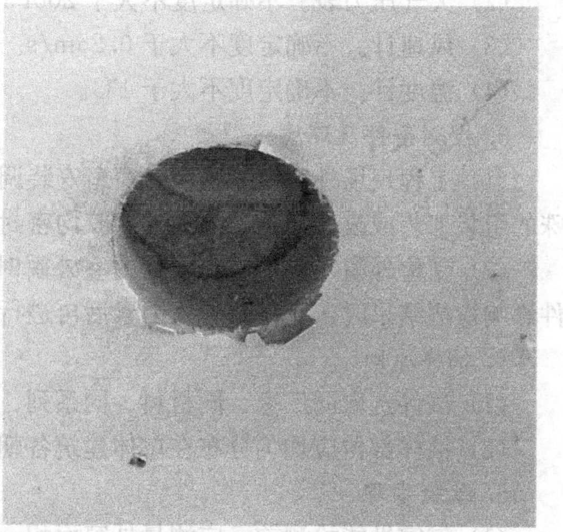

图6-4　取芯后钻孔

6. 结果处理

(1) 用钢直尺在垂直于芯样表面（外墙面）的方向上量取保温层厚度，精确到1mm。

(2) 分别计算三个芯样保温层厚度的平均值是否达到设计厚度的95%及以上且最小值不低于设计厚度的90%。

(3) 观察记录保温层构造做法，并与设计图纸、施工方案核对。

7. 注意事项

(1) 取样过程中若钻头遇阻力难以持续钻入或转动时，应及时退钻，避免人员受伤或取芯机损坏。从空心钻头中取出芯样时，应小心操作，避免对芯样造成破坏。

(2) 取出后的芯样应至少静置1h后，再进行厚度测量。

六、建筑外窗气密性能现场检测

门窗的气密性能主要影响门窗的节能性能，通过门窗缝隙的空气渗透引起对流热损失，通过门窗的空气渗透越大，其对流热损失越大。因此对外门窗进行现场气密性能的检测就显得尤为重要。建筑外窗气密性能现场检测与建筑门窗实验室检测，都是对窗户进行气密性能（即渗透量）的检测，区别就在于外窗气密性能现场检测的对象是已安装固定完毕的外窗及窗洞口，检测方法与实验室内的检测方法有较大的区别。下面对建筑外窗气密性能现场检测方法进行详细讲述。

1. 检测依据

《建筑外窗气密、水密、抗风压性能现场检测方法》(JG/T 211—2007)

《建筑外门窗气密、水密、抗风压性能分级及检测方法》(GB/T 7106—2008)

《天津市民用建筑围护结构节能检测技术规程》(DB/T29—88—2014)

2. 检测设备

(1) 建筑外窗动风压现场检测仪。空气流量测量装置，不确定度不应大于测量值的13%。差压表，不确定度不应大于2.5Pa。

(2) 大气压力表。不确定度不大于200Pa。

(3) 风速计。不确定度不大于0.25m/s。

(4) 温度计。不确定度不大于1℃。

3. 检测条件及环境

(1) 工程现场外窗安装结束，窗扇安装调试完毕，不得附有任何多余的零配件或采用特殊的组装工艺或改善措施，内、外檐胶均密封得当，并经自检验收合格。

(2) 受检外窗几何中心高度处的室外瞬时风速不大于3.3m/s。当温度、降雨等环境条件影响检测结果时，应排除干扰因素后再进行检测。

4. 抽样原则

(1) 试件选取同厂家、同材料、同系列、同规格、同分格（五同原则）三樘为一组。

(2) 抽样部位应均匀分布在单体建筑各朝向的底层、顶层和中间层。

5. 试验步骤

(1) 气密性能检测前，应测量外窗面积、开启缝长度、透明部分玻璃面积、外窗室内外的大气压、温度、相对湿度。应将试件可开启部分开关5次，最后关紧待检。

(2) 从室内侧用透明塑料膜覆盖整个窗洞口并沿窗边框处密封，密封膜不应重复使用。在室内侧的窗洞口上安装密封板，确认密封良好。

(3) 预备加压。按照图 6-5 所示，正负压检测前，分别施加三个压差脉冲，压差绝对值为 150Pa，加压速度约为 50Pa/s。压差稳定作用时间不少于 3s，泄压时间不少于 1s，检查密封板及透明膜的密封状态。

(4) 附加渗透量的测定。逐级加压，每级压力作用时间约为 10s，先逐级正压，后逐级负压。记录各级测量值。附加空气渗透量系指除通过试件本身的空气渗透量以外通过设备和密封板，以及各部分之间连接缝等部位的空气渗透量。

(5) 总空气渗透量的测定。打开密封板检查门，去除试件上所加密封薄膜后，关闭检查门并密封后进行检测，检测程序同 3)。

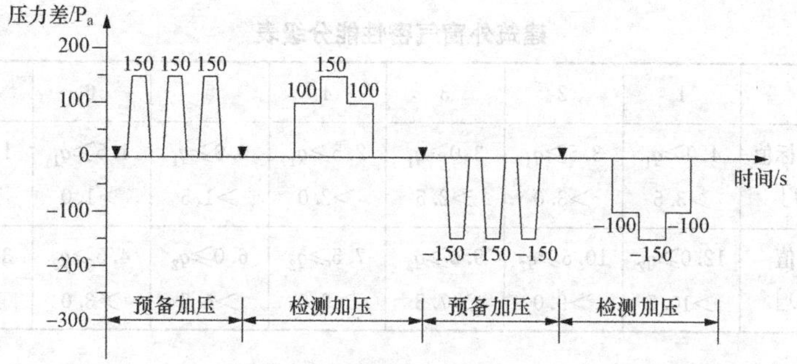

图 6-5　现场气密检测差压顺序图

▼检查密封板（或透明膜）的密封状态

6. 结果处理

(1) 分别计算升压和降压过程中，在 100Pa 压差下，两个附加空气渗透量测定值的平均值$\overline{q_f}$，及两个总渗透量测定值的平均值$\overline{q_z}$，则窗试件本身 100Pa 压力差下的空气渗透量即可按下式计算：

$$q_t = \overline{q_z} - \overline{q_f}$$

然后，再将 q_t 换算成标准状态下的渗透量 q'。

$$q' = \frac{293}{101.3} \times \frac{q_t p}{T}$$

式中　q'——标准状态下通过试件空气渗透量值，m^3/h；

p——实验室空气压值，kPa；

T——实验室空气温度值，K；

q_t——试件渗透量测定值，m^3/h。

将 q' 值除以试件开启缝长度 l，即可得出在 100Pa 下，单位开启缝长空气渗透量 q_1'［m^3/（m·h）］，即 $q_1' = \frac{q'}{l}$，或将 q' 值除以试件面积 A，得到在 100Pa 下，单位面积的空气渗透量 q_2' 值，即：$q_2' = \frac{q'}{A}$。正压、负压分别按上式进行计算。

(2) 分级指标的确定。为了保证分级指标的准确度，采用由 100Pa 检测压力差下的测定值$\pm q_1'$或$\pm q_2'$，按下式换算为10Pa检测压力差下的相应值$\pm q_1$值，或$\pm q_2$值。

$$\pm q_1 = \frac{\pm q_1'}{4.65}$$

$$\pm q_2 = \frac{\pm q_2'}{4.65}$$

式中 q_1'——100Pa作用压力差下单位开启缝长空气渗透量值，$m^3/(m\cdot h)$；

q_1——10Pa作用压力差下单位开启缝长空气渗透量值，$m^3/(m\cdot h)$；

q_2'——100Pa作用压力差下单位面积空气渗透量值，$m^3/(m^2\cdot h)$；

q_2——10Pa作用压力差下单位面积空气渗透量值，$m^3/(m^2\cdot h)$。

将三樘试件的$\pm q_1$值或$\pm q_2$值分别平均后按照开启缝长和面积各自判定所属等级，最后取两者中的不利级别为该组试件所属等级，正负压检测值分别定级，定级依据表6-3进行。

表6-3　建筑外窗气密性能分级表

分级	1	2	3	4	5	6	7	8
单位开启缝长分级指标值 $q_1/[m^3/(m\cdot h)]$	$4.0\geqslant q_1>3.5$	$3.5\geqslant q_1>3.0$	$3.0\geqslant q_1>2.5$	$2.5\geqslant q_1>2.0$	$2.0\geqslant q_1>1.5$	$1.5\geqslant q_1>1.0$	$1.0\geqslant q_1>0.5$	$q_1\leqslant 0.5$
单位面积分级指标值 $q_2/[m^3/(m^2\cdot h)]$	$12.0\geqslant q_2>10.5$	$10.5\geqslant q_2>9.0$	$9.0\geqslant q_2>7.5$	$7.5\geqslant q_2>6.0$	$6.0\geqslant q_2>4.5$	$4.5\geqslant q_2>3.0$	$3.0\geqslant q_2>1.5$	$q_2\leqslant 1.5$

7. 注意事项

(1) 检测人员必须佩戴安全帽，防止高空坠物造成意外伤害。

(2) 现场非专业电工人员不得擅自接电连接设备。

(3) 待检外窗表面及窗洞口清理干净，避免对检测结果造成影响。

七、建筑外窗现场淋水检测

外窗的水密性能是指关闭的外窗在风和雨共同作用下，阻止雨水浸入的能力，是外窗的重要使用性能，若外窗的水密性能不佳，雨水容易浸入室内对室内物品及装饰造成损坏，建筑外窗水密性能现场的检测方法是使用现场淋水手段进行检测的，这一节则是对现场淋水试验的讲解。

1. 检测依据

《建筑门窗工程检测技术规程》(JGJ/T 205—2010)

2. 检测设备

建筑外窗现场淋水装置，设备具体要求见表6-4。

表6-4　建筑外窗现场淋水装置性能要求

序号	设备配置	性能要求
1	变频控制器	通过调整频率，改变供水压力，满足供水逐级增压的要求，最大变频压力满足1.5MPa
2	压力表	淋水喷射管处的压力表量程0～0.25MPa，变频增压泵系统出水压力表量程0～2.5MPa

续表

序号	设备配置	性 能 要 求
3	喷淋管	管内径 21.5mm，长度不小于 1800mm，喷淋时能覆盖所检部位
4	计时器	自动控制并经计量检定且在有效期内

3. 检测条件及环境

(1) 现场淋水检测，其部位应包括外窗的窗扇与窗框之间的开启缝、窗框之间的拼接缝、拼樘框与窗外框的拼接缝以及与窗预留洞口的安装缝等部位。

(2) 工程现场外窗安装结束，窗扇安装调试完毕，不得附有任何多余的零配件或采用特殊的组装工艺或改善措施，内、外檐胶均密封得当，并经自检验收合格。

(3) 受检外窗几何中心高度处的室外瞬时风速不大于 5.4m/s。检测环境温度低于 5℃，或者存在其他严重影响或干扰检测正常进行时，采取应急措施调整检测方案或停止现场淋水检测作业。

(4) 除有特殊的检测要求外，现场淋水检测的样本应在施工质量检验合格的批次中随机抽取。抽取的样本类型、数量应覆盖单位工程外立面上、中、下部位的外窗，保证抽样的代表性和覆盖面，并满足验收规范规定频率的要求。

4. 抽样原则

(1) 现场淋水检测的样本应按下列要求进行抽取：

上部位是指建筑物顶层屋面下 1～3 层有代表性的外窗。

中部位是指建筑物外立面的中间部位具备覆盖面的标准层外窗。

下部位是指建筑物主体 1～3 层有代表性的外窗。

(2) 现场淋水检测抽样数量，每单位工程不少于外窗总面积的 10%；别墅项目的抽检数量不少于该标段别墅单体总量的 10%。

(3) 现场淋水检测应在委托方或监理单位、施工单位的见证下进行，并对检测过程及检测结果签认。

5. 试验步骤

(1) 启动泵组供水调整压力表至规定压力，待喷淋管末端呈雾状喷水时，设定定时装置开始计时。

(2) 喷淋的水压应保持为 110kPa 和淋水量不少于 2L/（m^2·min），在距外窗表面 0.5～0.7m 处，从下向上沿门窗表面垂直方向对准待测接缝进行喷水，喷淋时间应持续 5min。

(3) 淋水过程中应对压力表、标尺、喷水嘴喷水状态、各路管件、部件连接情况及起吊索具、淋水部位外窗的室内渗透情况进行检查记录。

(4) 依次对抽样选定部位进行喷淋，对有渗漏水出现的部位记录位置。

(5) 淋水的同时在外窗室内观察有无渗、漏水现象，当持续淋水 5min 内未发现漏水时，进入下一个待测部位。

6. 结果处理

(1) 单位工程抽取的样品窗室内出现渗、漏水的，判定该工程水密性能淋水检测不合格。

（2）当检测结果为不合格或有关事项不符合要求时，及时报告施工项目技术负责人、监理及相关人员进行全面检查。

（3）建筑外窗水密性能淋水现场检测结果不合格的工程，委托方应对外窗全数普查，渗漏水的部位返工维修处理后，重新委托进行现场淋水检测直至合格为止。

7. 注意事项

（1）检测人员必须佩戴安全帽，防止高空坠物造成意外伤害。

（2）现场非专业电工人员不得擅自接电连接设备。

（3）对待检的外窗要将开启缝的废弃物清理干净，疏通泄水孔，避免对检测结果造成不利影响。

（4）在检测区域周边，设置安全警示，暂停检测区域内的施工活动以避免建筑物外伸出的淋水设备的坠落造成的危害。

（5）要保证淋水管路的通畅、连接部位的牢固，避免因管路堵塞、零部件的脱落造成的危害。

八、围护结构热工缺陷检测

当围护结构保温材料缺失、分布不均、受潮或其中混入灰浆时或当围护结构存在空气渗透的部位时，则称该围护结构在此部位存在热工缺陷。

1. 检测依据

《居住建筑节能检测标准》（JGJ/T 132—2009）

《天津市民用建筑围护结构节能检测技术规程》（DB/T 29—88—2014）

2. 检测设备

（1）检测仪器为风速仪、红外热像仪、手持温湿度计，如图5-8、图6-6、图6-7所示，性能要求见表6-5。

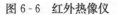

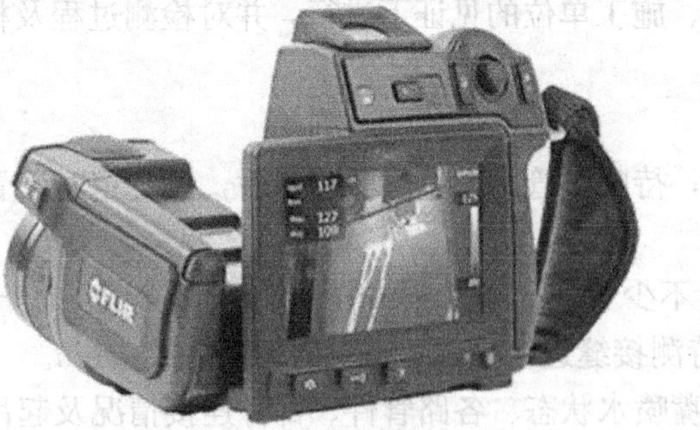

图6-6 红外热像仪

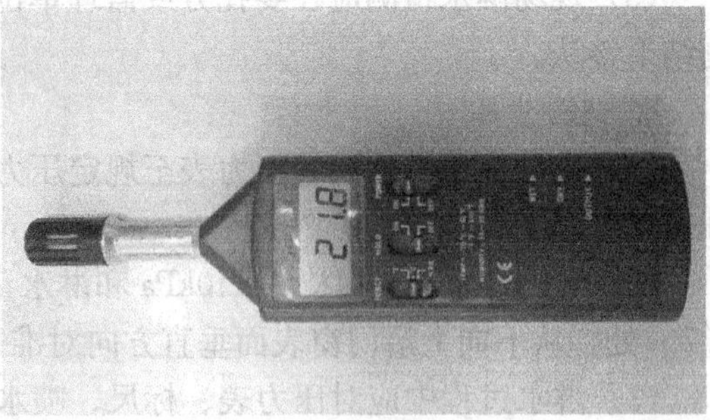

图6-7 手持温湿度计

表6-5 检测仪器设备的性能要求

序号	检测设备	检测参数	功能	量程	精度
1	红外热像仪	温度	应能显示选取物温度	-20～100℃	±2%或±2℃

续表

序号	检测设备	检测参数	功能	量程	精度
2	风速仪	风速	具有多个传感器的探头同时测量和记录空气中的多个参数	≤30m/s	±3%
3	手持温湿度计	温度	应能读取环境温度	−20～60℃	0.1℃

(2) 期间核查（方式、频次、结果的确认）。仪器每年应送往计量检定部门检定，检测合格后出具仪器检定合格报告。

(3) 维护保养（方法）。严禁磕碰，存放于干燥通风处，流量计如长时间不使用应定期完成充电、放电；传感器应擦拭干净，探头应妥善保管避免划伤。

3. 检测条件及环境

(1) 围护结构热工缺陷检测前具备如下资料：现场检测仪器（红外热像仪）的性能及规格型号、建筑墙体特征、面层材料辐射性能、气候因素、测试的可能性、环境影响及其他重要因素。

(2) 围护结构热工缺陷检测宜选在建筑物供热（供冷）系统稳定运行后进行。检测前及检测期间环境条件应符合下列规定：

1）检测前至少 24h 内室外空气温度的逐时值与开始检测时的室外空气温度相比，其变化不应大于 10℃。

2）检测前至少 24h 内和检测期间，建筑物外围护结构内外平均空气温度差不宜小于 10℃。

3）检测期间与开始检测时的空气温度相比，室外空气温度逐时值变化不应大于 5℃，室内空气温度逐时值的变化不应大于 2℃。

4）1h 时室内外风速（采样时间间隔为 30min）变化不应大于 2 级（含 2 级）。

5）检测开始前至少 12h 内受检的外表面不应受到太阳直接照射，受检的内表面不应受到灯光的直接照射。

6）室外空气相对湿度不应大于 75%，空气中粉尘含量不应异常。

4. 检测方法

外围护结构热工缺陷检测包括外表面热工缺陷检测、内表面热工缺陷检测，外围护结构热工缺陷宜主要采用红外热像仪进行检测，如图 6-8、图 6-9 所示，检测流程按图6-10 进行。

检测前宜采用表面式温度计在受检表面上测出参照温度，调整红外热像仪的发射率，使红外热像仪的测定结果等于该参照温度；宜在与目标距离相等的不同方位扫描同一个部位，并评估临近物体对受检外围护结构表面造成的影响；必要时可采取遮挡措施或关闭室内辐射源，或在合适的时间段进行检测。

受检表面同一个部位的红外热像图不应少于 2 张。当拍摄的红外热像图中，主体区域过小时，应单独拍摄 1 张以上（含 1 张）主体部位热像图。应用图说明受检部位的红外热像图在建筑中的位置，并应附上可见光照片。红外热像图上应标明参照温度的位置，并随热像图一起提供参照温度的数据。

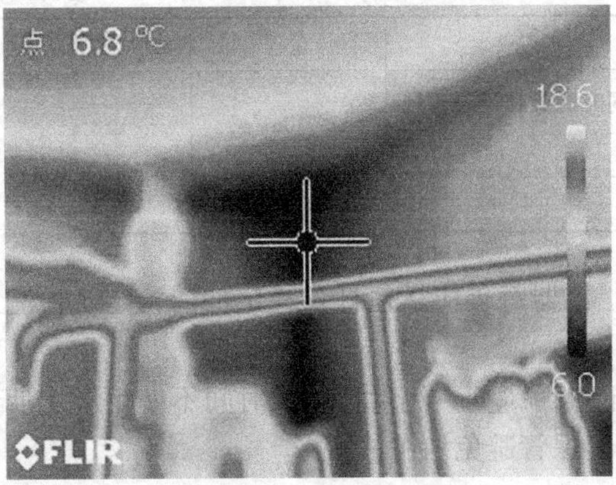

图 6-8 红外成像图

图 6-9 可见光对照图

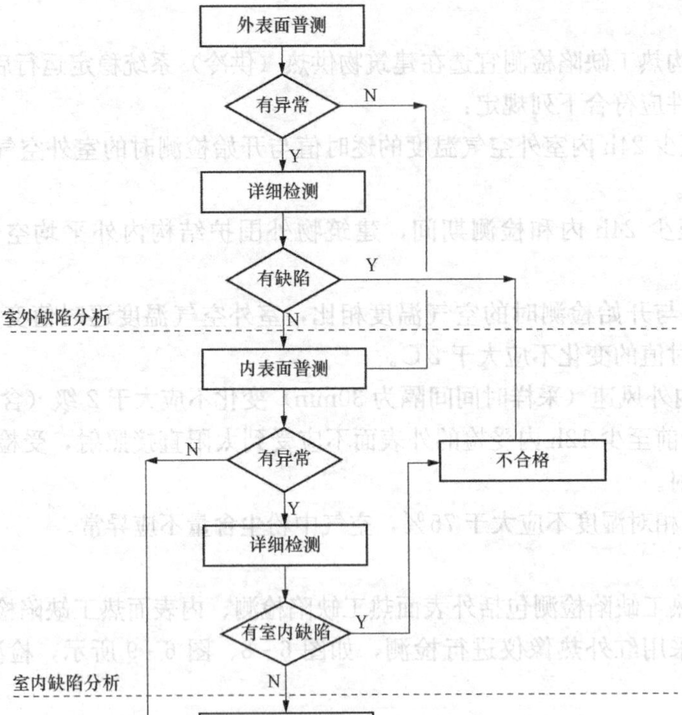

图 6-10 外围护结构热工缺陷的检测流程

5. 结果处理

受检外表面的热工缺陷应采用相对面积 ψ 评价，受检内表面的热工缺陷应采用能耗比（β）评价。两者应分别根据下列公式计算：

$$\psi=\frac{\sum_{i=1}^{n}A_{2,i}}{\sum_{i=1}^{n}A_{1,i}}\qquad \beta=\psi\left|\frac{T_1-T_2}{T_1-T_0}\right|\times 100\%\qquad T_1=\frac{\sum_{i=1}^{n}(T_{1,i}\cdot A_{1,i})}{\sum_{i=1}^{n}A_{1,i}}$$

$$T_2=\frac{\sum_{i=1}^{n}(T_{2,i}\cdot A_{2,i})}{\sum_{i=1}^{n}A_{2,i}}\qquad T_{1,i}=\frac{\sum_{j=1}^{m}(A_{1,i,j}\cdot T_{1,i,j})}{\sum_{j=1}^{m}A_{1,i,j}}\qquad T_{2,i}=\frac{\sum_{j=1}^{m}(A_{2,i,j}\cdot T_{2,i,j})}{\sum_{j=1}^{m}A_{2,i,j}}$$

$$A_{1,i}=\frac{\sum_{j=1}^{m}A_{1,i,j}}{m}\qquad A_{2,i}=\frac{\sum_{j=1}^{m}A_{2,i,j}}{m}$$

式中　ψ——受检表面缺陷区域面积与主体区域面积比值；

β——受检内表面由于热工缺陷所带来的能耗增加比；

T_1——受检表面主体区域（不包括缺陷区域）的平均温度，℃；

T_2——受检表面缺陷区域的平均温度，℃；

j——每一幅热像图的张数，$j=1\sim m$；

$T_{1,i}$——第 i 幅热像图主体区域的平均温度，℃；

$T_{2,i}$——第 i 幅热像图缺陷区域的平均温度，℃；

i——热像图的幅数，$i=1\sim n$；

$A_{1,i}$——第 i 幅热像图主体区域的面积，m^2；

T_0——环境温度，℃；

$A_{2,i}$——第 i 幅热像图缺陷区域的面积，指与 T_1 温度差大于或等于1℃的点所组成的面积，m^2。

6. 注意事项

(1) 用红外热像仪对围护结构进行检测之前，应先对围护结构进行普测，然后对可疑部位进行详细检测。

(2) 受检外表面缺陷区域与主题区域面积的比值应小于 20%，且单块缺陷面积应小于 $0.5m^2$。

(3) 受检内表面因缺陷区域导致的能耗增加比值应小于 5%，且单块缺陷面积应小于 $0.5m^2$。

(4) 热像图中的异常部位，宜通过将实测热像图与受检部分的预期温度分布进行比较确定。必要时可采用内窥镜、取样等方法进行认定。

7. 结果判定

(1) 当受检外表面的检测结果满足受检外表面缺陷区域与主题区域面积的比值应小于 20%，且单块缺陷面积应小于 $0.5m^2$ 时，应判为合格，否则为不合格。

(2) 当受检内表面的检测结果满足受检内表面因缺陷区域导致的能耗增加比值应小于 5%，且单块缺陷面积应小于 $0.5m^2$ 时，应判为合格，否则为不合格。

九、围护结构传热系数检测

围护结构是建筑物及房间各面的围挡物，分为透明和不透明两部分：透明围护结构有窗户、天窗和阳台门等；不透明围护结构有墙、屋顶和楼板等。按是否同室外空气直接接触，又可分为外围护结构和内围护结构。围护结构传热系数（K）即为围护结构两侧空气温差为1K，单位时间内通过单位面积围护结构的传热量，单位为 W/（m^2·K）。建筑物围护结构传热系数检测是指工程现场已建成的建筑物外墙、屋顶、楼板、阳台门板、户门、楼梯间隔墙以及不采暖地下室上部楼板等主体部位的传热系数检测。

1. 检测依据

《居住建筑节能检测标准》(JGJ/T 132—2009)

《天津市民用建筑围护结构节能检测技术规程》(DB/T 29—88—2014)

2. 检测设备

(1) 建筑物围护结构传热系数检测主要应用的检测仪器设备为温度热流巡检仪如图 5-6 所示，性能要求见表 5-2。

(2) 期间核查（方式、频次、结果的确认）。要求每年定期到有资质的检定中心进行定期校准，并根据其出具的法定校准证书对仪器各方面进行调整以获得最佳工作状态。

(3) 维护保养（方法）。严禁磕碰，存放于干燥通风处，流量计如长时间不使用应定期完成充电、放电；传感器应擦拭干净，探头应妥善保管避免划伤，不要放置在高温、高湿、多尘和阳光直射的地方。

3. 检测条件及环境

(1) 因建筑物围护结构的传热具有较大的延时性，室内、外温度变动时，围护结构蓄热、放热过程比较缓慢，所以规定检测工作应在室内供暖系统（或电加热器）投入运行不少于 1d（24h）且运行正常，所检测房间门窗关闭且无破损，室温较稳定的条件下进行。这是保证检测数据经处理后能反映实际工况的基本要求，也是检测工作本身的要求。

(2) 为了正确评价检测结果，要求检测应在被检测建筑物主体完工至少 12 个月以上，并应避开寒潮期以及避免在雨、雪天气下进行。因刚完工的围护结构较潮湿，另外在雨雪天气里，围护结构表面会被浸湿，其与周围环境之间的换热将受到复杂的不可忽视的影响，而且也难以估算其影响的程度。

(3) 委托方应提供被测建筑物的平面图、围护结构施工设计说明。检测部门负责人根据检测目的做出传热系数值估算。

图 6-11 现场检测

(4) 现场应有交流 220V 电源。

4. 检测方法

(1) 根据检测目的选定检测区域，首先检查被检测建筑物的围护结构，其表面应平整、无贯通裂缝。

(2) 每组检测至少布置 3 个测点，测点位置不应靠近热桥和有空气渗漏的部位，不应受阳光、加热、制冷装置和风扇的直接影响，测点应距窗（门）口、梁、柱大于或等于 400mm，如图 6-11 所示。

(3) 根据检测目的，记录测点位置、编

号。在热电偶线和热流线两端附近编号，每根线两端号码应与巡检仪通道号码一致。

(4) 在热流传感器粘贴面满涂一薄层膏状物（机用黄油或医用凡士林），将其粘贴在被测围护结构内表面。要求：粘贴紧密，热流传感器与被测围护结构表面之间不应有气泡。

(5) 在围护结构内表面和外表面各安装一个温度传感器，内表面温度传感器应靠近热流传感器安装，外表面温度传感器正对热流传感器安装。

(6) 温度传感器制作与安装：

1) 将铜、康铜热电偶线端塑料皮剥去 10mm 露出铜（黄色）、康铜（白色）热电偶金属线，用细砂纸轻轻摩擦两金属线头，将两金属线拧在一起，焊接在边长约 10mm 的方形铜片上，做成温度传感器。

2) 用白乳胶将石膏粉调成膏状胶黏剂，将内、外表面温度传感器分别粘贴在被检测围护结构内、外表面。

要求：粘贴紧密、牢固，表面薄薄抹一层胶黏剂，并用 100mm 长胶黏带靠近温度传感器将热电偶线紧密粘贴在被测表面。

3) 在放置巡检仪的房间设一个室内空气温度测点，将温度传感器设置在房间中央，距地 1.5m 处。

4) 在建筑物北向阳光照射不到处设 1 个室外空气温度测点，将温度传感器设置在距地 2.0m，距外墙 0.5m 以上处。

(7) 将热电偶线和热流线的另一端塑料皮剥去 10mm 露出铜（黄色）、康铜（白色）热电偶金属线，用细砂纸轻轻摩擦两金属线头，按编号分别连接到巡检仪上。

(8) 确认连接无误后，检查电源电压。电压应为 220V±22V，当超出此范围时，应采用稳压电源。

(9) 接通电源开始检测前，应进行以下比对校验：

1) 采用玻璃棒温度计比对校验室内温度；

2) 比对误差小于±8%为正常，并记录误差值；

3) 比对误差大于±8%时，对巡检仪进行自动校零，然后再比对。比对误差仍大于±8%则送修并校验合格后方能进行检测。

(10) 记录巡检仪状态和环境温湿度，开始检测。

(11) 持续检测时间不应少于 96h（4d）。

(12) 检测结束前，将数据传给计算机，并进行数据检查与估算值进行对比，确认无误方可关机结束检测。

(13) 为确保热流计准确，每 6 个月应对其进行一次测试。

5. 检测数据处理

用 Microsoft Excel 进行数据计算处理。

(1) 热阻。

$$R = (\Delta t_1/q_1 + \Delta t_2/q_2 + \cdots + \Delta t_n/q_n)/(11.63n)$$
$$= 0.086(\Delta t_1/q_1 + \Delta t_2/q_2 + \cdots + \Delta t_n/q_n)/n$$

式中　R——围护结构的热阻，$m^2\cdot K/W$，计算结果保留两位小数；

Δt_1、$\Delta t_2 \cdots \Delta t_n$——现场检测所得的第 1、2…$n$ 天围护结构内、外表面平均温差，℃；

11.63——热流系数，W/（m^2·mV）；

q_1、q_2…q_n——现场检测所得的第1、2…n天围护结构平均热流毫伏值，mV；

n——检测天数（d）。

（2）围护结构的传热系数。

$$K = 1/(R_i + R + R_e)$$

式中 K——围护结构的传热系数，W/(m^2·K)，计算结果保留两位小数；

R_i——围护结构内表面换热阻，m^2·K/W，见表6-6；

R_e——围护结构外表面换热阻，m^2·K/W，见表6-7。

表6-6 内表面换热阻 R_i [(m^2·K)/W]

适用季节	表面特征	R_i
冬季和夏季	墙面、地面、表面平整或有肋状突出的顶棚，当 $h/s \leqslant 0.3$ 时	0.11
	有肋状突出物的顶棚，当 $h/s > 0.3$ 时	0.13

注：表中 h 为肋高，s 为肋间净距。

表6-7 外表面换热阻 R_e [(m^2·K)/W]

适用季节	表面特征	R_e
冬季	外墙、屋顶、与室外空气直接接触的表面	0.04
	与室外空气相通的不采暖地下室上面的楼板	0.06
	闷顶、外墙上有窗的不采暖地下室上面的楼板	0.08
	外墙上无窗的不采暖地下室上面的楼板	0.17
夏季	外墙和屋	0.05

（3）外墙和屋顶平均传热系数计算方法。

1）外墙平均传热系数计算方法：

当外墙保温符合下列条件时，外墙的平均传热系数可以按下式计算。

① 主断面部位、封闭阳台和凸窗的不透明部位、出挑构件、女儿墙均达到标准保温要求并完全包覆。

② 阳台出挑部位的上下侧、窗洞口外侧四周均进行了保温处理。

$$K_{mq} = \varphi_q K_q$$

式中 K_{mq}——外墙平均传热系数，W/(m^2·K)；

K_q——外墙主断面传热系数，W/(m^2·K)；

φ_q——外墙主断面传热系数的修正系数。应按墙体保温构造和传热系数综合考虑取值，其数值可按表6-8选取。

表 6-8　　外墙主断面传热系数 K_q 与外墙平均传热系数 K_{mq} 的关系

K_{mq} [W/(m²·K)]	普通窗		凸窗	
	φ_q	K_q [W/(m²·K)]	φ_q	K_q [W/(m²·K)]
0.50	1.2	0.42	1.3	0.38
0.45	1.2	0.38	1.3	0.35
0.40	1.2	0.33	1.3	0.31
0.35	1.3	0.27	1.4	0.25
0.30	1.3	0.23	1.4	0.21

注：1. 外墙主断面传热系数 K_q 值与表中不同时，可采用内插法确定修正系数值 φ_q 和外墙平均传热系数 K_{mq}。
2. 做法选用表中均列出了采用普通窗或凸窗时，不同保温做法所能够达到的墙体平均传热系数。设计中，若凸窗所占外窗总面积的比例达到 30%时，应按照凸窗一栏选用。
3. 修正系数包含了凸窗突出外墙部分顶板和底板的热损失，计算凸窗耗热量指标时上下板不需要再重复计算。

2）屋顶平均传热系数计算方法：

屋面的平均传热系数可以按下式计算：

$$K_{mw}=\varphi_w K_w$$

式中　K_{mw}——屋面平均传热系数，W/(m²·K)；

K_w——屋面主断面传热系数，W/(m²·K)；

φ_w——屋面主断面传热系数的修正系数，一般取 1.0，当屋面设有透明部分且面积未超过 DB 29—1—2013 中 4.2.5 条的限制要求时取 1.1。

十、建筑物外围护结构热桥部位内表面温度检测

建筑物围护结构热桥部位内表面温度检测是对工程现场建筑物外墙、屋顶以及与室外空气直接接触的楼板等热桥部位（梁、柱等）内表面温度的检测。

1. 检测依据

《居住建筑节能检测标准》(JGJ/T 132—2009)

2. 检测设备

(1) 建筑物围护结构热桥部位内表面温度检测使用的检测仪器设备为温度热流巡检仪，如图 5-6 所示，性能要求见表 5-2。

(2) 期间核查（方式、频次、结果的确认）。要求每年定期到有资质的检定中心进行定期校准，并根据其出具的法定校准证书对仪器各方面进行调整以获得最佳工作状态。

(3) 维护保养（方法）。严禁磕碰，存放于干燥通风处，流量计如长时间不使用应定期完成充电、放电；传感器应擦拭干净，探头应妥善保管避免划伤，不要放置在高温、高湿、多尘和阳光直射的地方。

3. 检测条件及环境

(1) 因建筑物围护结构的传热具有较大的延时性，室内、外温度变动时，围护结构蓄热、放热过程比较缓慢，所以规定检测工作应在室内供暖系统（或电加热器）投入运行不少于 1d（24h）且运行正常，所检测房间门窗关闭且无破损，室温较稳定的条件下进行。这是

保证检测数据经处理后能反映实际工况的基本要求，也是检测工作本身的要求。

(2) 委托方应提供被测建筑物的平面图、围护结构施工设计说明。

4. 检测方法

(1) 根据检测目的选定检测房间，首先检查被检测建筑物各房间门窗应关闭且完好。

(2) 一般选择有山墙单元，其中有代表性房屋为，有北向房屋的顶层、中间层和首层有山墙的房屋各一套。

(3) 有代表性房屋套内各房间北向的热桥部位布置温度传感器，每个热桥部位至少布置2个温度传感器。

(4) 用红外辐射测温仪扫描热桥部位，选择温度最低点设置温度传感器。温度传感器不应受阳光、加热、制冷装置和风扇的直接影响。

(5) 在检测热桥部位内表面温度的房间各布置1个空气温度传感器。空气温度传感器设置在房间中央，距地1.5m处，不应受阳光、加热、制冷装置和风扇的直接影响。

(6) 在建筑物北向阳光照射不到处设两个室外空气温度测点，将温度传感器设置在距地2.0m，距外墙0.5m以上处，2个温度传感器的距离不小于1.0m。

(7) 在热电偶线两端附近编号，每根线两端号码应与巡检仪通道号码一致。对各房间、热桥部位编号并记录温度传感器编号和热桥部位测点的具体位置。

(8) 将热电偶线的另一端塑料皮剥去10mm露出铜（黄色）、康铜（白色）热电偶金属线，用细砂纸轻轻摩擦两金属线头，按编号分别连接到检测仪器上。

(9) 确认连接无误后，检查电源电压。电压应为220V±22V，当超出此范围时，应采用稳压电源。

(10) 接通电源开始检测前，应进行以下比对校验：

1) 采用玻璃棒温度计比对校验室内温度；

2) 比对误差小于±8%为正常，并记录误差值；

3) 比对误差大于±8%时，对巡检仪进行自动校零，然后再比对。比对误差仍大于±8%则送修并校验合格后方能进行检测。

(11) 记录巡检仪状态和环境温度，开始检测。

(12) 检测应在采暖系统正常运行后进行，检测时间宜选在最冷月，且应避开气温剧烈变化的天气，持续检测时间不应少于72h（3d）。

(13) 检测结束前，将数据传给计算机，并进行数据检查，确认无误方可关机结束检测。

5. 检测数据处理

用Microsoft Excel进行数据计算处理。

室内外计算温度条件下，热桥部位内表面温度按下式计算：

$$\theta_I = t_{di} - (t_{im} - \theta_{Im})(t_{di} - t_{de})/(t_{im} - t_{em})$$

式中 θ_I——室内外计算温度条件下，热桥部位内表面温度,℃；

θ_{Im}——检测持续时间内热桥部位内表面温度逐次检测值的算术平均值,℃；

t_{di}——室内计算温度,℃，应根据具体设计图纸确定或按国家标准《民用建筑热工设计规范》(GB 50176) 第4.1.1条的规定采用；

t_{im}——检测持续时间内室内空气温度逐次检测值的算术平均值,℃；

t_{de} ——围护结构冬季室外计算温度，℃，应根据具体设计图纸确定或按国家标准《民用建筑热工设计规范》(GB 50176) 第 2.0.1 条的规定采用；

t_{em} ——检测持续时间内室外空气温度逐次检测值的算术平均值，℃。

6. 合格指标与判定方法

在室内外计算温度条件下，围护结构热桥部位的内表面温度不应低于室内空气露点温度且在确定室内空气露点温度时，室内空气相对湿度应按 60%计算。当受检部位的结果满足以上规定时，应判为合格，否则应判为不合格。

十一、建筑物外围护结构隔热性能检测

建筑物围护结构隔热性能检测是对工程现场建筑物的东（西）外墙和屋面进行隔热性能现场检测。

1. 检测依据

《居住建筑节能检测标准》(JGJ/T 132—2009)

《民用建筑热工设计规范》(GB 50176—93)

2. 检测设备

(1) 建筑物围护结构隔热性能检测主要应用的检测仪器设备为温度热流巡检仪，如图 5-6所示，性能要求见表 5-2。

(2) 期间核查（方式、频次、结果的确认)。要求每年定期到有资质的检定中心进行定期校准，并根据其出具的法定校准证书对仪器各方面进行调整以获得最佳工作状态。

(3) 维护保养（方法)。严禁磕碰，存放于干燥通风处，流量计如长时间不使用应定期完成充电、放电；传感器应擦拭干净，探头应妥善保管避免划伤，不要放置在高温、高湿、多尘和阳光直射的地方。

3. 检测条件及环境

(1) 为了正确评价检测结果，要求检测应在被检测建筑物主体完工 12 个月以上。

(2) 在夏季 7～8 月份最热月晴朗天气进行，且检测开始前 2 天为晴天或少云天气。检测日应为晴天或少云天气，水平面的太阳辐射照度最高值不宜小于国家标准《民用建筑热工设计规范》(GB 50176—1993) 中附录 3-3 给出的当地夏季太阳辐射照度最高值的 90%。

(3) 检测日室外最高逐时空气温度不宜小于国家标准《民用建筑热工设计规范》GB 50176—93 中附录三附表 3-2 给出的当地夏季室外计算温度最高值 2.0℃，且检测日工作高度处的室外风速不应超过 5.4m/s。

(4) 委托方应提供被检测建筑物的平面图、围护结构施工设计说明。

(5) 现场应有交流 220V 电源。

4. 检测方法

(1) 根据检测目的选定检测区域，首先检查被检测建筑物的围护结构，其表面应平整、无贯通裂缝，受检外围护结构内表面所在房间应有良好的自然通风环境，直射到围护结构外表面的阳光在白天不应被其他物体遮挡，检测时房间的窗应全部开启，且检测时应同时检测室内外空气温度、受检外围护结构内外表面温度、室外风速、室外太阳辐射强度。

(2) 内外表面温度的测点应对称布置在受检外围护结构主体部位的两侧，与热桥部位的

距离应大于墙体（屋面）厚度的3倍以上。每侧温度测点应至少各布置3点，其中一点布置在接近检测面中央的位置，测点位置不应受阳光、加热、制冷装置和风扇的直接影响，测点应距窗（门）口、梁、柱大于等于400mm。

(3) 根据检测目的记录测点位置、编号。在热电偶线两端附近编号，每根热电偶线两端号码应与巡检仪通道号码一致。

(4) 用白乳胶将石膏粉调成膏状胶黏剂，将表面温度传感器粘贴在被测围护结构内表面。要求：粘贴紧密、牢固，表面薄薄抹一层黏接剂，并用100mm长胶黏带靠近温度传感器将热电偶线紧密粘贴在被测表面。

(5) 在放置巡检仪的房间设一个室内空气温度测点，将温度传感器设置在房间中央，距地1.5m处。

(6) 在建筑物北向阳光照射不到处设1个室外空气温度测点，将温度传感器设置在距地2.0m，距外墙0.5m以上处。

(7) 将热电偶线另一端塑料皮剥去10mm露出铜（黄色）、康铜（白色）热电偶金属线，用细砂纸轻轻摩擦两金属线头，按编号分别对应连接到巡检仪上。

(8) 确认连接无误后，检查电源电压。电压应为220V±22V，当超出此范围时，应采用稳压电源。

(9) 接通电源开始检测前，应进行以下比对校验：

1) 采用玻璃棒温度计比对校验室内温度；

2) 比对误差小于±8%为正常，并记录误差值；

3) 比对误差大于±8%时，对巡检仪进行自动校零，然后再比对。比对误差仍大于±8%则送修并校验合格后方能进行检测。

(10) 记录巡检仪状态，并开始检测。

(11) 持续检测时间不应少于24h（1d）。

(12) 检测结束前，将数据传给计算机，并进行数据检查，确认无误方可关机结束检测。

5. 数据处理

用Microsoft Excel进行数据计算处理。

(1) 找出各内表面温度最高值及其出现时间。

(2) 如委托方有要求时，可绘制各内表面温度和室外温度曲线图。

6. 合格指标与判定方法

夏季建筑东（西）外墙和屋面的内表面逐时最高温度均不应高于室外逐时空气温度最高值，当受检部位的检测结果满足以上规定时，应判为合格，否则应判为不合格。

十二、平均照度及照明功率密度检测

所谓照度是表面上一点的光照度是入射在包含该点的面元上的光通量除以该面元面积之商，单位为勒克斯（lx）。照明功率密度为单位面积上照明实际消耗的功率，单位为瓦特每平方米（W/m^2）。

1. 检测依据

《公共场所照度测定方法》（GB/T 18204.21—2000）

《建筑节能工程施工质量验收规范》（GB 50411—2007）

《公共建筑节能检测标准》（JGJ/T 177—2009）

《照明测量方法》（GB/T 5700—2008）

2. 检测设备

（1）检测仪器设备如图 5-7、图 6-12 所示，性能要求，见表 6-9。

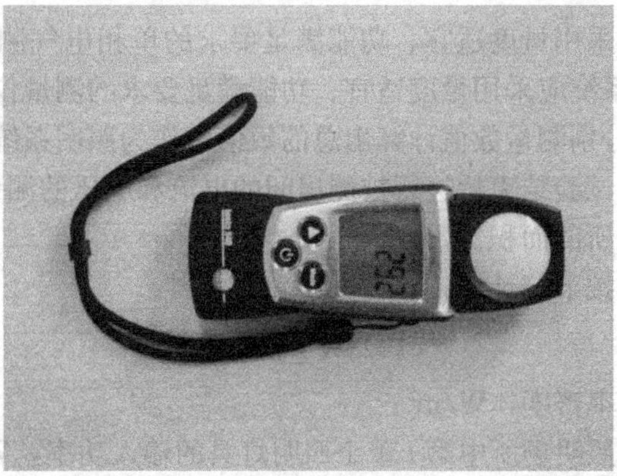

图 6-12　照度计

表 6-9　检测仪器设备的性能要求

序号	检测设备	检测参数	功　　能	量程	精度
1	照度计	照度值	应能显示照度数值	0～99999lux	≤±4%
2	电参数测量仪	电流	同时测量单、三相用电设备的电压、电流、功率、功率因数、频率、电能、谐波等参数，测量精确，显示直观，测量内容丰富，具有量程范围宽，预置报警、打印、锁存和通信等功能	0～6000A	≤1.5%

（2）期间核查（方式、频次、结果的确认）。要求每年定期到有资质的检定中心进行定期校准，并根据其出具的法定校准证书对仪器各方面进行调整以获得最佳工作状态。

（3）维护保养（方法）。严禁磕碰，存放于干燥通风处，流量计如长时间不使用应定期完成充电、放电；传感器应擦拭干净，探头应妥善保管避免划伤，不要放置在高温、高湿、多尘和阳光直射的地方。

3. 检测方法

（1）平均照度检测。对于平均照度检测，如图 6-13 所示。

图 6-13　平均照度现场检测图

1）整体照明：在无特殊要求的场所中，测定面的高度为地面以上 80～90cm。一般

大小的房间 取 5 个点（每边中点和房间中心各 1 个点）。影剧院、商场等大面积场所的测量可用等距离布点法，一般以每 $100m^2$ 布 10 个点为宜。

2）局部照明：在场所狭小或因特殊需要的局部照明情况下，亦可测量其中有代表性的一点．由于有些情况下是局部照明和整体照明兼用的，所以在测量时，整体照明的灯光是开着还是关闭，要根据实际情况合理选择，并要在测定结果中注明。

（2）照明功率密度。

1）单个照明灯具应采用量度适宜、功能满足要求的单相电气测量仪表、测量单个照明灯具的输入功率；照明系统应采用量度适宜、功能满足要求的测量仪表，也可采用单项电气测量仪分别测量，再用分别测量数值计算出总的数值，作为照明系统电器参数的数据。

2）在测试照度前和试验结束后进行被测房间的电流和电压的测量。

3）测量被测照明场所的面积。

4）照明功率密度，按下式计算：

$$\mathrm{LPD}=\sum P_i/S$$

式中 LPD——照明功率密度，W/m^2；

P_i——被测量照明场所中第 i 单个照明灯具的输入功率，W；

S——被测量照明场所的面积，m^2。

4. 注意事项

（1）测定开始前，白炽灯至少开 5min，气体放电灯至少开 30min。

（2）为了使照度仪受光器不产生初始效应，在测量前至少曝光 5min。

（3）照度仪受光器上必须洁净无尘。

（4）测定时照度仪受光器一律水平放置于测定面上。

（5）测定者的位置和服装不应该影响测定结果。

（6）检测应在受检建筑照明系统安装完全及全部运行正常的条件下进行，并应避开有日照的时段或对采光窗进行封闭遮挡下进行。

（7）在测量被测房间电压和电流时要等电压和电流稳定（灯具光源满足点燃时间后）后再进行测量并读取数据。

（8）被测房间计算面积应以室内实际面积为准。

附录　部分检测原始记录表格

模塑聚苯板密度检测原始记录表

检测编号：

试件编号：

检测项目	长度 l/mm	宽度 w/mm	厚度 h/mm	质量 m/g
1				
2				
3				
4				
5				
6				

计算书：

<table>
<tr><td rowspan="4">备注</td><td colspan="2">试件名称：</td><td>试件规格：</td></tr>
<tr><td>试件状态</td><td>符合试验要求□
不符合试验要求□：________</td><td>调节时间：</td></tr>
<tr><td colspan="2">仪器名称：</td><td>仪器编号：</td></tr>
<tr><td colspan="2">检测环境：温度/℃　相对湿度（%）</td><td>执行标准</td></tr>
</table>

检测：　　　　　　　　　　　　校核：　　　　　　　　　　　　检测日期：

岩棉密度检测原始记录表

检测编号：

长度 l/mm				
	平均值：			
宽度 b/mm				
	平均值：			
宽度 h/mm				
	平均值：			
质量 m_1/kg				
质量 m_2/kg				
计算书：				

备注	试件名称：		试件规格：	
	试件状态	符合试验要求□ 不符合试验要求□：________	调节时间：	
	仪器名称：		仪器编号：	
	检测环境：温度/℃　相对湿度（%）		执行标准	

检测：　　　　校核：　　　　检测日期：

模塑聚苯板压缩强度检测原始记录表

检测编号：

试件编号	A	B	C	D	E
压缩力/N					
受力面积/m^2					
压缩强度（____Pa）					
平均值（____Pa）					
10%形变压缩力/N					
受力面积/m^2					
10%形变压缩应力（____Pa）					
平均值（____Pa）					

备注	试件名称：		试件规格：
	试件状态	符合试验要求□ 不符合试验要求□：________	调节时间：
	仪器名称：		仪器编号：
	检测环境：温度/℃　相对湿度（%）		执行标准

检测：　　　　　　　　　　校核：　　　　　　　　　　检测日期：

模塑聚苯板抗拉强度检测原始记录表

检测编号：

试件编号	A	B	C	D	E
破坏现象					
最大拉力/N					
横断面积/m^2					
拉伸强度/MPa					
平均值/MPa					

备注	试件名称：		试件规格：
	试件状态	符合试验要求□ 不符合试验要求□：________	调节时间
	仪器名称：		仪器编号：
	检测环境：温度/℃　　相对湿度（%）		执行标准

检测：　　　　校核：　　　　检测日期：

保温砂浆抗压强度及软化系数检测原始记录表

检测编号：

试件编号	A	B	C	D	E	F
破坏压力 p/kN						
受压面长度 L/mm						
受压面宽度 W/mm						
受压面积 S/m^2						
抗压强度 δ_0/MPa						
平均值 δ_0/MPa						
试件编号	A_1	B_1	C_1	D_1	E_1	F_1
浸水后破坏压 P/kN						
受压面长度 L/mm						
受压面宽度 W/mm						
受压面积 S/mm^2						
浸水抗压强 δ_0/MPa						
平均值 δ_0/MPa						
软化系数						

<table>
<tr><td colspan="2">试件名称：</td><td colspan="2">试件规格：</td></tr>
<tr><td colspan="2">执行标准：</td><td>试件状态</td><td>符合试验要求□
不符合试验要求□：________</td></tr>
<tr><td colspan="2">仪器名称：</td><td colspan="2">仪器编号：</td></tr>
<tr><td rowspan="4">制样过程</td><td>配比：</td><td colspan="2">养护环境：　温度/℃　相对湿度（%）</td></tr>
<tr><td>原状态检测日期：</td><td colspan="2">原状态检测环境：　温度/℃　相对湿度（%）</td></tr>
<tr><td>浸水后检测日期：</td><td colspan="2">浸水后检测环境：　温度/℃　相对湿度（%）</td></tr>
<tr><td colspan="3"></td></tr>
</table>

检测：　　　　　　　　　　　　　　　　　　　　校核：

保温砂浆压剪黏结强度检测原始记录表

检测编号：

<table>
<tr><td>试件编号
检测项目</td><td>A</td><td>B</td><td>C</td><td>D</td><td>E</td><td>F</td></tr>
<tr><td>破坏负荷 P/kN</td><td></td><td></td><td></td><td></td><td></td><td></td></tr>
<tr><td>黏结面积 A/mm^2</td><td></td><td></td><td></td><td></td><td></td><td></td></tr>
<tr><td>压剪黏结强度 R_a（____ Pa）</td><td></td><td></td><td></td><td></td><td></td><td></td></tr>
<tr><td>平均值（____ Pa）</td><td colspan="6"></td></tr>
<tr><td colspan="3">试件名称：</td><td colspan="4">检测类型：</td></tr>
<tr><td colspan="3">执行标准：</td><td>试件状态</td><td colspan="3">符合试验要求□
不符合试验要求□：____</td></tr>
<tr><td colspan="3">仪器名称：</td><td colspan="4">仪器编号：</td></tr>
<tr><td rowspan="3">制样过程</td><td colspan="2">制样日期：</td><td colspan="4">养护环境：　温度/℃　相对湿度（%）</td></tr>
<tr><td colspan="2">配比：</td><td colspan="4">检测环境：　温度/℃　相对湿度（%）</td></tr>
<tr><td colspan="6"></td></tr>
</table>

检测：　　　　　　　　校核：　　　　　　　　检测日期：

岩棉压缩强度检测记录表

检测编号：

检测项目 / 试件编号	长度 l/mm		宽度 w/mm		厚度 h/mm		受力面积 /m²	10%形变压缩力/N	10%形变压缩强度/kPa	平均值
A										
B										
C										
D										
E										

备注			
	试件名称：		试件规格：
	试件状态	符合试验要求□ 不符合试验要求□：________	调节时间： 仪器名称：
	执行标准：		仪器编号： 检测环境：　温度/℃　相对湿度（%）

检测：　　　　校核：　　　　检测日期：

模塑聚苯板吸水率检测原始记录表

检测编号：

试件编号：

检测项目 / 次	浸水前（聚苯板尺寸）			浸水后（聚苯板尺寸）			浸水前质量 m_1/g	质量 m_2/g	浸水后质量 m_3/g
	长度 l /mm	宽度 b /mm	厚度 d /mm	长度 l_1 /mm	宽度 b_1 /mm	厚度 d_1 /mm			
1									
2									
3									
4									
5									
6									

计算书：

备注			
备注	试件名称：		试件规格：
	试件状态	符合试验要求□ 不符合试验要求□：________	调节时间：
	仪器名称：		试验过程：　月　日　时—　月　日　时
	仪器编号：		浸水前检测环境：温度/℃　　相对湿度（%）
	执行标准：		浸水前检测环境：温度/℃　　相对湿度（%）

检测：　　　　　　　　　　　　　　　　　　　　校核：

模型聚苯板尺寸稳定性检测记录表

检测编号：

		试验前尺寸						试验后尺寸						尺寸变化率		平均尺寸变化率		试件状态
		1	2	3	4	5	平均尺寸	1	2	3	4	5	平均尺寸					
试件1	长/mm													长（%）				
	宽/mm													宽（%）		长（%）		符合试验要求□ 不符合试验要求□ ________
	厚/mm													厚（%）				
试件2	长/mm													长（%）				
	宽/mm													宽（%）		宽（%）		符合试验要求□ 不符合试验要求□ ________
	厚/mm													厚（%）				
试件3	长/mm													长（%）				
	宽/mm													宽（%）		厚（%）		符合试验要求□ 不符合试验要求□ ________
	厚/mm													厚（%）				

备注	试件名称：	试件规格：
	仪器名称：	调节时间： 试验过程： 月 日 时— 月 日 时
	仪器编号：	试验前检测环境温度/℃ 相对湿度（%）
	执行标准：	试验前检测环境温度/℃ 相对湿度（%）

检测： 校核：

保温砂浆线性收缩率检测原始记录表

检测编号：

<table>
<tr><td colspan="2">试件编号</td><td>A</td><td colspan="2">B</td><td>C</td></tr>
<tr><td colspan="2">脱模时长度 L_0/mm</td><td></td><td colspan="2"></td><td></td></tr>
<tr><td colspan="2">养护 28d 时长度 L/mm</td><td></td><td colspan="2"></td><td></td></tr>
<tr><td colspan="2">线性收缩率 X（%）</td><td></td><td colspan="2"></td><td></td></tr>
<tr><td colspan="2">平均值（%）</td><td colspan="4"></td></tr>
<tr><td colspan="3">试件名称：</td><td colspan="3">试件规格：</td></tr>
<tr><td colspan="3">执行标准：</td><td>试件状态</td><td colspan="2">符合试验要求□
不符合试验要求□：________</td></tr>
<tr><td colspan="3">仪器名称：</td><td colspan="3">仪器编号：</td></tr>
<tr><td rowspan="5">制样过程</td><td colspan="2">制样日期：</td><td colspan="3">养护环境：温度/℃　　相对湿度（%）</td></tr>
<tr><td colspan="2">脱模时，检测日期：</td><td colspan="3">检测环境：温度/℃　　相对湿度（%）</td></tr>
<tr><td colspan="2">养护 28 天时，检测日期：</td><td colspan="3">检测环境：温度/℃　　相对湿度（%）</td></tr>
<tr><td colspan="5">配比：</td></tr>
<tr><td colspan="5"></td></tr>
</table>

检测：　　　　　　　　　　　　　　　　　　　　　　　　　　　　校核：

胶黏剂拉伸黏结强度检测原始记录表

检测编号：

检测项目 \ 试件编号	A	B	C	D	E	F
破坏现象						
破坏荷载/N						
黏结面积/mm²						
拉伸黏结强度（____ Pa）						
平均值（____ Pa）						

试件名称：		试件状态	符合试验要求□ 不符合试验要求□：________
执行标准：		检测类别：	
仪器名称：		仪器编号：	
制样过程	制样日期：	养护环境：　温度/℃　　相对湿度（%）	
	配比：	检测环境：　温度/℃　　相对湿度（%）	

检测：　　　　　　　　　　校核：　　　　　　　　　　检测日期：

耐碱玻纤网格布单位面积质量检测原始记录表

检测编号：

试件编号	A	B	C	D	E
试件质量/g					
试件面积/mm^2					
试件单位 面积质量/(g/m^2)					
平均值/(g/m^2)					

备注	试件名称：	试件规格：	
	执行标准：	试件状态	符合试验要求□ 不符合试验要求□：________
	仪器名称：	仪器编号：	
	检测环境：温度/℃　相对湿度（%）		

检测：　　　　校核：　　　　检测日期：

耐碱玻纤网格布断裂强力检测原始记录表

检测项目 \ 试件编号			A	B	C	D	E	平均值
初始断裂强力 F_0/(N/50mm)	经向	预张力						—
		断裂荷载						—
		断裂强力						—
	纬向	预张力						—
		断裂荷载						—
		断裂强力						—
耐碱断裂强力 F_1/(N/50mm)	经向	预张力						—
		断裂荷载						—
		断裂强力						—
	纬向	预张力						—
		断裂荷载						—
		断裂强力						—
断裂强力保留率/耐碱性 B（%）	经向							
	纬向							
初始长度 L/mm	经纬							—
断裂伸长值 ΔL/mm	经向							—
	纬向							—
断裂应变 D（%）	经向							—
	纬向							—
备注	试件名称：			试件规格：				
	试件状态	符合试验要求□ 不符合试验要求□：________		执行标准：				
	仪器名称：			仪器编号：				
	状态调节时间：			状态调节环境：温度/℃　相对湿度（%）				
	初始力检测日期：			初始力检测环境：温度/℃　相对湿度（%）				
	耐碱力检测日期：			耐碱力检测环境：温度/℃　相对湿度（%）				

检测：　　　　　　　　　　　　　　　　　　　　　　　　　　　　校核：

耐碱玻纤网格布耐碱性检测原始记录表

检测项目 \ 试件编号			A	B	C	D	E
拉伸断裂强力/(N/50mm)	经向	预张力					
拉伸断裂强力/(N/50mm)	经向	断裂荷载					
拉伸断裂强力/(N/50mm)	经向	断裂强力					
拉伸断裂强力/(N/50mm)	纬向	预张力					
拉伸断裂强力/(N/50mm)	纬向	断裂荷载					
拉伸断裂强力/(N/50mm)	纬向	断裂强力					
耐碱拉伸断裂强力/(N/50mm)	经向	预张力					
耐碱拉伸断裂强力/(N/50mm)	经向	断裂荷载					
耐碱拉伸断裂强力/(N/50mm)	经向	断裂强力					
耐碱拉伸断裂强力/(N/50mm)	纬向	预张力					
耐碱拉伸断裂强力/(N/50mm)	纬向	断裂荷载					
耐碱拉伸断裂强力/(N/50mm)	纬向	断裂强力					
耐碱拉伸断裂强力平均值/(N/50mm)	经向						
耐碱拉伸断裂强力平均值/(N/50mm)	纬向						
耐碱断裂强力保留率 ρ（%）	经向						
耐碱断裂强力保留率 ρ（%）	纬向						
耐碱断裂强力保留率平均值 ρ（%）	经向						
耐碱断裂强力保留率平均值 ρ（%）	纬向						
备注	试件名称：			试件规格：			
备注	调节时间：			养护环境：温度/℃　相对湿度（%）			
备注	试件状态	符合试验要求□ 不符合试验要求□：________		执行标准：			
备注	仪器名称：			仪器编号：			
备注	检测日期：			检测环境：温度/℃　相对湿度（%）			
备注	试件处理过程						

检测：　　　　　　　　　　　　　　　　　　　　　　　　　　校核：

镀锌电焊网镀锌层质量检测原始记录表

试件去掉锌层前质量 m_1/g		
试件去掉锌层后质量 m_2/g		
试件去掉锌层后直径/mm		
平均直径 D/mm		

<table>
<tr><td rowspan="4">备注</td><td colspan="2">试件名称：</td><td>试件规格：</td></tr>
<tr><td>试件状态</td><td>符合试验要求□
不符合试验要求□：________</td><td>仪器名称：</td></tr>
<tr><td colspan="2">执行标准：</td><td>仪器编号：</td></tr>
<tr><td colspan="2">检测环境：温度/℃　相对湿度（%）</td><td>________</td></tr>
</table>

检测：　　　　　　　　　　校核：　　　　　　　　　　检测日期：

镀锌电焊网焊点抗拉力检测原始记录表

检测编号：

试件编号	A	B	C	D	E
拉力 F/N					
平均值/N					

<table>
<tr><td rowspan="4">备注</td><td colspan="2">试件名称：</td><td>试件规格：</td></tr>
<tr><td>试件状态</td><td>符合试验要求□
不符合试验要求□：________</td><td>仪器名称：</td></tr>
<tr><td colspan="2">执行标准：</td><td>仪器编号：</td></tr>
<tr><td colspan="2">检测环境：温度/℃　相对湿度（%）</td><td>________</td></tr>
</table>

检测：　　　　　　　　校核：　　　　　　　　检测日期：

锚栓抗拉承载力检测原始记录表

检测编号：

试件编号	A	B	C	D	E	F	G	H	I	J
抗拉承载力 F/kN										
破坏现象										
平均值 $\overline{F}$/kN										

备注	试件名称：		试件规格：
	试件状态	符合试验要求□ 不符合试验要求□：________	仪器名称：
	执行标准：		仪器编号：
	检测环境：温度/℃　　相对湿度（%）		________

检测：　　　　校核：　　　　检测日期：

锚栓圆盘抗拔力检测原始记录表

检测编号：

试件编号	A	B	C	D	E
圆盘抗拉力 F/kN					
平均值 $\bar{F}$/N					

备注	试件名称：		试件规格：
	试件状态	符合试验要求□ 不符合试验要求□：________	仪器名称：
	执行标准：		仪器编号：
	检测环境：温度/℃　相对湿度（%）		________

检测：　　　　校核：　　　　检测日期：

中空玻璃密封性能检测原始记录表

检测编号：

露点仪控制温度/℃		接触时间/min	
试件与露点仪接触表面有无结露或结霜			
1		10	
2		11	
3		12	
4		13	
5		14	
6		15	
7		16	
8		17	
9		18	
试件名称：中空玻璃		试件规格：	
检测环境：温度/℃　　相对湿度（%）		玻璃品种：	
仪器名称露点仪		仪器编号：	
状态调节时间：		执行标准：DB/T 29－88－2014	

检测：　　　　　　　　　　　　　　　　校核：　　　　　　　　　　　　　　　　检测日期：

铝合金隔热型材纵向剪切检测原始记录表

检测编号：

试件编号	1	2	3	4	5	6	7	8	9	10
试件长度 L/mm										
最大剪切力 F/N										
单位长度最大剪切力 T（N/mm）										
平均值 $\overline{F}$/（N/mm）										

$$s_r = \sqrt{\frac{(T_1-\overline{T})^1+(T_1-\overline{T})^1+\cdots+(T_{10}-\overline{T})^1}{9}} =$$

$$T_c = \overline{T} - 2.02 \times s_r$$

备注	试件名称：	隔热材料高度：
	复合方式：	调节时间：
	养护环境：温度/℃　　相对湿度（%）	执行标准：
	试件状态：符合试验要求□ 不符合试验要求□：________	试验温度
	仪器名称：	仪器编号：
	检测环境：温度/℃　　相对湿度（%）	________

检测：　　　　　　　　　　　　　　校核：　　　　　　　　　　　　　　检测日期：

铝合金隔热型材横向拉伸检测原始记录表

检测编号：

试件编号	1	2	3	4	5	6	7	8	9	10
试件长度 L/mm										
最大拉伸力 F_n/N										
单位长度最大剪切力 Q/(N/mm)										
平均值 $\overline{Q}$/(N/mm)										

$$S_Q=\sqrt{\frac{(Q_1-\overline{Q})2+(Q_2-\overline{Q})^2+\cdots+(Q_{10}-\overline{Q})^2}{9}}$$

$$Q_c=\overline{Q}-2.02S_Q$$

备注	试件名称：	隔热材料高度：
	复合方式：	调节时间：
	养护环境：温度/℃　　相对湿度（%）	执行标准：
	试件状态：符合试验要求□ 不符合试验要求□：________	试验温度：室温
	仪器名称：	仪器编号：
	检测环境：温度/℃　　相对湿度（%）	________

检测：　　　　　　　　　　校核：　　　　　　　　　　检测日期：

现场拉伸黏结强度检测记录表

检测编号：

检测单位									
布点序号	1	2	3	4	5	6	7	8	9
破坏荷载/N									
黏结面积/mm^2									
破坏现象 1									
破坏现象 2									
拉伸黏结强度/MPa									
备注									

检测项目

基层与胶黏剂 □

抹面层与保温层 □

保温层与基层 □

备注	环境温度：	执行标准：
	仪器名称：	仪器编号：

检测：　　　　校核：　　　　检测日期：

锚栓承载性能现场检测原始记录表

检测编号：

<table>
<tr><td>检测部位</td><td colspan="10"></td></tr>
<tr><td>试件编号</td><td>1</td><td>2</td><td>3</td><td>4</td><td>5</td><td>6</td><td>7</td><td>8</td><td>9</td><td>10</td></tr>
<tr><td>抗拉承载力 N_1/kN</td><td></td><td></td><td></td><td></td><td></td><td></td><td></td><td></td><td></td><td></td></tr>
<tr><td>试件编号</td><td>11</td><td>12</td><td>13</td><td>14</td><td>15</td><td>16</td><td>17</td><td>18</td><td>19</td><td>20</td></tr>
<tr><td>抗拉承载力 N_1/kN</td><td></td><td></td><td></td><td></td><td></td><td></td><td></td><td></td><td></td><td></td></tr>
<tr><td>平均值 N_1/kN</td><td colspan="10">取最小 5 个测量的平均值</td></tr>
<tr><td colspan="11">$$N_{RK1} = 0.60N_1$$
$$= \quad \text{kN}$$</td></tr>
<tr><td rowspan="8">备注</td><td colspan="5">环境温度：　　　℃</td><td colspan="5">锚栓规格：Φ　×　/mm</td></tr>
<tr><td colspan="5">墙体类型：　　　类</td><td colspan="5">墙体状况：　　　良好</td></tr>
<tr><td colspan="5">仪器名称：　　　拉拔仪</td><td colspan="5">仪器编号：　　　JN -</td></tr>
<tr><td colspan="10">执行标准：　　　JG/T 366—2012</td></tr>
<tr><td colspan="5">墙体材料</td><td colspan="5">强度等级</td></tr>
<tr><td colspan="5">混凝土　烧结普通砖　蒸压灰砂砖
粉煤灰砖　轻骨料混凝土砖
烧结的孔砖　蒸压灰砂空心砖　普通混凝土小型空心砌块
轻集料混凝土小型空心砌块　烧结空心砖和空心砌块
蒸压加气混凝土砌块</td><td colspan="5">C25　MU10　MU15　LC15
强度等级 10　强度等级 15
A 2.0
其他：</td></tr>
<tr><td colspan="10">破坏现象：</td></tr>
</table>

检测：　　　　　　　　　　　　校核：　　　　　　　　　　　　检测日期：

现场抗冲击强度检测记录表

检测编号：

检测单位									
3J 级冲击情况									
1	2	3	4	5	6	7	8	9	10
破坏数量									

10J 级冲击情况

1	2	3	4	5	6	7	8	9	10
破坏数量									
备注	环境温度：		执行标准：						
	仪器名称：		仪器编号：						

检测： 校核： 检测日期：

现场构造取芯检测原始记录表

检测编号：

<table>
<tr><td>楼号</td><td colspan="4"></td></tr>
<tr><td></td><td>芯样 1</td><td colspan="2">芯样 2</td><td>芯样 3</td></tr>
<tr><td>取样部位</td><td></td><td colspan="2"></td><td></td></tr>
<tr><td>试件状态</td><td></td><td colspan="2"></td><td></td></tr>
<tr><td>保温层厚度
/mm</td><td></td><td colspan="2"></td><td></td></tr>
<tr><td>分层做法</td><td></td><td colspan="2"></td><td></td></tr>
<tr><td rowspan="3">备注</td><td colspan="2">试件名称：</td><td colspan="2">试件规格：</td></tr>
<tr><td colspan="2">仪器名称：</td><td colspan="2">仪器编号：</td></tr>
<tr><td colspan="2">温度：　　　相对湿度：</td><td colspan="2">执行标准</td></tr>
</table>

检测：　　　　　　　　　　校核：　　　　　　　　　　检测日期：

现场淋水试验检测记录表

检测编号：

工程名称		规格型号	
建工单位		依据标准	
检测环境			
仪器型号	设备状态		
设备现场测试	1. 设备及仪表状态调试正常并持续保持稳定水压（　　），水管连接严密无渗漏，喷淋透畅，升降设备运转正常，对淋水作业设定时间为 5min。 2. 喷淋作业中喷淋嘴距外窗实测垂直距离为（　　）mm。 3. 现场调试具备淋水试验条件，满足 JGJ/T 205—2010 要求。		

层数	淋水位置	时间	检测结果	层数	淋水位置	时间	检测结果
层	轴 侧	时　分 至　时　分	□无渗漏 □渗　水	层	轴 侧	时　分 至　时　分	□无渗漏 □渗　水
层	轴 侧	时　分 至　时　分	□无渗漏 □渗　水	层	轴 侧	时　分 至　时　分	□无渗漏 □渗　水
层	轴 侧	时　分 至　时　分	□无渗漏 □渗　水	层	轴 侧	时　分 至　时　分	□无渗漏 □渗　水
层	轴 侧	时　分 至　时　分	□无渗漏 □渗　水	层	轴 侧	时　分 至　时　分	□无渗漏 □渗　水
层	轴 侧	时　分 至　时　分	□无渗漏 □渗　水	层	轴 侧	时　分 至　时　分	□无渗漏 □渗　水
层	轴 侧	时　分 至　时　分	□无渗漏 □渗　水	层	轴 侧	时　分 至　时　分	□无渗漏 □渗　水

外窗示意简图		渗漏情况描述	
施工单位：		监督（建设）单位：	
（签字）　年　月　日		（签字）　年　月　日	
备注			

检测：　　　　校核：　　　　检测日期：

参 考 文 献

[1] 段凯. 中国建筑节能检测技术 [M]. 北京：中国质检出版社，中国标准出版社，2011.
[2] 郭杨. 建筑节能检测与能效测评 [M]. 北京：中国建筑工业出版社，2013.
[3] 中华人民共和国住房和城乡建设部. 外墙外保温系统耐候性试验方法：JG/T 429—2014 [S]. 北京：中国标准出版社，2014.
[4] 中华人民共和国国家质量监督检验检疫总局. 模塑聚苯板薄抹灰外墙外保温系统材料：GB/T 29906—2013 [S]. 北京：中国标准出版社，2014.
[5] 中华人民共和国住房和城乡建设部. 建筑外墙外保温防火隔离带技术规程：JGJ 289—2012 [S]. 北京：中国建筑工业出版社，2013.
[6] 中华人民共和国建设部. 建筑工程饰面砖黏结强度检验标准：JGJ 110—2008 [S]. 北京：中国建筑工业出版社，2008.
[7] 中华人民共和国建设部. 膨胀聚苯板薄抹灰外墙外保温系统：JG 149—2003 [S]. 北京：中国标准出版社，2003.
[8] 中华人民共和国建设部. 外墙外保温工程技术规范：JGJ 144—2004 [S]. 北京：中国建筑工业出版社，2005.
[9] 中华人民共和国国家质量监督检验检疫总局. 泡沫塑料及橡胶 表观密度的测定：GB/T 6343—2009 [S]. 北京：中国标准出版社，2009.
[10] 国家技术监督局. 泡沫塑料与橡胶 线性尺寸的测定：GB/T 6342—1996 [S]. 北京：中国标准出版社，1996.
[11] 中华人民共和国国家质量监督检验检疫总局. 绝热用模塑聚苯乙烯泡沫塑料：GB/T 10801.1—2002 [S]. 北京：中国标准出版社，2002.
[12] 中华人民共和国国家质量监督检验检疫总局. 无机硬质绝热制品试验方法：GB/T 5486—2008 [S]. 北京：中国标准出版社，2008.
[13] 国家质量监督检验检疫总局. 膨胀玻化微珠保温隔热砂浆：GB/T 26000—2010 [S]. 北京：中国标准出版社，2010.
[14] 中华人民共和国国家质量监督检验检疫总局. 矿物棉及其制品试验方法：GB/T 5480—2008 [S]. 北京：中国标准出版社，2008.
[15] 中华人民共和国国家质量监督检验检疫总局. 绝热用岩棉、矿渣棉及其制品：GB/T 11835—2007 [S]. 北京：中国标准出版社，2007.
[16] 中华人民共和国国家质量监督检验检疫总局. 硬质泡沫塑料 压缩性能的测定：GB/T 8813—2008 [S]. 北京：中国标准出版社，2008.
[17] 中华人民共和国住房和城乡建设部. 无机轻集料砂浆保温系统技术规程：JGJ 253—2011 [S]. 北京：中国建筑工业出版社，2001.
[18] 中华人民共和国住房和城乡建设部. 膨胀玻化微珠轻质砂浆：JGT 283—2010 [S]. 北京：中国标准出版社，2011.
[19] 中华人民共和国国家质量监督检验检疫总局. 建筑保温砂浆：GB/T 20473—2006 [S]. 北京：中国标准出版社，2006.
[20] 国家质量监督检验检疫总局. 建筑外墙外保温用岩棉制品：GB/T 25975—2010 [S]. 北京：中国标准出版社，2011.

[21] 中华人民共和国国家质量监督检验检疫总局. 矿物棉制品压缩性能试验方法：GB/T 13480—2014 [S]. 北京：中国标准出版社，2014.

[22] 中华人民共和国国家质量监督检验检疫总局. 绝热材料稳态热阻及有关特性的测定 防护热板法：GB/T 10294—2008 [S]. 北京：中国标准出版社，2009.

[23] 中华人民共和国国家质量监督检验检疫总局. 硬质泡沫塑料吸水率的测定：GB/T 8810—2005 [S]. 北京：中国标准出版社，2006.

[24] 中华人民共和国国家质量监督检验检疫总局. 硬质泡沫塑料 尺寸稳定性试验方法：GB/T 8811—2008 [S]. 北京：中国标准出版社，2008.

[25] 中华人民共和国住房和城乡建设部. 胶粉聚苯颗粒外墙外保温系统材料：JG/T 158—2013 [S]. 北京：中国标准出版社，2013.

[26] 中华人民共和国国家发展和改革委员会. 墙体保温用膨胀聚苯乙烯板胶黏剂：JC/T 992—2006 [S]. 北京：中国标准出版社，2006.

[27] 国家质量技术监督局. 水泥胶砂强度检验方法（ISO法）：GB/T 17671—1999 [S]. 北京：中国标准出版社，1999.

[28] 中华人民共和国国家质量监督检验检疫总局. 增强制品试验方法 第3部分：单位面积质量的测定：GB/T 9914.3—2013 [S]. 北京：中国标准出版社，2014.

[29] 中华人民共和国国家发展和改革委员会. 耐碱玻璃纤维网布：JC/T 841—2007 [S]. 北京：建筑工业出版社，2007.

[30] 中华人民共和国国家质量监督检验检疫总局. 增强材料 机织物试验方法 第5部分：玻璃纤维拉伸断裂强力和断裂伸长的测定：GB/T 7689.5—2013 [S]. 北京：中国标准出版社，2014.

[31] 中华人民共和国国家质量监督检验检疫总局. 玻璃纤维网布耐碱性试验方法 氢氧化钠溶液浸泡法：GB/T 20102—2006 [S]. 北京：中国标准出版社，2006.

[32]《镀锌电焊网》(QB/T 3897—1999)

[33] 中华人民共和国国家质量监督检验检疫总局. 钢产品镀锌层质量试验方法：GB/T 1839—2008 [S]. 北京：中国标准出版社，2008.

[34] 中华人民共和国住房和城乡建设部. 外墙保温用锚栓：JG/T 366—2012 [S]. 北京：中国标准出版社，2012.

[35] 天津市城乡建设和交通委员会. 天津市民用建筑围护结构节能检测技术规程：DB/T 29—88—2014)

[36] 中华人民共和国国家质量监督检验检疫总局. 建筑幕墙：GB/T 21086—2007 [S]. 北京：中国标准出版社，2008.

[37] 中华人民共和国国家质量监督检验检疫总局. 建筑幕墙气密、水密、抗风压性能检测方法：GB/T 15227—2007 [S]. 北京：中国标准出版社，2008.

[38] 国家质量技术监督局. 建筑幕墙平面内变形性能检测方法：GB/T 18250—2000 [S]. 北京：中国标准出版社，2001.

[39] 中华人民共和国国家质量监督检验检疫总局. 建筑外门窗气密、水密、抗风压性能分级及检测方法：GB/T 7106—2008 [S]. 北京：中国标准出版社，2009.

[40] 中华人民共和国国家质量监督检验检疫总局. 建筑外门窗保温性能分级检测方法：GB/T 8484—2008 [S]. 北京：中国标准出版社，2009.

[41] 天津市城乡建设和交通委员会. 天津市建筑节能门窗技术标准：DB 29—164—2013 [S].

[42] 国家技术监督局. 建筑玻璃 可见光透视比、太阳光直接透射比、太阳能总透射比、紫外线透射比及有光窗玻璃参数的测定：GB/T 2680—1994 [S]. 北京：中国标准出版社，1994.

[43] 中华人民共和国住房和城乡建设部. 建筑门窗玻璃幕墙热工计算规程：JGJ/T 151—2008 [S]. 北京：

中国建筑工业出版社，2009.
[44] 中华人民共和国国家质量监督检验检疫总局．铝合金隔热型材复合型能试验方法：GB/T 28289—2012 [S]．北京：中国标准出版社，2013.
[45] 中华人民共和国国家质量监督检验检疫总局．铝合金建筑型材　第六部分：隔热型材：GB 5237.6—2012 [S]．北京：中国标准出版社，2013.
[46] 中华人民共和国国家质量监督检验检疫总局．采暖散热器散热量测定方法：GB/T 13754—2008 [S]．北京：中国标准出版社，2009.
[47] 中华人民共和国建设部．建筑节能工程施工质量验收规范：GB 50411—2007 [S]．北京：中国建筑工业出版社，2007.
[48] 中华人民共和国建设部．建筑外窗气密、水密、抗风压性能现场检测方法：JG/T 211—2007 [S]．北京：中国标准出版社，2008.
[49] 中华人民共和国住房和城乡建设部．建筑门窗工程检测技术规程：JGJ/T 205—2010 [S]．北京：中国建筑工业出版社，2010.
[50] 中华人民共和国住房和城乡建设部．公共建筑节能检测标准：JGJ/T 177—2009 [S]．北京：中国建筑工业出版社，2010.
[51] 中华人民共和国住房和城乡建设部．居住建筑节能检测标准：JGJ/T 132—2009 [S]．北京：中国建筑工业出版社，2010.
[52] 中华人民共和国住房和城乡建设部．采暖通风与空气调节工程检测技术规程：JGJ/T 260—2011 [S]．北京：中国建筑工业出版社，2012.
[53] 国家技术监督局．民用建筑热工设计规范：GB 50176—93 [S]．北京：中国标准出版社，1993.
[54] 国家标准化管理委员会．照明测量方法：GB/T 5700—2008 [S]．北京：中国标准出版社，2009.
[55] 中华人民共和国国家质量监督检验检疫总局．组合式空调机组：GB/T 14294—2008 [S]．北京：中国标准出版社，2009.
[56] 中华人民共和国建设部．风机盘管机组：GB/T 19232—2003 [S]．北京：中国标准出版社，2003.
[57] 中华人民共和国住房和城乡建设部．夏热冬冷地区居住建筑节能设计标准：JGJ 134—2010 [S]．北京：中国建筑工业出版社，2010.
[58] 中华人民共和国住房和城乡建设部．夏热冬暖地区居住建筑节能设计标准：JGJ 75—2012 [S]．北京：中国建筑工业出版社，2013.
[59] 中华人民共和国住房和城乡建设部．严寒和寒冷地区居住建筑节能设计标准：JGJ 26—2010 [S]．北京：中国建筑工业出版社，2010.
[60] 中华人民共和国住房和城乡建设部．公共建筑节能设计标准：GB 50189—2015 [S]．北京：中国建筑工业出版社，2015.